Andreas Weingärtner

Spezielle Relativitätstheorie (SRT) – *ganz einfach*

Andreas Weingärtner

Spezielle Relativitätstheorie (SRT) – *ganz einfach*

Die Grundzüge Einsteins bekanntester Theorie anschaulich erläutert

Books on Demand

Der Autor ist unter folgender E-Mail-Adresse erreichbar:
A_Weingaertner@gmx.de

Bibliografische Information der Deutschen Nationalbibliothek:
Die Deutsche Nationalbibliothek verzeichnet diese Publikation in der
Deutschen Nationalbibliografie; detaillierte bibliografische Daten sind im
Internet über http://dnb.d-nb.de abrufbar.

Das Werk einschließlich aller seiner Teile ist urheberrechtlich geschützt.

2. Auflage 2018

© 2016 Andreas Weingärtner
Herstellung und Verlag:
BoD – Books on Demand, Norderstedt

ISBN 978-3-7392-1944-8

Inhalt

Vorwort 11
   Zum Gebrauch dieses Buches 12
   Kapiteleinteilung 14

Zur Geschichte der Relativitätstheorie 17

Grundsätzliches zu Licht und Schall – nützliches Vorwissen 23
   Auseinanderfallen von Licht- und Schallsignal 23
   Schallgeschwindigkeit 24
   Doppler-Effekt 25
   Ist Licht unendlich schnell? 27
   Messung der Lichtgeschwindigkeit 28
   Die Abhängigkeit der Schallgeschwindigkeit vom
   Bezugssystem 31
   Erreichen der Überschallgeschwindigkeit 32

Die Grundlagen der SRT 35
   Die Bewegung der Erde im Weltall und der „Ätherwind" 35
   Das Michelson-Morley-Experiment 36
   Interpretation des Michelson-Morley-Experiments durch
   Albert Einstein – Postulate der SRT 38

Zwei Inertialsysteme im Raum – Kernaussagen der SRT 41
   Entfernungsmessung durch Messung der Lichtlaufzeit 41
   Inertialsysteme und Lichtuhren 42
   Die vierschenklige Lichtuhr 42
   Zeitdilatation 45
   Mathematische Herleitung der Zeitdilatation 47
   Zur Wirkung der Zeitdilatation 53
   Darstellung der Zeitdilatation durch Minkowski-Diagramme ... 54
   Relativität der Zeitdilatation 57
   Zeitdilatation und Doppler-Effekt 59
   Längenkontraktion 60
   Mathematische Herleitung der Längenkontraktion 62
   Zur Wirkung der Längenkontraktion 67
   Relativität der Längenkontraktion 68

- Relativität der Gleichzeitigkeit 71
- Mathematische Herleitung der Relativität der Gleichzeitigkeit 76
- Relativität der relativistischen Gleichzeitigkeit 84
- Gleichzeitigkeit bei schräg angeordneten Uhren 85
- Keine Breitenkontraktion 87
- Relativistisches Volumen und relativistische Dichte 89
- Keine Relativität der Relativgeschwindigkeit 91
- Lorentz-Transformation 92
- Sind die relativistischen Effekte nur optische Täuschungen? 99
- Raum und Zeit in der modernen Physik 100
- Begegnung zweier Raumschiffe im All – SRT und Doppler-Effekt 103
- Begegnung zweier Züge – quantitative Anwendung der relativistischen Effekte 107

Drei Inertialsysteme im Raum – relativistische Kombination von Geschwindigkeiten 111
- Relativistische Addition von Geschwindigkeiten 112
- Mathematische Herleitung des relativistischen Additionstheorems für Geschwindigkeiten 117
- Lichtgeschwindigkeit als absolute Obergrenze für Geschwindigkeiten 125
- Relativistische Subtraktion von Geschwindigkeiten 128
- Kombination senkrecht gerichteter Geschwindigkeiten in der Ebene (Betrag) 130
- Kombination senkrecht gerichteter Geschwindigkeiten im dreidimensionalen Raum (Betrag) 147
- Vektorielle Darstellung der Kombination senkrecht gerichteter Geschwindigkeiten 151
- Addition von Geschwindigkeiten mit spitzem oder stumpfem Winkel im Raum (Vektor) 154

Mehr als drei Inertialsysteme im Raum – oder: beschleunigte Körper und Relativität 161
- Rapiditäten – Hyperbolische Addition von Geschwindigkeiten 162
- Geschwindigkeit bei gleichmäßiger Beschleunigung 178
- Geschwindigkeit aus Sicht der Erde bei gleichmäßiger Beschleunigung 180
- Zeitbeziehungen bei gleichmäßiger Beschleunigung 184
- Beschleunigung und Raumkontraktion 187

- Auswirkungen der Beschleunigung auf Entfernungen und Winkel 194
- Beschleunigung und Doppler-Effekt 197
- Beschleunigung und Zeitdilatation 198
- Das Treibstoffproblem 199

Kollision bewegter Systeme – Impuls, Masse und Energie 203
- Relativistischer Impuls 203
- Relativistische kinetische Energie 211
- Darstellung der kinetischen Energie als Taylorreihe 219
- Äquivalenz von Masse und Energie ($E = m \times c^2$) 225
- Impulserhaltungs- und Energieerhaltungssatz 231
- Energie-Impuls-Beziehung 233

Kurze Anmerkungen zur Allgemeinen Relativitätstheorie (ART) 237

Die SRT in der Praxis 243
- Radioaktivität und Kernforschung 243
- Kernspaltung 244
- Kernfusion 247
- Kosmische Fluchtgeschwindigkeit 248
- Tests der SRT 250
- Global Positioning System (GPS) und SRT 250
- Lebensdauer von Myonen 251
- Relativistische Masse und Energie im Teilchenbeschleuniger 252

Paradoxa der SRT 255
- Drei-Brüder-Ansatz 256
- Drei-Brüder-Ansatz mit Uhr im Treffpunkt 260
- Maßstabsparadoxon 262
- Leiterparadoxon 266
- Panzerparadoxon 271
- Lichtschrankenparadoxon 280
- Garagenparadoxon 285
- Bellsches Raumschiffparadoxon 288
- Scheinbare Raumsprünge in der SRT 295
- Zwillingsparadoxon 297
- Satelliten in der Erdumlaufbahn 305

Überblick über die wichtigsten Formeln zur SRT 313
- Verwendete Formelzeichen 313
- Lorentzfaktor 315

Lorentz-Transformation 315
Zeitdilatation 316
Längenkontraktion 316
Zeitversatz bei der Uhrensynchronisation 316
Relativität der Gleichzeitigkeit 316
Relativistische Addition und Subtraktion von
Geschwindigkeiten 316
Addition von Rapiditäten (areatangens-hyperbolische
Addition von Geschwindigkeiten) 317
Darstellung der Rapidität θ als Taylorreihe, Rückrechnung zu
v als Kettenbruchdarstellung 317
Kombination senkrechter Geschwindigkeiten (relativistischer
Satz des Pythagoras) 317
Geschwindigkeit bei gleichmäßiger Beschleunigung 317
Zeitbeziehungen bei gleichmäßiger Beschleunigung 318
Weg-Zeit-Beziehung bei gleichmäßiger Beschleunigung (Weg
und Zeit aus Sicht des Startorts) 318
Weg-Zeit-Beziehung bei gleichmäßiger Beschleunigung (Weg
aus Sicht des Startorts, Bordzeit) 318
Relativistischer Impuls 319
Relativistische Massenzunahme 319
Relativistische kinetische Energie 319
Relativistische kinetische Energie als Taylorreihe 319
Energie-Masse Äquivalenz 320
Energie-Impuls-Beziehung 320
Optischer (relativistischer) Doppler-Effekt 320
Fluchtgeschwindigkeit-Wellenlänge-Beziehung 320

Übungsaufgaben 321
Aufgabe 1. Zeitdilatation 321
Aufgabe 2. Längenkontraktion 321
Aufgabe 3. Reisezeit zu einem fernen Planeten (konstante
Geschwindigkeit) 321
Aufgabe 4. Synchronisation bewegter Uhren 322
Aufgabe 5. Relativistische Addition von Geschwindigkeiten 323
Aufgabe 6. Relativistischer Impuls 323
Aufgabe 7. Kinetische Energie bewegter Körper 323
Aufgabe 8. Rotverschiebung und Fluchtgeschwindigkeit 323
Aufgabe 9. Unterschiedliche Alterung 324
Aufgabe 10. Energie-Masse-Äquivalenz 324

Lösungen der Übungsaufgaben 325

Lösung Aufgabe 1 325
Lösung Aufgabe 2 326
Lösung Aufgabe 3 326
Lösung Aufgabe 4 327
Lösung Aufgabe 5 328
Lösung Aufgabe 6 328
Lösung Aufgabe 7 329
Lösung Aufgabe 8 330
Lösung Aufgabe 9 330
Lösung Aufgabe 10 331

Zum Schluss 335
Stichwortverzeichnis.. 337

Vorwort

Die Relativitätstheorie gehört zu den faszinierendsten und seltsamsten Gebieten der Naturwissenschaften. Besonders die Spezielle Relativitätstheorie (SRT) ist dabei eigentlich sehr einfach zu verstehen und doch zugleich sehr kompliziert. Während einige Grundaussagen der SRT wie die Energie-Masse-Äquivalenz sehr eingängig sind, erscheinen andere Phänomene wie die relativistische Addition von Geschwindigkeiten oder die Relativität der Gleichzeitigkeit deutlich schwerer verständlich. Intuitiv sträubt man sich zunächst innerlich dagegen, die diesbezüglichen Aussagen der SRT als wahr anzuerkennen. Es gilt insoweit der treffende Satz, der dem US-amerikanischen Physik-Nobelpreisträger Richard Feynman (1918 bis 1988) zugeschrieben wird:

> „Die Quantenphysik und die Relativitätstheorie kann man nicht verstehen, man kann sich nur an sie gewöhnen."

Ein großer Teil der Schwierigkeiten bei der Annäherung an die SRT beruht jedoch darauf, dass sie häufig recht unverständlich dargeboten wird. Entweder sind die Ausführungen viel zu kompliziert und beschreiben nicht den Kern des Problems, sondern führen weit darüber hinaus, oder die Ausführungen sind – in dem Wunsch, den Leser nicht zu verschrecken – zu stark vereinfachend, dadurch ungenau und fordern schließlich den berechtigten Widerspruch eines aufmerksamen Lesers heraus. Allzu oft wird bei der Darbietung der SRT der kluge Ausspruch Albert Einsteins nicht genügend beherzigt:

„Man muss die Dinge so einfach wie möglich machen. Aber nicht einfacher."

Um ein Beispiel zu nennen: In vielen einführenden Darstellungen zur SRT werden zwar Zeitdilatation und Längenkontraktion anschaulich beschrieben, aber über die Relativität der Gleichzeitigkeit wird hinweggegangen, die diesbezüglichen Formeln werden nicht erläutert oder nur kurz unter dem Stichwort Lorentz-Transformation abgehandelt. Ohne die zusätzliche Berücksichtigung der Relativität der Gleichzeitigkeit gelangt man jedoch bei der Betrachtung von Zeitdilatation und Längenkontraktion zu völlig unlogischen Ergebnissen!

Ein widerstrebendes Abarbeiten des Lernenden am Formelwerk der SRT muss aber nicht sein. Bei vertiefter Betrachtung stellt sie sich wirklich als sehr logisch und zugleich mathematisch und physikalisch einfach heraus. Dadurch ist die SRT letztlich ungemein elegant und faszinierend und kann von jedem in ihren Grundzügen verstanden werden.

Wenn Sie also den Wunsch verspüren, auf eine möglichst einfache und unterhaltsame Weise die merkwürdige Relativität von Raum und Zeit kennenzulernen, die uns umgibt, und wenn sie dabei noch ihre verschütteten Mathematikkenntnisse auffrischen wollen, dann sollten Sie dieses Buch unbedingt weiterlesen. Folgen Sie mir auf eine abwechslungsreiche Reise zu den seltsamen Konsequenzen der SRT für unser Verständnis von Raum und Zeit, Geschwindigkeit, Masse und Energie!

Zum Gebrauch dieses Buches

Dieses Buch richtet sich nicht an Naturwissenschaftler, schon gar nicht an studierte Mathematiker oder Physiker. Es ist vorrangig für interessierte Laien oder Abiturienten (mit Leistungskurs Physik) geschrieben. Die Ausführungen beschränken sich auf die Grundzüge der SRT. Es wird keinerlei Vorwissen vorausgesetzt und auch keinerlei Kenntnisse der höheren Mathematik. Der didaktische Anspruch war, dieses Buch so zu schreiben, dass ein interessierter Leser schon beim ersten Durchlesen, ohne nachrechnen zu müssen, vollständig verstehen kann, worauf ich hinauswill. Das Buch kann daher auch während der täglichen Fahrt mit der S-Bahn zur Schule oder Arbeitsstelle gelesen werden, ohne dass man Stift, Papier und Taschenrechner dabei haben muss, um die mathematischen Herleitungen nachvollziehen zu können.

Aus diesem Grund sind auch die mathematischen Herleitungen bewusst sehr ausführlich gehalten und mögen dem einen oder anderen Leser mit vertieften mathematischen Kenntnissen als unelegant oder sogar umständlich erscheinen. Das habe ich bewusst in Kauf genommen. Damit der Lesefluss nicht stockt, habe ich in der Regel (fast) jeden einzelnen mathematischen Umformungsschritt gesondert hingeschrieben. Dadurch wirken die mathematischen Herleitungen auf den ersten Blick viel aufwändiger, als sie eigentlich sind. Das erschien mir aber besser als eine verkürzte Darbietung der mathematischen Herleitungen, die zwar im Buch beeindruckend kompakt aussähe, sich dann aber als nur sehr schwer nachvollziehbar herausstellt und stundenlanges Nachrechnen des Lesers erfordert.

Bewusst in Kauf genommen wurde auch die eine oder andere Ungenauigkeit, wie z.B. weggelassene physikalische Einheiten, wenn dies für das schnellere und einfachere Verständnis des Gewollten förderlich erschien. Geschwindigkeitsangaben ohne Angabe der Einheit sind in der Regel als Geschwindigkeiten im Verhältnis zur Lichtgeschwindigkeit zu verstehen, Entfernungsangaben ohne Einheit meist als Lichtjahre. Wenn es darum geht, einen physikalischen Zusammenhang zunächst rein mathematisch zu entwickeln, sind die zugehörigen physikalischen Einheiten noch zweitrangig; sie ergeben sich dann nach Abschluss der Herleitung aus der entwickelten Formel.

Der Leser möge mir auch verzeihen, wenn in diesem Buch zuweilen Raumsonden etwas „sehen" oder Asteroiden „die Zeit fühlen" können. Es geht bei der SRT eigentlich immer um Inertialsysteme im Weltall und es ist nicht von Bedeutung, welche konkreten Objekte man sich darunter vorstellen will. Wenn man im Text jedoch immer nur von den Inertialsystemen S und S' spricht oder vom „Standpunkt des Bezugssystems B", so wird die Sache sehr unanschaulich – und auch langweilig, wie ich finde.

Bewusst nicht weggelassen habe ich die vollständigen mathematischen Herleitungen. Denn diese mathematischen Herleitungen der anzuwendenden Formeln sind die Essenz der SRT. Die SRT ist ja in erster Linie eine mathematische Theorie. Es wurden nicht Messergebnisse von Naturbeobachtungen in hypothetische Formeln gegossen, wie dies z.B. bei Galileis Fallgesetzen der Fall war, sondern es wurde ausschließlich nach den strengen Gesetzen der Logik und Mathematik ein komplexes Theoriengebäude über zwei grundlegende Postulate errichtet. Ausgehend von diesen zwei Postulaten, die ich noch behandeln werde, errechneten Einstein und andere Forscher anhand von „Gedankenexperimenten", welche Folgerungen sich hieraus logisch zwingend ergeben müssen. Das Gedankenexperiment und die daraus folgende mathematische Herleitung einer Formel ersetzt bei der SRT das physikalische Experiment. Ohne die Darbietung der mathematischen Herleitungen würden die Aussagen der SRT als völlig willkürlich und unglaubhaft erscheinen. Ich hoffe, dass mir die Darstellung der Herleitungen so gelungen ist, dass sie auf Anhieb nachvollzogen werden können. Selbstverständlich dürfen aber die Herleitungen auch übersprungen werden, wenn man bereit ist, die daraus entwickelten Formeln als gegeben hinzunehmen. Die Endergebnisse der mathematischen Herleitungen sind jeweils farblich hervorgehoben und am Ende des Buches noch einmal zusammengefasst dargestellt. Gleichwohl empfehle ich, die mathematischen Herleitungen nicht zu überspringen, denn die Faszination der SRT erklärt sich ja gerade zum großen Teil daraus, dass sie mit einfachsten mathematischen Mitteln, die wirklich keinen Laien überfordern, die merkwürdigsten physikalischen Phänomene logisch zwingend erklären kann.

Kapiteleinteilung

Das Buch beginnt – nach einem kurzen geschichtlichen Überblick über die Entwicklung der SRT – mit einem ebenfalls kurzen Abschnitt über nützliches Vorwissen zu Licht und Schall. Dies hat mit der SRT an sich noch nichts zu tun, soll aber einen Leser, der ohne Vorwissen ist, dafür sensibilisieren, dass alle Messungen bezüglich Raum, Zeit und Gleichzeitigkeit wegen der endlichen Ausbreitungsgeschwindigkeit von Licht- und Schallimpulsen bei weit entfernt befindlichen Beobachtern problematisch sind.

Danach werden Schritt für Schritt die drei Grundaussagen der SRT entwickelt und auf das Verhältnis zwischen zwei Inertialsystemen angewendet. In einem weiteren Abschnitt werden diese Kenntnisse auf die Verhältnisse zwischen drei Inertialsystemen übertragen und erweitert. Hier ist etwas Durchhaltevermögen gefragt. Es folgt ein etwas weiterführender Abschnitt, der dieses Wissen auf beschleunigte Systeme überträgt und damit eine Vorstellung über die mögliche Raumfahrt der Zukunft vermittelt. Danach folgt der zweite grundlegende Abschnitt dieses Buches, der sich den Auswirkungen der SRT auf Impuls, Masse und Energie widmet. Hier wird die SRT ganz praktisch.

Um das Wissen abzurunden, werden schließlich am Ende des Buches einige Anwendungen der SRT in der Praxis und einige Paradoxa der SRT vorgestellt. Die Beschäftigung mit diesen Paradoxa ist nicht bloß eine Denksportaufgabe oder ein Zeitvertreib, sondern ungemein förderlich für das vertiefte Verständnis der SRT. Immerhin ist ja auch die ganze SRT als solche aus der Beobachtung eines Paradoxons, nämlich dem unerwarteten Ausgang des Michelson-Morley-Experiments, überhaupt erst hervorgegangen. Ganz am Schluss finden sich schließlich noch einige sehr leichte Übungsaufgaben (mit ihren Lösungen), anhand derer der Leser auf einfache Weise seinen Verständnisgrad überprüfen kann. An dieser Stelle werden dann doch noch Papier, Stift und Taschenrechner benötigt.

Nach diesen Vorbemerkungen wünsche ich Ihnen nun viel Spaß mit der Welt der Formeln der SRT!

Zur Geschichte der Relativitätstheorie

Die Relativitätstheorie ist untrennbar mit dem Namen des genialen deutschen Physikers Albert Einstein (1879 bis 1955) verbunden. Sie wurde von ihm und anderen Forschern am Beginn des 20. Jahrhunderts als mathematisches Theoriengebäude entwickelt. Gelegentlich wird die Geschichte der Relativitätstheorie verkürzt so dargestellt, als habe sie Einstein durch einen spontanen Geniestreich quasi aus dem Nichts heraus erschaffen und damit die Welt der Physik revolutioniert. Dies ist wohl (zumindest bezüglich der *Speziellen* Relativitätstheorie) zu viel der Ehre und würde dem nicht zu vernachlässigenden Anteil seiner Forscherkollegen an der Entwicklung der SRT nicht gerecht. Albert Einstein hat seinen Nobelpreis für Physik im Jahr 1922 (verliehen für das Jahr 1921) übrigens auch nicht für die Relativitätstheorie erhalten, sondern für die Erklärung des photoelektrischen Effekts.

Albert Einstein
Deutscher Physiker. Geboren 1879 in Ulm, gestorben 1955 in Princeton NJ (USA). Studium der Mathematik und Physik in Zürich. Nobelpreis für Physik 1921.

An der Entwicklung der SRT waren etliche Forscher beteiligt. Zu nennen ist zunächst der schottische Physiker James Clerk Maxwell (1831 bis 1879), dessen Arbeiten den Anstoß für das Michelson-Morley-Experiment gaben, dann natürlich Albert Abraham Michelson (1852 bis 1931) und Edward Williams Morley (1838 bis 1923), die das nach ihnen benannte Experiment 1881 in Potsdam und nochmals 1887 in Cleveland (Ohio, USA) durchführten. Als nächstes ist der niederländische Mathematiker und Physiker Hendrik Antoon Lorentz (1853 bis 1928) zu erwähnen, der die nach ihm benannte Lorentz-Transformation und den Gamma-Faktor (auch Lorentzfaktor oder k-Faktor genannt) entwickelte. Der französische Mathematiker und Physiker Henri Poincaré (1854 bis 1912) entwickelte parallel und unabhängig von Albert Einstein die Grundzüge der SRT. Schließlich ist auch noch der deutsche Mathematiker und Physiker Hermann Minkowski (1864 bis 1909) zu erwähnen, ein Lehrer Albert Einsteins, der die SRT in die heute gebräuchliche mathematische Form brachte.

Hermann Minkowski
Deutscher Mathematiker und Physiker. Geboren 1864 in Aleksotas (Russland, heute Kaunas, Litauen), gestorben 1909 in Göttingen. Studium in Königsberg (heute Kaliningrad, Russland) und Berlin.

Die Physik hatte bis zum Ende des 19. Jahrhunderts große Fortschritte gemacht und sich zur Leitwissenschaft der Naturwissenschaften entwickelt. Durch die bahnbrechenden Arbeiten von Galilei, Newton, Maxwell und anderen konnte man die Welt physikalisch sehr gut beschreiben; kaum ein beobachteter physikalischer Effekt erschien nicht erklärbar. Man ging daher allgemein davon aus, dass das Theoriengebäude der Physik fertig entwickelt sei und nur noch ergänzende Erkenntnisse gesammelt werden könnten. Ja, es wurde sogar Studenten davon abgeraten, Physik zu studieren, weil man sich in diesem Fach keine großen Verdienste mehr erwerben könne.

Nachdem jedoch das Michelson-Morley-Experiment, das eigentlich den Lichtäther nachweisen und so die klassische Physik vollenden sollte, ein völlig überraschendes Ergebnis erbracht hatte (dazu später mehr), brach für die Physik eine spannende Zeit an. Die Forschergemeinde war stark verunsichert und die „Entdeckung" der SRT lag gewissermaßen in der Luft. Erste Deutungsversuche, die in die richtige Richtung gingen, kamen von Woldemar Voigt (1850 bis 1919) und George Francis Fitz-Gerald (1851 bis 1901). Mit seinen Transformationsgleichungen, die Hendrik Antoon Lorentz einige Jahre später als Hypothese zur Erklärung des Michelson-Morley-Experiments veröffentliche, lieferte Lorentz dann bereits 1895 bzw. 1904 quasi die SRT in ihrer konzentrierten Form, erkannte aber das Ausmaß seiner Entdeckung noch nicht.

Hendrik Antoon Lorentz
Niederländischer Mathematiker und Physiker. Geboren 1853 in Arnhem (Niederlande), gestorben 1928 in Haarlem (NL). Studium der Mathematik und Physik in Leiden (NL). Nobelpreis für Physik 1902.

Albert Einstein veröffentlichte seine Überlegungen zur SRT im Jahr 1905 in der Zeitschrift „Annalen der Physik" in einem Aufsatz unter dem Titel: „Zur Elektrodynamik bewegter Körper" (Annalen der Physik 1905, S. 891 bis 921). Zu dieser Zeit war Einstein Beamter im schweizerischen Patentamt in Bern und konnte sich nur in seiner Freizeit als Schreibstubengelehrter mit der modernen Physik beschäftigen (Tätigkeit im Patentamt von 1902 bis 1909, danach Dozent bzw. Professor in Bern, Zürich, Prag und Berlin). Zunächst nahm noch kaum jemand Notiz von seiner Veröffentlichung. „Spezielle" Relativitätstheorie heißt dieser Teil der Theorie deswegen, weil der Einfluss von Beschleunigung und Gravitation auf bewegte Körper und Teilchen zunächst noch nicht betrachtet wurde. In den folgenden zehn Jahren verallgemeinerte Einstein dann seine Theorie zur Allgemeinen Relativitätstheorie (ART) weiter, die nunmehr auch Beschleunigung und Gravitation mit umfasste und veröffentlichte diese Theorie im Jahr 1916, wiederum in den „Annalen der Physik", unter dem Titel: „Die Grundlage der allgemeinen Relativitätstheorie" (Annalen der Physik 1916, S. 769 bis 822), nachdem er die Grundzüge seiner Theorie bereits am 25. November 1915 in einem Vortrag vor der Preußischen Akademie der Wissenschaften vorgestellt hatte.

In den ersten Jahren nach der Veröffentlichung der SRT hatte sie noch keinerlei praktische Auswirkungen auf Naturwissenschaften und Technik. Bis zum heutigen Tag hat auch noch kein Mensch die Auswirkungen der SRT jemals am eigenen Leib gespürt, also z.B. die verlangsamte Alterung bei einem interstellaren Flug erfahren. Anhand von indirekten Messungen und Indizien mehrten sich jedoch in den Jahren nach Einsteins Veröffentlichungen die Anzeichen, dass die SRT die Vorgänge in der Natur zutreffend zu beschreiben vermag. So erlangte schließlich Albert Einstein mit der Zeit allgemeine Anerkennung, wozu vor allem die aus der ART abgeleitete Berechnung der Periheldrehung des Merkur und seine Vorhersage der Lichtablenkung durch Gravitation beitrug, welche auf spektakuläre Weise am 29. Mai 1919 durch zwei britische Expeditionen während einer totalen Sonnenfinsternis in Brasilien und auf Príncipe (vor Westafrika) nachgewiesen werden konnte. Ab diesem Zeitpunkt galt Einstein als Superstar der Naturwissenschaften. Seine Relativitätstheorie wurde zum allgemeinen Modethema und fand sogar Eingang in die moderne Kunst des Expressionismus. Von 1917 bis 1933 war Einstein Direktor des Kaiser-Wilhelm-Instituts für Physik in Berlin. Zur Unterstützung seiner Forschungen wurde u.a. zwischen 1920 und 1924 der sogenannte Einsteinturm, ein Observatorium im expressionistischen Baustil, auf dem Potsdamer Telegrafenberg errichtet, der heute noch genutzt wird und besichtigt werden kann. 1933 emigrierte Einstein, der

Einsteinturm im Potsdam
Architekt: Erich Mendelsohn. Aufnahme aus dem Jahr 1960 (Quelle: Bundesarchiv).
www.einsteinturm.de

eine jüdische Herkunft hatte (er war aber nicht sonderlich religiös), in die USA und war bis zu seinem Tod 1955 am Institute for Advanced Study in Princeton (New Jersey) tätig.

Nachdem Einstein noch vor dem Zweiten Weltkriegs von der Entdeckung der Kernspaltung und den daraus folgenden Möglichkeiten der deutschen Nationalsozialisten zur Entwicklung einer Nuklearwaffe erfahren hatte, richteten er und Leó Szilárd in Abstimmung mit Edwad Teller und Eugene Wigner am 2. August 1939 einen warnenden Brief an US-Präsident Roosevelt, der mit den Anstoß dazu gab, das hochgeheime Manhattan-Projekt zu initiieren, das in der Entwicklung der US-Atomwaffen mündete. Gegen die militärische Nutzung seiner Erkenntnisse hatte sich Einstein jedoch immer gewehrt. Er war zeitlebens überzeugter Pazifist.

In seinen späten Lebensjahren beschäftigte sich Albert Einstein vor allem damit, an einer Vereinheitlichung der Theorie der physikalischen Grundkräfte zu arbeiten, die er aber nicht mehr vollenden konnte und die auch bis heute noch nicht befriedigend gelungen ist.

Noch zu seinen Lebzeiten hatte sich Einstein den Ruf des genialsten Wissenschaftlers aller Zeiten erworben. Er gilt bis heute als Popstar der Naturwissenschaften. Sein Konterfei mit herausgestreckter Zunge ziert Poster und T-Shirts. Seine Forschungsergebnisse zur SRT gaben wichtige Impulse für die (friedliche und militärische) Nutzung der Kernenergie; seine Erklärung des photoelektrischen Effekts ist die Grundlage des Lasers und der Solarzellenentwicklung. Die SRT ist heute z.B. für die Dimensionierung der großen Teilchenbeschleuniger am CERN und anderen Forschungsinstituten von großer Bedeutung und spielt auch bei der Kalibrierung der Uhren der GPS-Satelliten eine wichtige Rolle (siehe dazu den Abschnitt: Die SRT in der Praxis).

Einsteins bahnbrechende Forschungen sind auch heute noch für die Physik und Astronomie von großer Bedeutung. So sagte er bereits 1916 auf der Basis seiner Allgemeinen Relativitätstheorie die Existenz von Gravitationswellen voraus; nahm aber an, dass man sie nie in der Praxis nachweisen können würde. Dies gelang jedoch fast genau 100 Jahre später im September 2015 durch Messungen des LIGO (deutsch: Laser-Interferometer Gravitationswellen-Observatorium), wodurch Einstein erneut bestätigt wurde und wofür Physiker der LIGO-Forschungsgruppe 2017 den Physiknobelpreis erhielten. Mit der Gravitationswellen-Beobachtung eröffnen sich künftig völlig neue Möglichkeiten der Erforschung des Weltalls.

Grundsätzliches zu Licht und Schall – nützliches Vorwissen

Bevor wir mit der Betrachtung der SRT beginnen, sollen zunächst kurz einige grundlegende Effekte zu Licht und Schall beschrieben werden, die zeigen, dass man vorsichtig mit der Beurteilung dessen sein muss, was man mit seinen Augen und Ohren wahrnimmt.

Auseinanderfallen von Licht- und Schallsignal

Jeder kennt den Effekt, dass es bei einem Gewitter zunächst blitzt und erst nach einer gewissen Zeitspanne der Donner zu hören ist. Je weiter das Gewitter entfernt ist, umso größer ist der Zeitabstand zwischen Blitz und Donner. Das Licht des Blitzes reist viel schneller zum Beobachter als der Knall des Donners. Beides – Blitz und Donner – sind jedoch im gleichen Augenblick in der Gewitterwolke entstanden.

Mithilfe dieses Effekts kann man leicht ermitteln, wie weit ein Gewitter entfernt ist: Man stoppt die Zeit zwischen Blitz und Donner, teilt das Ergebnis (gemessen in Sekunden) durch drei und erhält in etwa die Entfernung zum Gewitter (in Kilometern). Das bedeutet: Sind zwischen Blitz und Donner neun Sekunden vergangen, dann ist das Gewitter etwa drei Kilometer entfernt.

Als Fazit kann man an dieser Stelle festhalten, dass man sich beim Schall nicht auf seine zeitliche Wahrnehmung verlassen darf, sobald man eine gewisse Entfernung zur Schallquelle überschreitet. Das Ereignis hat weitaus früher stattgefunden, als man es akustisch wahrnimmt. Das bedeutet auch: Zwei Ereignisse, die man gleichzeitig hört, können in Wirklichkeit zu unterschiedlichen Zeiten passiert sein, wenn die Ereignisorte unterschiedlich weit weg waren!

Wenn wir beim Hundertmeterlauf die korrekte Zeit stoppen wollen, müssen wir, wenn wir uns auf Höhe der Ziellinie befinden, die Stoppuhr bereits dann starten, wenn der Rauch aus der Startpistole zu sehen ist, nicht erst dann, wenn auch der Startschuss zu hören ist. Dabei gehen wir selbstverständlich davon aus, dass wir den Rauch *sofort* sehen können. Bei der SRT werden wir es jedoch mit Phänomenen zu tun bekommen, die so weit entfernt stattfinden (mehrere Lichtjahre), dass wir auch die Endlichkeit der Lichtgeschwindigkeit mit berücksichtigen müssen. Wir müssen dann also wie beim Schall stets streng unterscheiden zwischen dem Zeitpunkt der Entstehung eines Signals und dem Zeitpunkt der Wahrnehmung dieses Signals durch einen entfernten Beobachter.

Schallgeschwindigkeit

Hat man erkannt, dass Schall nicht unendlich schnell ist, dann möchte man natürlich wissen, wie schnell der Schall ist. Das kann man ganz einfach messen. Am einfachsten geht es, wenn man eine schöne ebene und senkrechte Felswand im Gebirge zur Verfügung hat. Stellt man sich in 500 Metern Entfernung zu dieser Wand auf und gibt dann einen Schuss (oder auch einen Jodler) ab, so hört man nach etwa drei Sekunden das Echo. Da der Schall in diesem Fall insgesamt eine Strecke von einem Kilometer zurücklegen musste, lässt sich grob errechnen, dass die Schallgeschwindigkeit etwa 1/3 Kilometer pro Sekunde beträgt. Genaue Messungen haben ergeben, dass die Schallgeschwindigkeit bei einer Temperatur von 20 Grad Celsius und einem Normal-Luftdruck von 101,3 kPa geringfügig größer ist, nämlich 343 m/s beträgt. Die Schallgeschwindigkeit ist konstant, unabhängig von der Lautstärke oder Frequenz des übertragenen Tons.

Mit diesem Wissen kann man umgekehrt auch die Entfernung zu einer Felswand messen, indem man ein Schallsignal aussendet und die Zeit bis zum Eintreffen des Echos stoppt. Die halbe Zeit, multipliziert mit der Schallgeschwindigkeit, ergibt die Entfernung bis zum Reflexionsort.

(In ähnlicher Weise kann man auch in den Gedankenexperimenten zur SRT die Entfernung zwischen zwei kosmischen Objekten messen, indem man einen Lichtblitz zwischen beiden Objekten hin und zurück reisen lässt. Die Hälfte der Lichtlaufzeit, multipliziert mit der Lichtgeschwindigkeit, ergibt die Entfernung.)

Schall benötigt stets ein Übertragungsmedium, das die Schallwellen weiterleitet. Die Schallgeschwindigkeit ist dabei abhängig vom jeweiligen Übertragungsmedium. Im Wasser ist sie z.B. mehr als vier Mal so groß wie in der Luft (konkret 1.484 m/s). Im Weltraum gibt es hingegen keinen Schall, da hier ein Vakuum herrscht.

Auch beim Licht ist die Geschwindigkeit abhängig vom Medium, durch das das Licht reist, obwohl das Licht gar kein Übertragungsmedium benötigt. Hier ist es so, dass das Licht im Vakuum am schnellsten ist, nur geringfügig langsamer ist das Licht in der Luft, aber deutlich langsamer z.B. in Wasser oder Glas.

Doppler-Effekt

Als im 19. Jahrhundert die ersten Eisenbahnen aufkamen, stellten geschulte Hörer fest, dass man den Eindruck hatte, dass das Schnaufen der Dampflok ein klein wenig höher klang, wenn die Lok auf einen zukam, als wenn sie sich wieder entfernte. Da die Eisenbahnen zur damaligen Zeit noch nicht besonders schnell fuhren (nur rund 50 km/h), war der Effekt nur sehr gering ausgeprägt. Es war daher die Frage berechtigt, ob man sich das nur einbildete oder ob es tatsächlich Unterschiede in der Tonhöhe gab.

Heute ist die Frage, ob es diesen Effekt wirklich gibt, natürlich ganz leicht zu bejahen. Wenn man sich auf eine Autobahnbrücke stellt und unter einem rast ein Pkw mit 200 km/h hindurch, dann hört man sehr klar und deutlich, dass das Dröhnen des Motors erst sehr viel höher ist, wenn sich das Auto annähert und der Motorenklang sehr viel tiefer wird, wenn sich das Auto wieder entfernt.

Im 19. Jahrhundert war diese Frage jedoch noch nicht so klar zu beantworten. Der niederländische Naturforscher Christoph Buys Ballot (1817 bis 1890) ging diesem Phänomen nach. Er hat 1845 Musiker auf einen offenen Eisenbahnwaggon gesetzt und sie im vorbeifahrenden Zug ein Musikstück spielen lassen. Musikalisch geschulte Zuhörer, die am Rand der Strecke standen, konnten dabei klar einen Tonhöhenunterschied von rund einem Halbton heraushören. Damit war die Existenz dieses Effekts bewiesen. Der Effekt wurde später nach dem österreichischen Mathematiker und Physiker Christian Doppler (1803 bis 1853) Doppler-Effekt benannt.

Wie kommt dieser Effekt eigentlich zustande? Schall ist eine Wellenbewegung, die sich geradlinig ausbreitet. Die Ausbreitungsgeschwindigkeit bleibt immer gleich. Bewegt sich nun die Schallquelle auf den Hörer zu, so hat eine nachfolgende Welle immer einen kürzeren Weg zum Hörer zurückzulegen als die vorangegangene und kommt, relativ betrachtet, eher an; die Wellen werden gestaucht. Der Zeitabstand zwischen zwei Wellenbergen ist also beim Hörer kürzer, dies hört er als höheren Ton. Bewegt die Schallquelle sich auf den Hörer oder der Hörer sich auf die Schallquelle zu, so hört er den Ton höher. Bewegt sich der Hörer von der Schallquelle weg oder entfernt sich die Schallquelle vom Hörer, so hört der Hörer den Ton tiefer. Der Musiker auf dem Eisenbahnwaggon hört seinen Ton jedoch immer in der richtigen Tonhöhe, gleich wie schnell er sich bewegt.

Beim Licht gibt es einen vergleichbaren Effekt, optischer Doppler-Effekt genannt. Bewegen sich Lichtquelle und Empfänger aufeinander zu, so erhöht sich aus Sicht des Empfängers die Frequenz. Von der Lichtquelle in der Farbe Grün ausgestrahltes Licht könnte – je nach Relativgeschwindigkeit – z.B. als blaues (oder gar ultraviolettes) Licht wahrgenommen werden; man nennt diesen Effekt daher „Blauverschiebung". Entfernen sich Lichtquelle und Empfänger voneinander, so verringert sich aus Sicht des Empfängers die Frequenz. Von der Lichtquelle grün ausgestrahltes Licht könnte dann z.B. rot (oder gar infrarot) wahrgenommen werden; man nennt diesen Effekt daher „Rotverschiebung".

Beim optischen Doppler-Effekt handelt es sich *nicht* um einen relativistischen Effekt der SRT, er muss aber immer mit berücksichtigt werden. In der Tat „stört" der optische Doppler-Effekt die Betrachtung der relativistischen Effekte erheblich. So wäre nach der SRT bei der Annäherung zweier Raumschiffe eigentlich eine Rotverschiebung zu erwarten, tatsächlich ist aber eine Blauverschiebung zu beobachten, weil der gegenläufige Doppler-Effekt in dieser Situation stärker wirkt als die relativistische Zeitdilatation.

Ist Licht unendlich schnell?

Nachdem bereits früh bekannt war, dass Schall in der Luft eine bestimmte, konstante Geschwindigkeit hat, wollte man natürlich wissen, ob Licht ebenfalls eine definierte Geschwindigkeit hat oder aber, ob es unendlich schnell ist. Die Meinungen darüber gingen lange auseinander. Noch Johannes Kepler (1571 bis 1630) und René Descartes (1596 bis 1650) gingen von einer unendlichen Lichtgeschwindigkeit zumindest im Vakuum aus.

Dagegen glaubte der italienische Astronom und Naturforscher Galileo Galilei (1564 bis 1641) an die Endlichkeit der Lichtgeschwindigkeit. Um dies zu überprüfen, stellte er um 1620 in einer sternenklaren Nacht zwei Personen weit voneinander auf, die beide eine Laterne in der Hand hielten. Sobald eine der beiden beteiligten Personen die Laterne abdeckte, sollte dies auch die andere Person tun, was wiederum die erste Person sehen konnte. Unter Berücksichtigung der Reaktionszeiten der beiden Personen wollte Galilei auf diese Weise die Lichtlaufzeiten hin und zurück ermitteln.

Als Ergebnis dieses Versuchs ergab sich jedoch lediglich, dass praktisch keine Lichtlaufzeit messbar war. Falls Licht tatsächlich eine endliche Geschwindigkeit hatte, dann musste sie jedenfalls sehr, sehr groß sein.

Bereits um 1676 bis 1678 konnten jedoch der dänische Astronom Ole Rømer (1644 bis 1744) und der niederländische Astronom Christiaan Huygens (1629 bis 1695) anhand von Zeitverzögerungen bei astronomischen Beobachtungen nachweisen, dass die Lichtgeschwindigkeit endlich sein musste, und taxierten die Geschwindigkeit auf 213.000 km/s.

Diese Geschwindigkeit ist so hoch, dass verständlich wird, warum die Lichtgeschwindigkeit bei Experimenten auf der Erde keine Rolle spielt und man lange von einer Unendlichkeit der Lichtgeschwindigkeit ausgehen konnte. In der Astronomie und bei der Betrachtung der SRT haben wir es jedoch mit Entfernungen zu tun, die Millionen oder gar Milliarden von Kilometern betragen können. Wir können dabei die Endlichkeit der Lichtgeschwindigkeit nicht mehr vernachlässigen. Vielmehr kann die Zeit zwischen der Entstehung eines Lichtblitzes (z.B. eine Supernova) und der Beobachtung dieses Lichtblitzes auf der Erde Tausende oder Millionen von Jahren betragen. Wenn wir das Ereignis mit dem Teleskop sehen können, ist es bereits schon seit vielen Jahren vergangen. Dies ist nach der Alltagserfahrung nur schwer vorstellbar, aber genau das muss man bei der Betrachtung der SRT können: nämlich sich vorzustellen, dass das, was man sieht, nicht zur gleichen Zeit stattfindet und dass das, was stattfindet, man nicht sofort sehen kann.

Messung der Lichtgeschwindigkeit

Der Befund, dass die Geschwindigkeit des Lichts so schnell sein muss, dass man sie kaum messen kann, ließ die Physiker natürlich nicht ruhen. Sie erdachten weitere Experimente, mit denen sie versuchten, die Lichtgeschwindigkeit genauer zu bestimmen.

Der französische Physiker Armand Hippolyte Fizeau (1819 bis 1896) führte 1849 bei Paris eine Messung der Lichtgeschwindigkeit mit der sogenannten Zahnradmethode durch. Er ließ den Schein einer Lampe durch zwei Zahnräder hindurchstrahlen, von denen sich eines zunächst langsam drehte. Dadurch konnte der Lichtstrahl immer nur dann die beiden Zahnräder passieren, wenn sich die Zähne der beiden Zahnräder in Übereinstimmung befanden. Dann ließ Fizeau das Licht zu einem etwas mehr als 8,6 km entfernten Spiegel und wieder zurück laufen. Das Licht passierte nun wieder die beiden Zahnräder, deren Zähne immer noch in Übereinstimmung waren und konnte vom Experimentator beobachtet werden.

Drehte sich nun das drehbare Zahnrad schneller, so verschwand der zurückgeworfene Lichtstrahl ab einer gewissen Drehgeschwindigkeit, weil er jetzt die beiden Zahnräder erreichte, wenn das drehbare Zahnrad bereits einen halben Zahnabstand weitergelaufen war. Auf diese Weise konnte man nachweisen, dass die Lichtgeschwindigkeit nicht unendlich war.

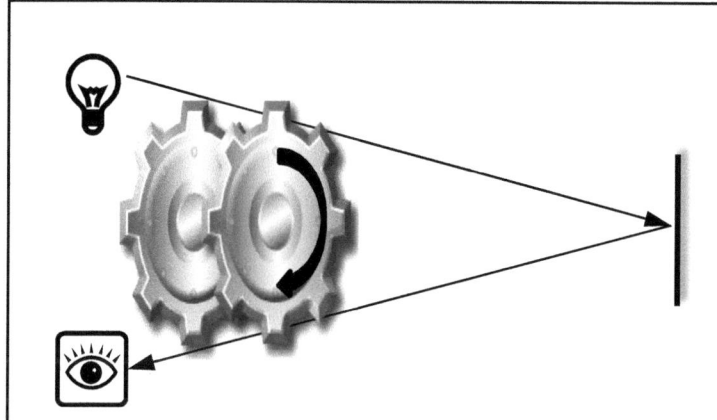

Messung der Lichtgeschwindigkeit mit der Zahnradmethode (schematische Darstellung).
Das Licht läuft durch zwei Zahnräder, von denen sich eines dreht, zu einem weit entfernten Spiegel und zurück. Dreht sich das Zahnrad schnell genug, so erreicht das zurückgeworfene Licht genau dann die Zahnräder, wenn das sich drehende Zahnrad um genau einen Zahn weiter gelaufen ist.

Die beiden Zahnräder hatten bei Fizeaus Versuchsanordnung je 720 Zähne. Das Licht verschwand bei etwa 12,6 bis 12,7 Umdrehungen pro Sekunde. Hieraus ermittelte Fizeau eine Lichtgeschwindigkeit von rund 315.000 km/s, entsprechend folgender Formel:

$$c = \frac{s}{t} = \frac{2 \times 8{,}633 km}{\frac{1s}{2 \times 720 \times 12{,}65}} = \frac{17{,}266 km}{\frac{1s}{18.216}} \approx 315.000 \frac{km}{s}$$

Dieser Wert liegt nur knapp über dem inzwischen bekannten exakten Wert der Lichtgeschwindigkeit (Luft) von 299.711 km/s. Im Vakuum ist das Licht noch ein klein wenig schneller und hat eine Geschwindigkeit von 299.792,458 km/s. Dieser Wert ist eine absolute Konstante, genauer gesagt, der Wert würde sich nicht einmal dann ändern, wenn sich herausstellen würde, dass das Licht doch ein klein wenig schneller oder langsamer sein sollte: Man hat nämlich die Länge des Meters inzwischen definiert als die Strecke, die das Licht im Vakuum während 1/299792458 Sekunden zurücklegt. Würde man eine neue Geschwindigkeit des Lichts messen, so würde dies dazu führen, dass man nicht die Lichtgeschwindigkeit anpasst, sondern einfach die Länge eines Meters ändert!

Für die weiteren Betrachtungen in diesem Buch gehen wir, wie allgemein üblich, von einer Lichtgeschwindigkeit von gerundet 300.000 km/s aus.

Das Licht hat somit die unvorstellbare Geschwindigkeit von rund dreihunderttausend Kilometern pro Sekunde. Um die Erde einmal vollständig zu umrunden, bräuchte das Licht nur etwas mehr als eine Zehntelsekunde. Bei den Entfernungen, mit denen wir es im Alltag zu tun haben, ist die Lichtlaufzeit somit regelmäßig praktisch null. Bei den riesigen kosmischen Entfernungen wird die Lichtlaufzeit jedoch plötzlich relevant: Vom Mond braucht das Licht zur Erde rund eine Sekunde, von der Sonne zur Erde bereits acht Minuten. Andere Sterne außerhalb unseres Sonnensystems sind so weit von uns entfernt, dass das Licht viele Jahre zu uns braucht. Deshalb spricht man auch davon, dass diese Sterne „Lichtjahre" von uns entfernt sind. Das Lichtjahr ist keine Zeitangabe, sondern eine Entfernungsangabe; es stellt die Strecke dar, die das Licht in einem Jahr zurücklegt (9,46 Billionen Kilometer). Bei den Betrachtungen zur SRT stellt man sich bei einem Gedankenexperiment häufig Entfernungen von mehreren Lichtjahren vor, um die Effekte der SRT deutlich zu machen.

Die Lichtgeschwindigkeit gilt auch für andere elektromagnetische Strahlen bzw. Wellen wie z.B. Funkwellen. Wir können daher bei den Betrachtungen zur SRT frei zwischen Licht- und Funksignalen wählen.

Die Abhängigkeit der Schallgeschwindigkeit vom Bezugssystem

Kehren wir zurück zum Schall und kommen wir zum ersten kleinen Gedankenexperiment: Nehmen wir an, wir befinden uns auf einem Bahnsteig. Vor uns steht ein langer ICE-Zug, der genau 686 m lang sein möge. Wir stehen genau vor der Mitte des Zuges. Es ist windstill. Am Anfang und am Ende des Zuges stehen jeweils Personen mit genauen Funkuhren. Wir feuern nun eine Startpistole ab. Wann nehmen die Personen am Anfang und am Ende des Zuges den Knall wahr? Die Antwort ist denkbar einfach: Da der Schall 343 m pro Sekunde zurücklegt, nehmen die Personen den Knall genau eine Sekunde nach dem Abfeuern wahr. Und beide Personen nehmen den Knall exakt gleichzeitig wahr. So weit, so einfach.

Was ist nun, wenn ich und die anderen Mitspieler sich im fahrenden ICE befinden und ich die Startpistole in der Mitte des fahrenden Zuges abfeuere, während der ICE mit 300 km/h durch die Landschaft saust? Dazu muss natürlich angenommen werden, dass die Schallsignale ungehindert durch den ganzen Zug laufen können – alle Verbindungstüren zwischen den Waggons müssen also offen sein. In diesem Fall nehmen wieder beide Personen am Anfang und am Ende des Zuges den Knall zur gleichen Zeit wahr, nämlich genau eine Sekunde nach dem Abfeuern der Pistole.

Die Geschwindigkeit des Zuges ist insoweit völlig unerheblich. Es ist also gleich, ob der Zug steht, mit 100 km/h oder 300 km/h fährt, stets nehmen die Mitspieler den Knall genau eine Sekunde nach dem Abfeuern der Pistole wahr und beide genau zur gleichen Zeit. Ursache hierfür ist die Tatsache, dass der Schall auf das Übertragungsmedium Luft angewiesen ist. Die Schallgeschwindigkeit ist immer relativ zur Geschwindigkeit der Luft. Bewegt sich die Luft mitsamt dem Zug vorwärts, so kann auch der Schall im Zug eine höhere Geschwindigkeit erreichen. Im Verhältnis zum fahrenden Zug ruht die im Zug befindliche Luft. Man kann die Schallausbreitung innerhalb des Zuges stets so betrachten, als stünde der Zug still im Bahnhof. Man kann den gleichförmig bewegten Zug daher auch „Inertialsystem" (ruhendes bzw. träges System) nennen. Dieser Begriff „Inertialsystem" ist für die SRT von enormer Bedeutung.

Bewegt sich der Zug mit 300 km/h vorwärts, so erreicht das Schallsignal, das sich im Zug nach vorn ausbreitet, *im Verhältnis zur Außenwelt* eine höhere Geschwindigkeit als die eigentliche Schallgeschwindigkeit. Statt 1.235 km/h (343 m/s) erreicht der Schall 1.535 km/h (426 m/s).

Dies ist ein Effekt, der beim Schall grundlegend anders ist als beim Licht: Die Lichtgeschwindigkeit ist nach der SRT *immer* konstant. Wenn ich mich in der Mitte eines fahrenden ICE befinde und ein Lichtsignal nach vorn aussende, so kann dieses Lichtsignal auch im Verhältnis zur Außenwelt keine Überlichtgeschwindigkeit erreichen, vielmehr bleibt die Lichtgeschwindigkeit konstant bei knapp 300.000 km/s.

Erreichen der Überschallgeschwindigkeit

Bewegt sich das Schallsignal nicht innerhalb des Zuges, sondern außerhalb, so gilt für den Schall das Bezugssystem „Außenwelt". Der Schall bewegt sich mit konstanter Geschwindigkeit relativ zur Luft. Ist die Luft als Übertragungsmedium unterschiedlich schnell, so ist auch der Schall unterschiedlich schnell.

Befindet sich beispielsweise eine Person in der Mitte eines fahrenden Zuges, öffnet sie das Fenster und feuert dann eine Startpistole ab, so hört eine Person an der Spitze des Zuges den Knall zweimal: zunächst als Signal innerhalb des Zuges und danach das außen übertragene Signal. Eine Person am Ende des Zuges hört erst den Knall außerhalb des Zuges und danach den innerhalb des Zuges übertragenen Knall.

Je schneller der Zug, umso länger benötigt das Schallsignal außerhalb des Zuges, um bis nach vorn zu gelangen. Ab einer Zuggeschwindigkeit von 1.235 km/h würde das Signal außerhalb des Zuges die Spitze überhaupt nicht mehr erreichen; man spricht dann von Überschallgeschwindigkeit.

Die Überschallgeschwindigkeit war ein Mitte des 20. Jahrhunderts hinlänglich bekanntes Phänomen. Gewehrkugeln können z.B. schneller als der Schall sein oder auch die Spitze einer knallenden Peitsche. Fraglich war aber, ob Menschen Überschallgeschwindigkeit aushalten können. Nachdem Düsentriebwerke erfunden worden waren, konnte getestet werden, ob man mit Überschallgeschwindigkeit fliegen kann. Der erste nachgewiesene Flug dieser Art fand 1947 mit einer Bell X-1 statt und wurde vom Piloten Chuck Yeager wohlbehalten überstanden. Es gibt keinen physikalischen Grund, der einen Menschen daran hindern würde, Überschallgeschwindigkeit zu erreichen.

Fliegt ein Flugzeug in niedriger Höhe mit Überschallgeschwindigkeit, so hört man am Boden einen Überschallknall, da die Schallwellen dann dem Flugzeug nicht mehr vorauseilen, sondern erst *nach* dem Flugzeug und in komprimierter Form beim Beobachter eintreffen. Das sogenannte „Durchbrechen der Schallmauer" ist für ein entsprechend konstruiertes Flugzeug mit ausreichend Schubkraft der Triebwerke kein Problem (der Überschallknall ist aber nicht nur in dem Moment zu hören, in dem die Schallgeschwindigkeit erstmals überschritten wird.) Die nähere Beschäftigung mit der SRT wird uns jedoch zeigen, dass ein vergleichbares Durchbrechen der Grenze der Lichtgeschwindigkeit unmöglich ist. Im Gegensatz zur Schallgeschwindigkeit stellt die Lichtgeschwindigkeit wirklich eine absolute Obergrenze für erreichbare Geschwindigkeiten dar. Diese Unmöglichkeit des Überschreitens der Lichtgeschwindigkeit braucht nicht experimentell untersucht zu werden, sondern ergibt sich zwingend aus den durch die SRT entwickelten Formeln, wie wir noch sehen werden. Zudem beweisen die Teilchen im Teilchenbeschleuniger, die trotz gigantischen Energieeinsatzes nie Überlichtgeschwindigkeit erreichen, immer wieder aufs Neue die Richtigkeit dieser Annahme.

Die Grundlagen der SRT

Die Bewegung der Erde im Weltall und der „Ätherwind"

Wir wissen, dass die Erde, die in rund 150 Millionen Kilometern Entfernung um die Sonne kreist, auf ihrem Weg durchs All eine mittlere Bahngeschwindigkeit von knapp 30 km/s (rund 107.200 km/h) hat. Die Erde reist also kontinuierlich mit einer Geschwindigkeit durchs Weltall, die noch kein vom Menschen konstruiertes Flugzeug oder Raumschiff je erreicht hat.

Im 19. Jahrhundert machte man sich Gedanken über die Frage, wie das Licht der Sonne und der Sterne zu unserer Erde gelangt. Man nahm insoweit an, dass das Weltall gleichmäßig von einem ruhenden „Lichtäther" erfüllt sein müsse, einem geheimnisvollen unsichtbaren Stoff, der alles ungehindert durchdringt und den das Licht als Übertragungsmedium nutzt. Während unserer Reise um die Sonne müssten wir also von einem ständigen Strom an Ätherwind durchdrungen werden, mit einer gefühlten „Windgeschwindigkeit" von 30 km/s.

Wenn dies so ist, dann müsste die Lichtgeschwindigkeit in Luft, gemessen in Flugrichtung der Erdbahn, relativ zur Erde nur 299.681 km/s betragen (statt 299.711 km/s), da der entgegenkommende Ätherwind das Vorankommen des Lichts bremst, während die Lichtgeschwindigkeit, gemessen entgegen der Flugrichtung (also rückwärts), 299.741 km/s betragen müsste. Ende des 19. Jahrhunderts machte man sich schließlich mit Experimenten daran, diese Differenzen der Lichtgeschwindigkeit zu messen, um so die Existenz des „Ätherwindes" nachweisen zu können.

Das Michelson-Morley-Experiment

Der bekannteste Versuch zur Suche nach dem Lichtäther wurde zunächst 1881 in Potsdam von Albert Abraham Michelson durchgeführt. Das Experiment konnte den Lichtäther nicht nachweisen, allerdings erschien die Messgenauigkeit der Apparatur als unzureichend, um eine sichere Aussage zu treffen. Daher wiederholte Michelson den Versuch 1887 mit Edward Williams Morley in Cleveland (Ohio, USA), mit einem neuen Apparat mit höherer Präzision. Aber auch dieser Versuch konnte den Lichtäther nicht nachweisen; die Lichtgeschwindigkeit erwies sich in allen Richtungen als konstant. Dieses Ergebnis war eine große Überraschung für die Forschergemeinde. In der Folge dieses und ähnlicher Experimente musste man die Äthertheorie notgedrungen als falsch aufgeben.

Um genau zu sein muss man aber hinzufügen, dass Michelson und Morley gar nicht die Lichtgeschwindigkeit mit und entgegen der Flugrichtung der Erde gemessen haben. Eine solche direkte Messung war nicht möglich. Die Versuchsanordnung von Michelson und Morley war daher weit komplizierter. Sie bauten mit großer Präzision ein sogenanntes „Interferometer". (An dieser Stelle wird es kurz ein wenig komplizierter. Wer mag, kann die folgenden drei Absätze einfach überspringen.) Das Interferometer funktionierte wie folgt: Man ließ das Licht einer Glühlampe (heute würde man einen Laser benutzen, aber der war im 19. Jahrhundert noch nicht erfunden) schräg auf einen halbdurchlässigen Spiegel scheinen. Der halbdurchlässige Spiegel spaltete das Licht in einen Teil auf, der gerade weiter lief und einen weiteren Teil, der rechtwinklig zur Seite gespiegelt wurde. Dann ließ man beide Lichtstrahlen nach einem Meter Entfernung je auf einen weiteren (nicht halbdurchlässigen) Spiegel treffen. Beide Spiegel waren so eingerichtet, dass sie die beiden Lichtstrahlen wieder genau auf den halbdurchlässigen Spiegel zurückwarfen. An diesem Spiegel wurde wieder ein Teil der beiden reflektierten Lichtstrahlen durchgelassen und der andere Teil zur Seite reflektiert. Es ergaben sich damit zwei wiedervereinigte Lichtstrahlen, von denen einer zur Lampe zurücklief (der interessiert uns hier nicht) und der andere lief zur Seite und konnte auf einem Schirm sichtbar gemacht werden.

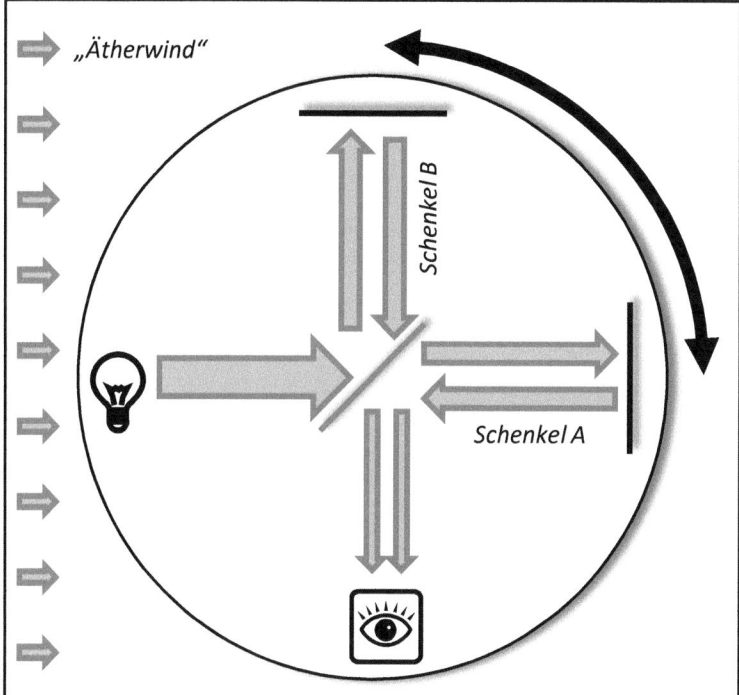

Aufbau des Michelson-Morley-Interferometers.
Das Licht der Glühlampe erreicht einen halbdurchlässigen Spiegel in der Mitte, wo das Licht in einen Anteil aufgespalten wird, der längsseits des vermuteten Ätherwinds zu einem Spiegel läuft (Schenkel A) und einen zweiten Anteil, der quer zum Ätherwind zu einem anderen Spiegel läuft (Schenkel B). Die beiden Lichtanteile werden von den Spiegeln reflektiert, laufen wieder zum halbdurchlässigen Spiegel zurück, wo sie sich wieder vereinigen und (teilweise) auf einen Bildschirm geworfen werden, auf dem die entstehenden Interferenzmuster beobachtet werden. Dreht man die ganze Apparatur um 90 Grad, so steht nunmehr Schenkel A quer zum Ätherwind und Schenkel B längs zum Ätherwind.

Der zu messende Effekt beruhte darauf, dass die verschiedenen Teile der beiden Lichtbündel leicht unterschiedlich lange Wege bis zum Empfangsschirm zurücklegen mussten (wenn es die SRT nicht gäbe, siehe das Kapitel: Längenkontraktion). Und zwar hat der Teil des Lichtstrahls, der sich längs zur Flugrichtung der Erde bewegt, einen geringfügig längeren Weg zurückzulegen als der Lichtstrahl seitlich zur Flugrichtung der Erde, und müsste folglich später ankommen (falls die Äthertheorie stimmt). Die Folge ist, dass man auf dem Empfangsschirm keinen weißen Fleck sieht, sondern ein Interferenzmuster (also ein Muster senkrechter Streifen).

Des Weiteren war die ganze Apparatur schwimmend auf Quecksilber und drehbar gelagert. Dadurch war es möglich, dass man das Interferometer so ausrichtete, dass von den beiden Schenkeln mit den Spiegeln (Schenkel A und B) einer in den „Ätherwind" ausgerichtet wurde und der andere quer zum „Ätherwind". Wenn man nun den Apparat vorsichtig so drehte, dass nunmehr der andere Schenkel längs in den „Ätherwind" gestellt wird und der eine Schenkel quer zum „Ätherwind" ausgerichtet ist, dann müsste dies zur Folge haben, dass sich das Verhältnis der Lichtlaufzeiten der beiden Schenkel ganz, ganz geringfügig ändert. Das kann man nicht messen, aber es war zu erwarten, dass sich das sichtbare Interferenzmuster auf dem Empfangsschirm verschiebt. Jedoch trat eben diese Verschiebung des Interferenzmusters nicht ein.

Interpretation des Michelson-Morley-Experiments durch Albert Einstein – Postulate der SRT

Albert Einstein interpretierte das Ergebnis des Michelson-Morley-Experiments und ähnlicher Experimente so, dass nach seiner Meinung nicht nur der Ätherwind nicht existierte, sondern er stellte auch das Postulat auf, dass man davon ausgehen müsse, dass die Vakuumlichtgeschwindigkeit immer und für alle Beobachter stets konstant ist. Das gilt insbesondere auch für den Fall, dass sich die Lichtquelle oder der Empfänger oder beide bewegen. Weil die Lichtgeschwindigkeit nicht davon abhängig ist, ob sich das Licht längs oder quer zur Bewegungsrichtung der Erde bewegt, kann man folglich bei einem Interferometer keine Verschiebung der Interferenzstreifen herbeiführen.

Dazu folgendes Beispiel: Nehmen wir an, ein Stern rast mit der halben Lichtgeschwindigkeit (150.000 km/s) auf uns zu und sendet Licht zu uns aus. Die Lichtgeschwindigkeit, mit der das Licht den Stern verlässt, beträgt relativ zum Stern 300.000 km/s. Das Licht reist durchs Weltall, wird dabei weder schneller noch langsamer und trifft schließlich auf der Erde ein. Aber auch hier messen wir eine Lichtgeschwindigkeit dieses Lichts von 300.000 km/s und keine Lichtgeschwindigkeit von 450.000 km/s! Dies ist die Kernaussage des Einstein'schen Postulats der Konstanz der Lichtgeschwindigkeit.

Durch eine Messung der Lichtgeschwindigkeit des übertragenen Lichts kann man also nicht die Relativgeschwindigkeit zwischen zwei Objekten bestimmen; beide Objekte messen für das gleiche Licht die konstante Lichtgeschwindigkeit von 300.000 km/s. Beide Objekte sind insoweit gleichberechtigt. Dieser Gedanke leitet über zum anderen Einstein'schen Postulat: Wenn man nicht durch Messung der Lichtgeschwindigkeit die objektive Geschwindigkeit eines gleichförmig bewegten Körpers ermitteln kann, so kann man dies auch nicht auf irgendeine andere Weise. Jeder gleichförmig bewegte Körper kann sich somit als ruhendes System (Inertialsystem) betrachten. Alle Naturgesetze, die innerhalb dieses Inertialsystems beobachtet und gemessen werden, liefern Messergebnisse, die darauf hindeuten, dass das Inertialsystem vollkommen ruht.

Dies ist das Relativitätsprinzip der SRT: Alle Inertialsysteme sind gleichberechtigt. Kein Inertialsystem ist bevorzugt. Alle Naturgesetze gelten in allen Inertialsystemen gleich. Jedes Inertialsystems kann sich als ruhend betrachten (und die anderen Inertialsysteme als in Bewegung). Es ist nicht möglich, durch irgendeine Versuchsanordnung objektiv zu bestimmen, welches Inertialsystem tatsächlich ruht und welches in Bewegung ist.

Es gelten also die folgenden beiden *Postulate* (Sätze, auf denen die SRT aufbaut):

---

1. Postulat: Relativitätsprinzip

„Alle Inertialsysteme sind bezüglich der physikalischen Gesetze gleichberechtigt. Es gibt kein bevorzugtes Inertialsystem. Alle physikalischen Gesetze gelten in jedem Inertialsystem in gleicher Weise."

Grundlagen der SRT

> **2. Postulat: Prinzip der Konstanz der Lichtgeschwindigkeit**
> *„Die Vakuumlichtgeschwindigkeit ist in allen Inertialsystemen gleich groß. Sie ist unabhängig vom Bewegungszustand der Lichtquelle und des Beobachters bei der Messung."*

Allein aus diesen beiden Postulaten leiten sich alle Aussagen und Formeln der SRT ab, was nun Schritt für Schritt gezeigt werden soll.

Zwei Inertialsysteme im Raum – Kernaussagen der SRT

Entfernungsmessung durch Messung der Lichtlaufzeit

Um die Effekte zu ergründen, die notwendigerweise aus den beiden Postulaten der SRT folgen, führten Albert Einstein und seine Forscherkollegen Gedankenexperimente durch, die sie im Geiste von der einen zur nächsten Schlussfolgerung und immer weiter führten. Ein erstes Gedankenexperiment war die gedachte Konstruktion einer „Lichtuhr".

Wenn gilt, dass die Lichtgeschwindigkeit im Vakuum stets konstant ist (zweites Postulat), so kann man sich dies zunutze machen, um mithilfe der Lichtlaufzeit Entfernungen exakt zu bestimmen. Tatsächlich ist dies in der modernen Physik Praxis, indem nämlich das Meter nicht mehr durch ein metallenes Urmeter bestimmt wird, das irgendwo bei Paris in einem Tresor aufbewahrt wird, sondern das Meter wird heute im Internationalen Einheitensystem (SI) definiert als „die Länge der Strecke, die Licht im Vakuum während der Dauer von 1/299.792.458 Sekunde durchläuft."

Um damit ein Meter zu eichen, muss man natürlich auch genau wissen, wie lang eine Sekunde ist. Hier hilft das erste Postulat weiter, wonach alle Naturgesetze in allen Inertialsystemen gleich schnell ablaufen, auch alle atomaren Prozesse. Daher konnte man die Dauer einer Sekunde exakt definieren als „die Dauer von 9.192.631.770 Perioden der Strahlung, die dem Übergang zwischen den beiden Hyperfeinstrukturniveaus des Grundzustandes des Atoms Caesium 133 entspricht."

Mit diesen beiden Angaben ist es also möglich, exakt den gesuchten Bruchteil der Sekunde und damit die Wegstrecke des Lichts im Vakuum während dieser Zeitspanne genau zu bestimmen.

Inertialsysteme und Lichtuhren

Kommen wir nun zur gedachten Lichtuhr. Hat ein Inertialsystem mithilfe der oben erwähnten Definitionen die Länge eines Meters exakt bestimmt, so kann man zwei Spiegel in genau dieser Entfernung aufstellen und einen Lichtimpuls (in einem Vakuum) endlos zwischen diesen beiden Spiegeln hin und her laufen lassen. Immer wenn der Lichtimpuls bei einem Spiegel angekommen ist, möge ein dort befindlicher Zähler um eine Einheit weiterzählen. Nach genau 149.896.229 Hin- und Herbewegungen ist exakt eine Sekunde vergangen. Der Zähler kann also jetzt um eine Sekunde weiterticken und wieder von vorn zu zählen anfangen. Eine solche Lichtuhr würde also nach der Vorstellung von Albert Einstein stets die genaue Zeit anzeigen (Quarzuhren oder ähnlich genaue Uhren gab es zur Zeit der Ausarbeitung der SRT noch nicht).

Eine solche Lichtuhr würde in jedem Inertialsystemen gleich exakt gehen, weil die Lichtgeschwindigkeit ja in allen Inertialsystemen konstant ist und alle Naturgesetze in allen Inertialsystemen gleich gelten. Diese Aussage gilt insbesondere auch für den Fall, dass sich das Inertialsystem schnell bewegt. Auch dann kann eine Person, die sich in diesem Inertialsystem aufhält, die Lichtuhr als exakten Zeitmesser verwenden.

Die vierschenklige Lichtuhr

Stellen wir uns nun vor, wir würden auf der Erde eine solche Lichtuhr mit vier Schenkeln konstruieren. Die vier Schenkel von je 1,5 Meter Länge zeigen in alle vier Richtungen, an ihren Enden befinden sich Spiegel und in der Mitte befinden sich der Lichtgeber und ein Sensor, der das Eintreffen der von den Spiegeln reflektierten Lichtblitze registriert.

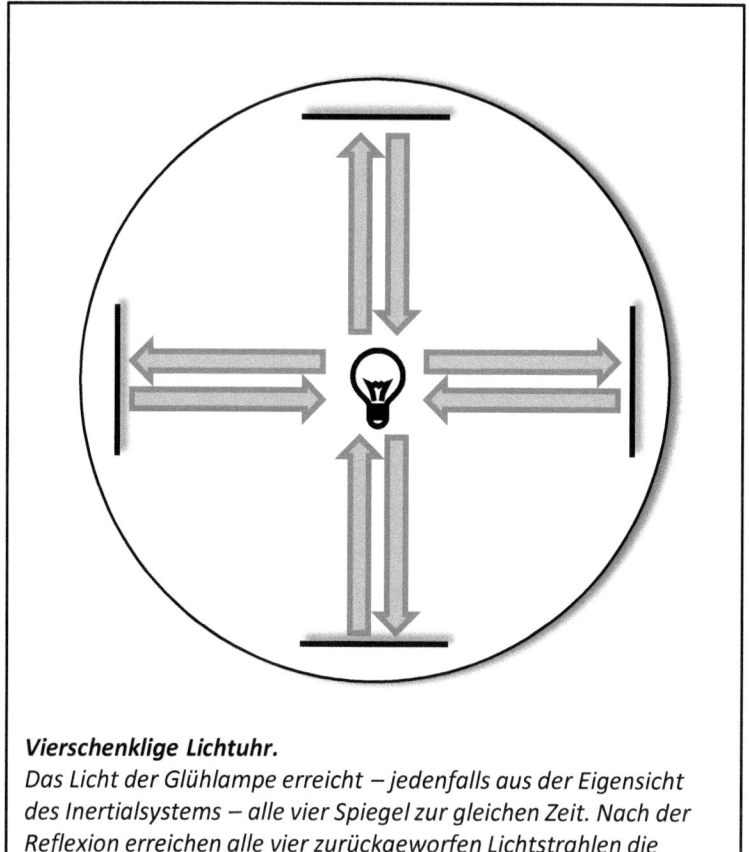

Vierschenklige Lichtuhr.
Das Licht der Glühlampe erreicht – jedenfalls aus der Eigensicht des Inertialsystems – alle vier Spiegel zur gleichen Zeit. Nach der Reflexion erreichen alle vier zurückgeworfen Lichtstrahlen die Mitte im exakt gleichen Zeitpunkt.

Der Einfachheit halber betrachten wir nun das einmalige Hin- und Herlaufen eines in alle vier Richtungen ausgestrahlten Lichtblitzes. Welches Ergebnis würden wir auf der Erde bei einem solchen Apparat erwarten? Wir würden erwarten, dass das Licht in alle vier Richtungen gleich schnell ausgesendet wird und zur gleichen Zeit aus allen vier Richtungen wieder in der Mitte eintrifft, und zwar nach genau zehn Nanosekunden (bei Annahme der Lichtgeschwindigkeit mit gerundet 300.000 km/s).

Da die Lichtgeschwindigkeit immer und überall konstant ist, ist dasselbe Ergebnis auch an Bord jedes Raumschiffs zu erwarten, und zwar unabhängig davon, wie schnell das Raumschiff unterwegs ist. Jedes

Raumschiff, das unbeschleunigt durchs All fliegt, kann sich als ruhendes Inertialsystem betrachten und misst bezüglich dieser Lichtlaufzeiten das gleiche Ergebnis wie ein Forscher auf der Erde.

Es gilt also: Egal, wie schnell ein Raumschiff unterwegs ist, so würden doch die vier Lichtstrahlen einer vierschenkligen Lichtuhr stets *gleichzeitig* in der Mitte eintreffen. Diese Gleichzeitigkeit der Ankunft der Lichtstrahlen gilt nicht nur für das Inertialsystem selbst, sondern auch für jeden anderen Beobachter: Wenn die reflektierten Lichtstrahlen von der Mitte der Lichtuhr zu einem entfernten Beobachter weitergeleitet werden, dann haben alle vier Lichtstrahlen den gleichen Weg zum Beobachter zurückzulegen und kommen folglich auch gleichzeitig beim Beobachter an. Also würde auch der Beobachter bestätigen, dass die vier Lichtstrahlen gleichzeitig in der Mitte der Lichtuhr angekommen sind. Dies gilt auch dann, wenn sich der entfernte Beobachter mit beliebiger Geschwindigkeit bewegt: Es kann immer nur einen einzigen Moment geben, indem alle vier Lichtstrahlen gemeinsam bei ihm eintreffen.

Es gelten daher folgende Merksätze, die uns im Folgenden sehr nützlich sein werden:

> **Merksätze:**
> 1. *Zwei Ereignisse, die in einem bestimmten Inertialsystem an einem bestimmten Ort gleichzeitig stattfinden, finden auch aus Sicht aller anderen Inertialsysteme an diesem Ort gleichzeitig statt.*
> 2. *Treffen Lichtsignale von verschiedenen Ereignissen an einem bestimmten Ort für ein bestimmtes Inertialsystem gleichzeitig ein, so treffen diese Lichtsignale auch aus Sicht jedes anderen Inertialsystems an diesem Ort gleichzeitig ein.*

Ereignisse, die an unterschiedlichen Orten stattfinden, finden für ein Inertialsystem gleichzeitig statt, wenn die Lichtsignale von diesen Ereignissen gleichzeitig eintreffen und die beiden Ereignisorte gleich weit entfernt sind – dann ist nämlich die Lichtlaufzeit gleich. Für ein anderes Inertialsystem, das sich relativ zum ersten Inertialsystem bewegt, können diese beiden Ereignisse, wie noch gezeigt werden wird, jedoch ungleichzeitig sein!

Zeitdilatation

Nun kommen wir zum ersten relativistischen Effekt. Was ist bezüglich eines Lichtuhrenexperiments, wenn zwei Raumschiffe mit einer Relativgeschwindigkeit von 180.000 km/s aneinander vorbei fliegen und eines der beiden Raumschiffe hat eine solche vierschenklige Lichtuhr an Bord? Das Raumschiff misst die oben erwähnten Ergebnisse, wenn es das eben beschriebene Experiment durchführt. Alle vier Lichtblitze treffen gleichzeitig wieder in der Mitte ein, und zwar nach zehn Nanosekunden.

Stellen wir uns nun vor, das Raumschiff hat diese vierschenklige Lichtuhr so an der Seite angebracht, dass auch ein Beobachter auf dem anderen Raumschiff die Durchführung des Experiments beobachten kann. Stellen wir uns nun weiter vor, auf dem Raumschiff mit der Lichtuhr wird das oben beschriebene Experiment genau in dem Moment durchgeführt, in dem die beiden Raumschiffe die größte Annäherung zueinander haben.

Welches Ergebnis würde der Experimentator auf dem Raumschiff mit der Lichtuhr messen? Natürlich das oben beschriebene Ergebnis. Warum sollte sich daran etwas ändern, nur weil ein anderes Raumschiff die Gelegenheit hat, das Experiment zu beobachten?

Wie sieht der Beobachter im anderen Raumschiff das Experiment? Er sieht, dass der Lichtblitz in einem bestimmten Moment ausgesendet wird und dass alle vier Reflexionen in einem bestimmten Moment gleichzeitig wieder in der Mitte eintreffen. Aber welche Zeit misst der Beobachter dafür?

Man könnte spontan annehmen, dass er ebenfalls eine Zeit von zehn Nanosekunden misst, aber hier müssen wir innehalten. Das zweite Postulat besagt ja, dass jeder immer und überall die gleiche Lichtgeschwindigkeit misst. Deshalb misst der Experimentator für die drei Meter Laufstrecke eine Zeit von zehn Nanosekunden.

Für den Beobachter im anderen Raumschiff bewegt sich jedoch die gesamte Lichtuhr. Der Lichtblitz kommt daher nicht an dem Ort wieder an, an dem er ausgesendet wurde; die Mitte der Lichtuhr hat sich inzwischen weiterbewegt. Bei einer Geschwindigkeit von 180.000 km/s (dies entspricht 60 Prozent der Lichtgeschwindigkeit, abgekürzt: 0,6c) hat sich andere Raumschiff in zehn Nanosekunden um immerhin 1,8 Meter weiterbewegt. Dies kann nicht ohne Auswirkungen auf die Lichtlaufzeit bleiben.

Für die Erklärung des Effekts der Zeitdilatation wollen wir jetzt nur einen der vier Lichtblitze betrachten, und zwar den, der senkrecht zur Bewegungsrichtung des Raumschiffs nach oben und wieder zurück läuft. Der hat jetzt aus Sicht des äußeren Beobachters einen weiteren Weg zurückzulegen, als wenn die Lichtuhr in Ruhe wäre.

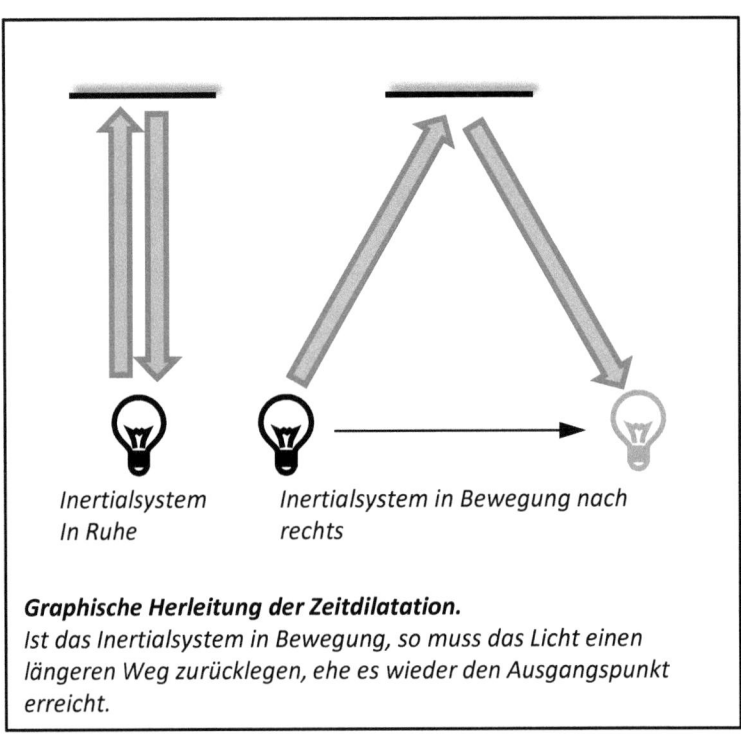

Inertialsystem In Ruhe *Inertialsystem in Bewegung nach rechts*

Graphische Herleitung der Zeitdilatation.
Ist das Inertialsystem in Bewegung, so muss das Licht einen längeren Weg zurücklegen, ehe es wieder den Ausgangspunkt erreicht.

Da die Wegstrecke des Lichts aus Sicht des äußeren Beobachters länger ist und für ihn die Lichtgeschwindigkeit konstant 300.000.000 m/s beträgt, misst er für den Vorgang eine Zeit von 12,5 Nanosekunden. Zugleich sieht er jedoch, wie der Experimentator im anderen Raumschiff eine Zeit von 10 Nanosekunden von seiner Uhr abliest und notiert!

Würde der Experimentator ebenfalls eine Zeit von 12,5 Nanosekunden messen, so würde dies dem Postulat widersprechen, wonach auch für ihn die Lichtgeschwindigkeit stets konstant ist. Die einzige logische Schlussfolgerung für dieses Problem ist die, dass die beiden Uhren tatsächlich unterschiedlich schnell gehen: Die Uhr des Experimentators zeigt für den Vorgang nur 10 Nanosekunden an, während die Uhr des Beobachters für den gleichen Vorgang 12,5 Nanosekunden misst. Aber geht nun die Uhr des Experimentators richtig und die des Beobachters zu schnell oder ist es umgekehrt? Da alle Naturgesetze in allen Inertialsystemen gleich gelten, kann jeder für sich in Anspruch nehmen, dass die Uhr seines eigenen Inertialsystems richtig geht. Der äußere Beobachter darf daher annehmen, dass seine gemessene Zeit von 12,5 Nanosekunden richtig ist und dass folglich aus seiner Sicht die Uhr des Experimentators, die nur 10 Nanosekunden gemessen hat, zu *langsam* gelaufen ist.

Diesen Effekt der beobachteten Verlangsamung von Uhren anderer Inertialsysteme nennt man Zeitdilatation (Zeitdehnung). Nun wollen wir uns mit ganz einfacher Mathematik daran machen, diesen Effekt quantitativ zu beschreiben und eine Formel hierfür herzuleiten.

Mathematische Herleitung der Zeitdilatation

Wie stark die relativistische Zeitdilatation wirkt, hängt von der Relativgeschwindigkeit der beteiligten Inertialsysteme ab. Die dazu benötigte Umrechnungsformel kann man mit Hilfe des Satzes des Pythagoras leicht herleiten. Hierbei hilft eine einfache graphische Veranschaulichung. Wenn sich die Lichtuhr bewegt, so läuft das Licht schräg nach vorn und trifft dann auf den Spiegel. Dabei bildet sich ein rechtwinkliges Dreieck:

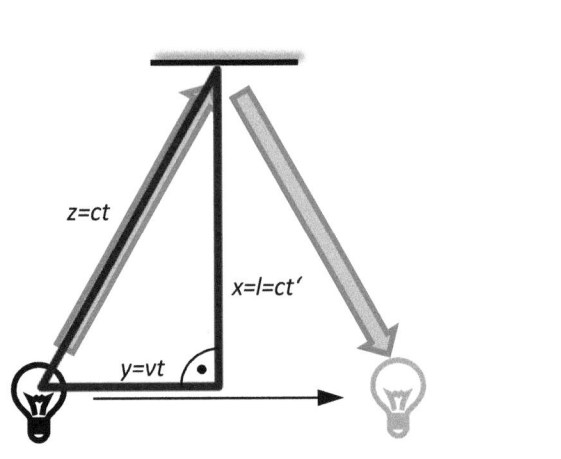

Herleitung der Zeitdilatation aus dem Satz des Pythagoras.
Es bildet sich ein rechtwinkliges Dreieck. Seite x ist der scheinbare Laufweg des Lichts aus Sicht des beobachteten Inertialsystems. Seite y ist die relative Bewegung des Inertialsystems während des Vorgangs. Seite z stellt den tatsächlichen Laufweg des Lichts aus Sicht des äußeren Beobachters dar.

In dieser Darstellung ist x der Schenkel der Lichtuhr (mit der Länge l) genau in dem Moment, in dem das Licht den seitlichen Spiegel erreicht hat, y ist der zurückgelegte Weg der Lichtuhr vom Moment des Aussendens des Lichtblitzes bis zu dessen Ankunft am Spiegel und z ist der Weg, den das Licht dabei tatsächlich zurücklegt. Gemäß dem Satz des Pythagoras gilt:

$$x^2 + y^2 = z^2$$

Wir setzen nun in diese allgemeine Formel die Angaben ein, die wir über die Seiten des Dreiecks kennen. Die Seite x ist, wie bereits erwähnt, die Schenkellänge l. Nach der Eigenbetrachtung des beobachteten Inertialsystems läuft das Licht diesen Schenkel entlang und benötigt dafür die Eigenzeit t'. Da das Licht mit der Lichtgeschwindigkeit c unterwegs ist, gilt also für l: l = t' × c.

Die Seite z stellt den tatsächlichen Weg des Lichtblitzes dar, der sich ja aus Sicht des äußeren Beobachters schräg bewegt. Hierfür benötigt das Licht, das mit Lichtgeschwindigkeit c reist, die Zeit t. t ist die Zeit für den Vorgang aus Sicht des äußeren Beobachters (während t' die sogenannte Eigenzeit ist). Es gilt also: z = t × c. Die von der Lichtuhr zurückgelegte Wegstrecke y der Lichtuhr bestimmt sich ebenfalls durch die Zeit t, aber multipliziert mit der Geschwindigkeit v der Lichtuhr. Unsere Formel lautet nun also:

$$x^2 + y^2 = z^2$$

$$\Rightarrow \quad (t' \times c)^2 + (t \times v)^2 = (t \times c)^2$$

Diese Formel soll nun nach t umgestellt werden. Zunächst lösen wir die Klammern auf:

$$t'^2 \times c^2 + t^2 \times v^2 = t^2 \times c^2$$

Nun dividieren wir beide Seiten durch c^2:

$$t'^2 + \frac{t^2 \times v^2}{c^2} = t^2$$

Jetzt dividieren wie beide Seiten durch t^2:

$$\frac{t'^2}{t^2} + \frac{v^2}{c^2} = 1$$

Jetzt subtrahieren wir auf beiden Seiten v^2/c^2:

$$\frac{t'^2}{t^2} = 1 - \frac{v^2}{c^2}$$

Nun ziehen wir auf beiden Seiten die Wurzel:

Zwei Inertialsysteme

$$\frac{t'}{t} = \sqrt{1 - \frac{v^2}{c^2}}$$

Wir bilden den Kehrwert:

$$\frac{t}{t'} = \frac{1}{\sqrt{1 - \frac{v^2}{c^2}}}$$

Als letzten Schritt multiplizieren wir mit t' und erhalten:

$$t = t' \times \frac{1}{\sqrt{1 - \frac{v^2}{c^2}}}$$

Damit ist die Formel bereits fertig entwickelt. In ihr stellt v die Relativgeschwindigkeit zwischen beiden Inertialsystemen dar, c die Lichtgeschwindigkeit, t' die Zeit aus Sicht des beobachteten Inertialsystems für einen bestimmten Vorgang (Eigenzeit) und t die Zeit aus Sicht des beobachtenden Inertialsystems für den gleichen Vorgang. Der Term...

$$\frac{1}{\sqrt{1 - \frac{v^2}{c^2}}}$$

... wird als Lorentzfaktor bzw. γ (auch Gamma-Faktor, Gamma oder k-Faktor) bezeichnet (nach Hendrik Antoon Lorentz, der ihn 1895 bzw. 1904 als Teil seiner Lorentz-Transformation entwickelte.) Er ist in der SRT so wichtig, dass man ihn auswendig kennen sollte. Der Lorentzfaktor ist bei v>0 immer größer als 1. Es ergibt sich also, dass aus Sicht des äußeren Beobachters die Zeit t' im bewegten Inertialsystem immer um den Lorentzfaktor langsamer zu vergehen scheint als die Zeit t, die der äußere Beobachter misst:

$$t = t' \times \gamma$$

Beträgt z.B. die Geschwindigkeit der beobachteten Lichtuhr 60 Prozent der Lichtgeschwindigkeit, also 0,6c, so ergibt sich folgender Lorentzfaktor:

$$\gamma = \frac{1}{\sqrt{1-\frac{v^2}{c^2}}} = \frac{1}{\sqrt{1-\frac{0{,}6^2}{1^2}}} = \frac{1}{\sqrt{1-0{,}36}} = \frac{1}{\sqrt{0{,}64}} = \frac{1}{0{,}8} = 1{,}25$$

Damit ergibt sich folgende Beziehung zwischen den beiden Zeitwahrnehmungen bei 60 Prozent der Lichtgeschwindigkeit:

$$t = t' \times 1{,}25$$

Während also im bewegten System eine Zeit von 1 Sekunde vergeht, misst der äußere Beobachter den gleichen Vorgang mit 1,25 Sekunden oder, anders herum: Während beim äußeren Beobachter ein Zeitraum von 1 Sekunde vergeht, scheinen im bewegten System nur 0,8 Sekunden zu vergehen.

Rechnet man den Lorentzfaktor für verschiedene Geschwindigkeiten aus, so kommt man zu dem Ergebnis, dass bei typischen irdischen Geschwindigkeiten (Autos, Züge, Flugzeuge) der Lorentzfaktor sich nur unmerklich über 1 vergrößert. Selbst bei den gegenwärtig erreichbaren Geschwindigkeiten von Raketen und Raumschiffen (einige Kilometer pro Sekunde) ist der Lorentzfaktor so nahe bei 1, dass eine Zeitdilatation so gut wie nicht messbar ist. Merklich über 1 steigt der Lorentzfaktor erst bei Geschwindigkeiten von mehr als 10 Prozent der Lichtgeschwindigkeit an. Hier eine Tabelle:

Geschwindigkeit v	Lorentzfaktor für die Zeitdehnung
0,1c (30.000 km/s)	1,005
0,2c (60.000 km/s)	1,021
0,3c (90.000 km/s)	1,048
0,4c (120.000 km/s)	1,091
0,5c (150.000 km/s)	1,155
0,6c (180.000 km/s)	1,25
0,7c (210.000 km/s)	1,400
0,8c (240.000 km/s)	1,667
0,9c (270.000 km/s)	2,294
1c (300.000 km/s)	unendlich bzw. Division durch null

Alle Zahlen sind gerundete Werte, bis auf der bei 0,6c. Bei einer Relativgeschwindigkeit von 90 Prozent der Lichtgeschwindigkeit würde der Beobachter im anderen Raumschiff daher nach der obigen Tabelle eine mehr als doppelt so große Zeitspanne messen wie der Experimentator (wenn der Experimentator 44 Sekunden misst, misst der Beobachter 100 Sekunden).

Bei einer Relativgeschwindigkeit von 100 Prozent der Lichtgeschwindigkeit würde man übrigens nach der oben genannten Formel zu dem Ergebnis kommen, dass die Uhr im beobachteten Raumschiff zum völligen Stillstand kommt, da der Lorentzfaktor in diesem Fall gegen unendlich strebt. Ist es denkbar, dass sich ein Raumschiff immer schneller bewegt und die Zeit kommt in dem Raumschiff zum völligen Stillstand (zumindest aus Sicht eines äußeren Beobachters)? Der Kapitän des Raumschiffs würde dann – wie alle Insassen – völlig erstarrt und regungslos auf der Kommandobrücke des Raumschiffs stehen, während das Raumschiff mit Lichtgeschwindigkeit durchs All rast. Das Raumschiff könnte nie wieder abbremsen, denn dazu müsste ja irgendein Effekt ausgelöst werden, also z.B. ein Knopf gedrückt werden, um die Bremstriebwerke zu zünden. Da aber jeder Effekt, selbst das Drücken eines Knopfes zum Auslösen der Bremstriebwerke, eine gewisse Zeit benötigt, im Raumschiff aber überhaupt keine Zeit vergeht und alles erstarrt ist, würde das Raumschiff auf ewig dahinrasen, ohne dass die Insassen des Raumschiffs dies ändern könnten oder es überhaupt bemerken würden. Man sollte also besser nicht versuchen, mit einem Raumschiff Lichtgeschwindigkeit zu erreichen. Dieser seltsame Befund ist ein erster Grund dafür, warum die SRT annimmt, dass man mit einem Raumschiff die Lichtgeschwindigkeit nicht erreichen und schon gar nicht übertreffen kann.

Zur Wirkung der Zeitdilatation

Die Zeitdilatation betrifft nicht nur Lichtuhren, sondern alle Uhren. Wäre dies anders, so würde sich ja im beobachteten Inertialsystem eine Differenz zwischen der Ganggeschwindigkeit einer Lichtuhr und den sonstigen Uhren ergeben. Der Experimentator könnte diesen Gangunterschied bemerken. Damit wäre erstens das Postulat der Gleichberechtigung verletzt, wonach alle Naturgesetze in allen Inertialsystemen gleich wirken (ein Inertialsystem, in dem eine Lichtuhr langsamer geht als eine andere Uhr, wäre kein gleichberechtigtes Inertialsystem mehr.) Und zweitens könnte man in diesem Fall eine Lichtuhr wie ein Tachometer benutzen, um objektiv die Geschwindigkeit eines Inertialsystems zu bestimmen. Dann wäre das System aber kein *Inertial*-System mehr.

Noch weiter verallgemeinert: Die Zeitdilatation betrifft nicht nur Uhren. *Alle* physikalischen, chemischen und biologischen Vorgänge laufen in einem bewegten Inertialsystem aus Sicht eines äußeren Beobachters gleichmäßig um den Lorentzfaktor verlangsamt ab.

Da auch der Mensch eine Uhr ist (er könnte z.B. seinen Pulsschlag als Uhr benutzen), so folgt daraus, dass sich – zumindest aus Sicht des äußeren Beobachters – mit der Lichtuhr auch der Pulsschlag des beobachteten Experimentators verlangsamt. Der Experimentator selbst bemerkt davon natürlich nichts, denn auch alle seine sonstigen menschlichen Prozesse (Bewegungen, Sprechen, Denken, Empfinden) laufen langsamer ab. Weil er „langsamer" fühlt, fühlt er seinen eigenen Puls nach wie vor in der gewohnten Geschwindigkeit. In letzter Konsequenz bedeutet dies auch, dass der beobachtete Experimentator langsamer lebt und langsamer altert. Ist es also erstrebenswert, ein superschnelles Raumschiff zu besteigen, um damit den eigenen Tod hinauszuzögern? Im Prinzip würde dies funktionieren, nur hat der Mensch im superschnellen Raumschiff nichts davon: Da alle seine Prozesse verlangsamt ablaufen, erlebt er auch sein Leben langsamer. Es ist also wie bei einem Film, der in Zeitlupe abgespielt wird. Der Film dauert dadurch zwar länger als 90 Minuten, aber er enthält nicht mehr Handlung als zuvor.

Darstellung der Zeitdilatation durch Minkowski-Diagramme

Die Zeitdilatation lässt sich durch Minkowski-Diagramme anschaulich darstellen. Ein Minkowski-Diagramm (benannt nach seinem Schöpfer Hermann Minkowski) ist eine graphische Darstellung der Weg-Zeit-Beziehungen aus Sicht eines Inertialsystems. Auf der waagerechten Achse ist die Entfernung vom Inertialsystem aufgetragen, auf der senkrechten Achse die vergangene Zeit, in der Regel von einem bestimmten Ereignis an, wie z.B. der Tatsache, dass sich zwei Inertialsysteme getroffen haben und sich ein Inertialsystem nunmehr vom Treffpunkt entfernt.

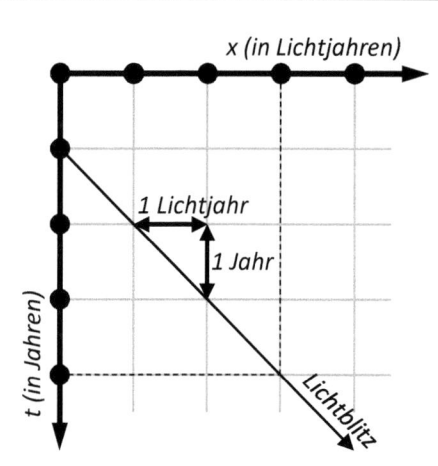

Minkowski-Diagramm (Weg-Zeit-Beziehung) für einen Lichtblitz, der nach einem Jahr ausgesendet wird.
Auf der senkrechten Achse ist die vergangene Zeit t (in Jahren) aufgetragen, auf der waagerechten Achse ist die Entfernung x vom Ursprungsort, gemessen in Lichtjahren, aufgetragen. Da die Lichtgeschwindigkeit konstant ist, hat in einem Minkowski-Diagramm der dargestellte Weg von Lichtblitzen immer eine 45-Grad-Neigung (1 Jahr verstrichene Zeit entspricht stets einem Laufweg von 1 Lichtjahr).
Der Maßstab des Diagramms beträgt 1 : 946 Billiarden, d.h. 1 Zentimeter im Diagramm entspricht 9,46 Billionen Kilometer (1 Lichtjahr) in der Natur.

Der „Weg" des ruhenden Inertialsystems zeigt immer senkrecht nach unten entlang der y-Achse, da sich ja das Inertialsystem nicht vom Ausgangspunkt entfernt. Der gezeichnete Weg des anderen Inertialsystems verläuft schräg, wobei der Winkel zur y-Achse von der Relativgeschwindigkeit abhängt. Die in einem bewegten Inertialsystem vergangene Eigenzeit wird in der Regel (in Jahren als Einheit) als Abfolge von Punkten markiert. Neben den beiden Inertialsystemen werden in Minkowski-Diagrammen auch die Laufzeiten und Laufwege von Lichtblitzen dargestellt. Lichtblitze laufen in Minkowski-Diagrammen immer schräg in 45-

Zwei Inertialsysteme

Grad-Neigung. In einem solchen Minkowski-Diagramm stellt sich die Zeitdilatation bei 0,6c wie folgt dar:

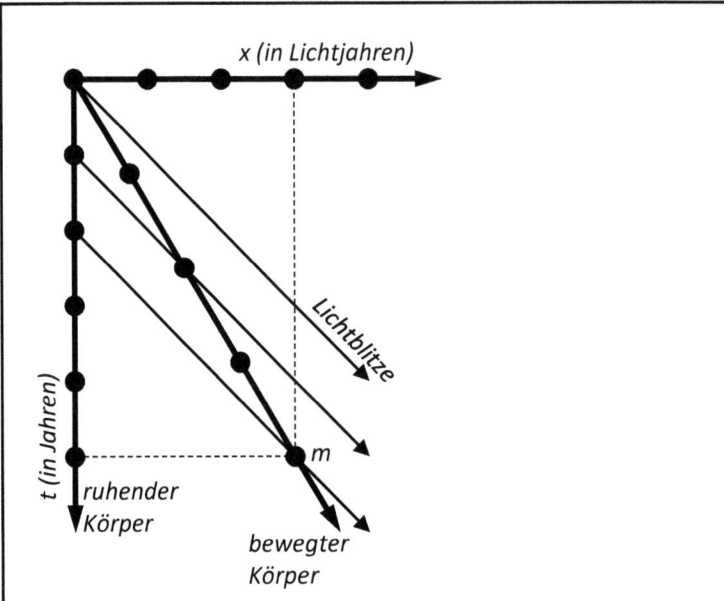

Minkowski-Diagramm für einen ruhenden und einen relativ dazu mit 0,6c bewegten Körper (Darstellung aus Sicht des ruhenden Körpers).
Infolge der Zeitdilatation sind beim bewegten Körper im Zeitpunkt m erst 4 Jahre vergangen, während beim ruhenden Körper bereits 5 Jahre vergangen sind. Zu diesem Zeitpunkt hat der bewegte Körper eine Entfernung von 3 Lichtjahren zurückgelegt. Ein Lichtblitz, den der ruhende Körper nach 1 Jahr (aus Sicht des ruhenden Körpers) aussendet, erreicht den bewegten Körper nach 2 Jahren (aus Sicht des bewegten Körpers). Ein Lichtblitz nach 2 Jahren erreicht den bewegten Körper nach 4 Jahren.

Relativität der Zeitdilatation

Das erste Postulat lautet, dass alle Inertialsysteme gleichberechtigt sind. Dies muss bedeuten, dass wir den Vorgang der Zeitdilatation auch umgekehrt beobachten können:

Stellen wir uns vor, zwei Raumschiffe, die beide an der Seite eine Lichtuhr haben, begegnen sich im All. Raumschiff A stellt, wenn es die Lichtuhr bei Raumschiff B beobachtet, bei B den Effekt der Zeitdilatation fest. Raumschiff B muss nun, wenn es die Lichtuhr bei Raumschiff A beobachtet, ebenfalls bei A den Effekt der Zeitdilatation feststellen, denn andernfalls wäre Raumschiff B nicht gleichberechtigt.

Die Zeitdilatation ist damit relativ, d.h. sie wirkt wechselseitig. Diese merkwürdige Relativität hat der Relativitätstheorie ihren Namen gegeben. Inertialsystem A stellt fest, dass aus seiner Sicht die Zeit bei Inertialsystem B langsamer vergeht als in seinem System und Inertialsystem B stellt zugleich (!) fest, dass aus seiner Sicht bei Inertialsystem A die Zeit langsamer vergeht als bei B! Die Zeit muss also nicht nur „relativistisch" betrachtet werden, d.h. unter Anwendung des Lorentzfaktors, sondern sie ist auch „relativ", d.h. die eben entwickelte Formel gilt nur für den subjektiven Standpunkt eines Beobachters. Jeder andere Beobachter hat einen anderen Standpunkt und kommt durch Anwendung der relativistischen Formel zu seinem höchstpersönlichen Ergebnis.

Dargestellt in Minkowski-Diagrammen sieht dies so aus:

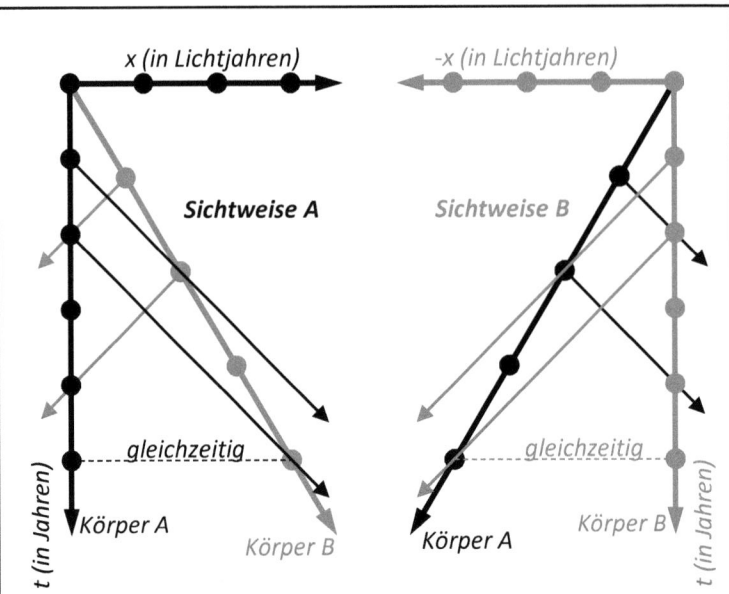

Relativität (Wechselseitigkeit) der Zeitdilatation.
Dargestellt sind die Weg-Zeit-Beziehungen zweier Körper mit einer Relativgeschwindigkeit zueinander von 0,6c als Minkowski-Diagramme, zum einen aus Sicht des Körpers A (linkes Diagramm) und zum anderen aus Sicht des Körpers B (rechtes Diagramm). Infolge der Zeitdilatation geht A davon aus, dass bei B die Zeit langsamer vergeht als bei A (linkes Diagramm). B geht davon aus, dass bei A die Zeit langsamer vergeht als bei B (rechtes Diagramm). Die gestrichelte Linie zeigt insoweit die subjektive Gleichzeitigkeit aus Sicht des jeweiligen Körpers an.
Unabhängig davon ermitteln beide Beteiligte übereinstimmend, dass ein nach 1 Jahr (aus Sicht A) bei A ausgesendeter Lichtblitz nach 2 Jahren (aus Sicht B) bei B ankommt und umgekehrt.

Bevor Sie jetzt aufschreien und stöhnen, dass das ja überhaupt nicht sein könne, weil sich dieser Widerspruch ja durch einen ganz einfachen Uhrenvergleich aufklären ließe, gedulden Sie sich noch etwas. Es wird noch ausführlich dargelegt werden, dass es völlig unmöglich ist, diesen Widerspruch durch einen Uhrenvergleich zu klären. Eine erste Erklärung ist die folgende: Wir haben es hier mit Inertialsystemen zu tun. Die beteiligten Inertialsysteme mit den Lichtuhren bewegen sich gleichförmig durch den

Raum. Damit können sich zwei Raumschiffe nur ein einziges Mal begegnen, danach entschwinden sie für alle Zeit in den Tiefen des Weltalls. Ein Uhrenvergleich zur Widerlegung der Zeitdilatation könnte nur durchgeführt werden, wenn man die beiden Uhren zu einem späteren Zeitpunkt noch einmal vergleichen könnte. Dazu müsste aber mindestens eines der beiden Raumschiffe eine Beschleunigung bzw. Richtungsänderung durchmachen, um zur anderen Uhr zu gelangen. Mindestens eines der beiden beteiligten Systeme müsste also seinen Status als Inertialsystem aufgeben und damit wären wir nicht mehr bei den Grundlagen der SRT, sondern im Anwendungsbereich des schwierigen Zwillingsparadoxons, das ich am Ende dieses Buches ausführlich bespreche.

Zeitdilatation und Doppler-Effekt

Die Zeitdilatation bewirkt, dass ein lichtabstrahlender Körper in einem bewegten Inertialsystem das Licht scheinbar mit einer geringeren Frequenz abstrahlt als im Ruhesystem. Die Zeitdilatation bewirkt damit eine Rotverschiebung des Lichts. Dies lässt sich jedoch ungestört nur beobachten in dem Augenblick, in dem sich beide Raumschiffe auf gleicher Höhe befinden und ohne relative Entfernungsänderung aneinander vorbeifliegen (transversale Bewegung).

Bewegt sich dagegen ein Raumschiff mit hoher Geschwindigkeit auf einen Beobachter zu (longitudinale Bewegung), so bewirkt der optische Doppler-Effekt eine Blauverschiebung des beobachteten Lichts. Der Doppler-Effekt hat dabei einen größeren Einfluss als die Zeitdilatation, sodass im Ergebnis eine (leicht verringerte) Blauverschiebung zu beobachten ist. Das bedeutet auch, dass bei einer Annährung zweier Raumschiffe alle Uhren des beobachteten Raumschiffs schneller zu gehen scheinen und nicht langsamer, so wie dies nach der Relativitätstheorie zu erwarten wäre.

Entfernt sich ein Raumschiff mit hoher Geschwindigkeit von einem Beobachter, so bewirkt auch der Doppler-Effekt eine Rotverschiebung des vom Raumschiff abgestrahlten und vom Beobachter registrierten

Lichts. In diesem Fall verstärken sich also Doppler-Effekt und Zeitdilatation gegenseitig (wobei der Doppler-Effekt stärkeres Gewicht hat). Die Uhren scheinen noch langsamer zu gehen, als dies nach der SRT zu erwarten ist.

Längenkontraktion

Die Zeitdilatation ist nur einer von mehreren relativistischen Effekten und reicht nicht aus, um die bei hohen Geschwindigkeiten auftretenden Veränderungen widerspruchsfrei zu erklären. Deshalb kehren wir noch einmal zur vierschenkligen Lichtuhr zurück und betrachten die Lichtstrahlen weiter. Das Licht erreicht bei einer vierschenkligen Lichtuhr aus allen vier Richtungen immer gleichzeitig wieder die Mitte. Das messen übereinstimmend der Experimentator und der äußere Beobachter so. Das bedeutet, dass das Licht, das zu einem Schenkel quer zur Bewegungsrichtung läuft, genau dieselbe Gesamtlaufzeit benötigt wie das Licht, das zu einem Schenkel längs der Bewegungsrichtung läuft. Aus Sicht des äußeren Beobachters hätte jedoch das Licht bei identischer Schenkellänge zum vorderen und zum hinteren Schenkel der Lichtuhr einen etwas weiteren Weg zurückzulegen als das Licht zu einem seitlichen Schenkel. Diese Überlegung war ja auch der Ausgangspunkt für die Durchführung des Michelson-Morley-Experiments: Aus der längeren Lichtlaufzeit für das Licht in Bewegungsrichtung der Flugbahn der Erde sollte eine Zeitdifferenz und eine Verschiebung des Interferenzmusters sichtbar gemacht werden.

An einem Zahlenbeispiel: Nehmen wir an, ein jeder Schenkel habe eine Länge von 4 m und die Geschwindigkeit der beobachteten Lichtuhr betrage 0,6c (180.000 km/s). Das Licht zu einem Schenkel quer zur Bewegungsrichtung hat dann hin und zurück einen Weg von insgesamt 10 m zurückzulegen: Der Hinweg beträgt 5 m, da der Schenkel 4 m lang ist und sich die Lichtuhr während des Hinwegs 3 m (drei Fünftel der Lichtgeschwindigkeit) vorwärts bewegt ($3^2 + 4^2 = 5^2$). Für den Rückweg gilt das Gleiche.

Läuft das Licht nach vorn, so hat das Licht relativ zur Lichtuhr nur eine Geschwindigkeit von 0,4c (scheinbare Geschwindigkeit im Verhältnis zur Lichtuhr) und müsste folglich einen Weg von 10 m zurücklegen, ehe es am vorderen Spiegel angekommen wäre (4 m / 0,4 = 10 m). Für den Rückweg ergibt sich eine scheinbare Geschwindigkeit von 1,6c und dies würde zu einem weiteren Weg von 2,5 m führen (4 m / 1,6 = 2,5 m). Alles in allem müsste also das Licht, das nach vorn oder hinten läuft und wieder reflektiert wird, aus Sicht des äußeren Beobachters einen Weg von insgesamt 12,5 m zurücklegen.

Nun ist auch aus Sicht des äußeren Beobachters die Lichtgeschwindigkeit konstant. Bedeutet dies, dass das Licht, das zum vorderen Schenkel und zurück läuft, doch später wieder in der Mitte eintrifft? Dies würde gegen den Grundsatz verstoßen, dass ein Ereignis, das für ein Inertialsystem an ein- und demselben Ort gleichzeitig stattfindet (Ankunft aller Lichtstrahlen in der Mitte), auch für jedes andere Inertialsystem gleichzeitig stattfindet. Bedeutet dies, dass das Licht zum vorderen Schenkel doch mit höherer Geschwindigkeit unterwegs war? Dies würde gegen das Postulat der Konstanz der Lichtgeschwindigkeit verstoßen. Es bleibt nur ein Ausweg aus diesem Dilemma: Beide Schenkel in Längsrichtung müssen sich gegenüber den quer zur Bewegungsrichtung angeordneten Schenkeln verkürzt haben!

Dies bedeutet im Ergebnis: Ein Inertialsystem, das ein anderes bewegtes Inertialsystem beobachtet, hat den Eindruck, dass dessen Maße in Bewegungsrichtung verkürzt sind. Anders ausgedrückt: Das beobachtete Inertialsystem würde für eine bestimmte Strecke eine größere Länge (Eigenlänge) messen als der Beobachter. Im eben entwickelten Beispiel müssen sich die längs angeordneten Schenkel aus Sicht des äußeren Beobachters so weit verkürzen, dass auch aus dessen Sicht der Weg des Lichts vor und zurück nur 10 m statt 12,5 m beträgt. Statt 4 m muss der Schenkel also aus Sicht des äußeren Beobachters eine Länge von nur 3,2 m haben.

Diesen Effekt nennt man relativistische Längenkontraktion (Längenstauchung) oder auch Raumkontraktion, weil durch ihn auch die kosmischen Entfernungen zu anderen Inertialsystemen schrumpfen können. Ihn wollen wir nun quantitativ bestimmen.

Mathematische Herleitung der Längenkontraktion

Auch das Maß der Längenkontraktion hängt von der Relativgeschwindigkeit der beteiligten Inertialsysteme ab. Die insoweit anzuwendende Formel soll nun mathematisch hergeleitet werden. Dazu betrachten wir den Lichtstrahl, der von der vierschenkligen Lichtuhr nach vorn (mit der Bewegungsrichtung) ausgesandt wird, auf den vorderen Spiegel trifft und dann wieder zur Mitte reflektiert wird. Aus Sicht des äußeren Beobachters hat dieser Lichtstrahl innerhalb der Lichtuhr den Weg l (die Länge des verkürzten Schenkels) zurückzulegen. Diesen Weg legt das Licht mit einer scheinbaren Geschwindigkeit relativ zur Lichtuhr zurück. Für den Hinweg beträgt diese Geschwindigkeit $c - v$, für den Rückweg $c + v$. (Natürlich bewegt sich das Licht mit der Geschwindigkeit c, da aber die bewegte Lichtuhr die Eigengeschwindigkeit v hat, kommt das Licht aus Sicht des äußeren Beobachters, relativ zur Lichtuhr gesehen, nur mit $c - v$ im System Lichtuhr nach vorn voran.)

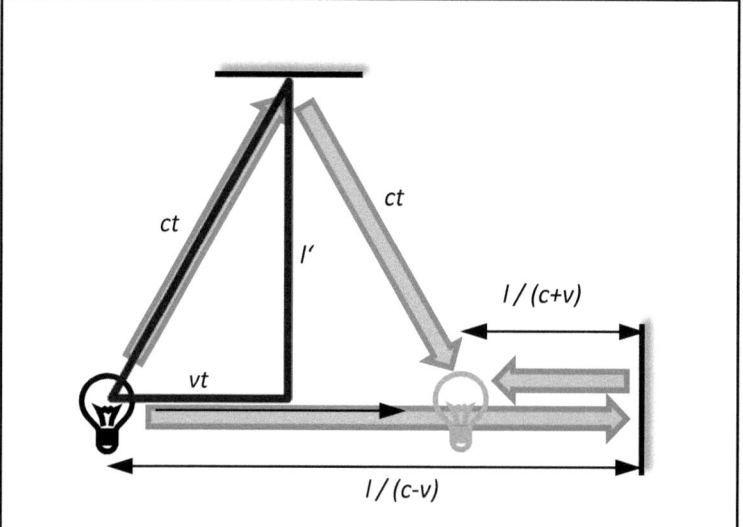

Graphischer Ansatz für die mathematische Herleitung der Längenkontraktion.
Der Weg, den der Lichtstrahl waagerecht vor und zurück zurückzulegen hätte, wenn beide Schenkel der Lichtuhr gleich lang wären, wäre länger als der Weg des schräg laufenden Lichtstrahls. Gleichwohl erreichen beide Lichtstrahlen gleichzeitig den Endpunkt. Folglich müssen sich die in Längsrichtung ausgerichteten Längen aus Sicht des Beobachters verkürzen.

Für die Gesamtlaufzeit in Längsrichtung gilt somit

$$\frac{l}{c-v} + \frac{l}{c+v}$$

Wir bezeichnen wieder die Zeit (gemessen vom Beobachter), die das Licht bis zum Spiegel, der quer zur Bewegungsrichtung angeordnet ist, benötigt, mit t und kommen damit auf eine Gesamtzeit für den Vorgang von 2t. Dies gilt nicht nur für das quer laufende Licht, sondern auch für das längs laufende Licht (denn beide Lichtstrahlen erreichen ja zur gleichen Zeit ihr Ziel). Es gilt also:

Zwei Inertialsysteme

$$2t = \frac{l}{c-v} + \frac{l}{c+v}$$

Für einen seitlichen Weg des Lichts bis zum Spiegel gilt der Satz des Pythagoras (siehe Grafik):

$$(ct)^2 = (vt)^2 + l'^2$$

l' ist die unverkürzte Länge eines Schenkels (Eigenlänge). Sie gilt für das bewegte System auch für die längs angeordneten Schenkel, während hier der äußere Beobachter nur die Länge l misst. Bezüglich der seitlich angeordneten Schenkel stimmen aber l und l' überein, sodass wir in diesen Ansatz (Satz des Pythagoras), der eigentlich aus Sicht des äußeren Beobachters formuliert ist, statt l die Eigenlänge l' einsetzen dürfen. Die letztere Formel stellen wir nach t um, um sie in die erste einzusetzen. Wir ziehen zunächst den Term (vt)² nach links:

$$(ct)^2 - (vt)^2 = l'^2$$

Klammern auflösen:

$$c^2 t^2 - v^2 t^2 = l'^2$$

t² ausklammern:

$$t^2(c^2 - v^2) = l'^2$$

Durch den Klammerausdruck dividieren:

$$t^2 = \frac{l'^2}{c^2 - v^2}$$

Ziehen der Wurzel:

$$t = \frac{l'}{\sqrt{c^2 - v^2}}$$

Jetzt können wir dies in die zuerst entwickelte Formel anstelle des t einsetzen und erhalten damit eine Gleichung, in der l und l' gemeinsam vorkommen. Diese lösen wir nach l auf:

$$2 \times \frac{l'}{\sqrt{c^2 - v^2}} = \frac{l}{c - v} + \frac{l}{c + v}$$

Rechts die Brüche erweitern und auf einen Bruchstrich ziehen:

$$2 \times \frac{l'}{\sqrt{c^2 - v^2}} = \frac{l(c + v) + l(c - v)}{(c - v) \times (c + v)}$$

Rechts können wir vereinfachen:

$$2 \times \frac{l'}{\sqrt{c^2 - v^2}} = \frac{l(c + v + c - v)}{c^2 + cv - cv - v^2} = \frac{l \times 2c}{c^2 - v^2}$$

Jetzt können wir die 2 herauskürzen:

$$\frac{l'}{\sqrt{c^2 - v^2}} = \frac{lc}{c^2 - v^2}$$

Vertauschen der Seiten:

$$\frac{lc}{c^2 - v^2} = \frac{l'}{\sqrt{c^2 - v^2}}$$

Multiplizieren mit $c^2 - v^2$ und dividieren durch c:

$$l = \frac{l'}{c} \times \frac{c^2 - v^2}{\sqrt{c^2 - v^2}}$$

Das Vereinfachen des rechten Bruchs, Schritt für Schritt dargestellt:

$$l = \frac{l'}{c} \times \frac{(c^2 - v^2)^1}{(c^2 - v^2)^{\frac{1}{2}}} = \frac{l'}{c} \times (c^2 - v^2)^{\frac{1}{2}} = \frac{l'}{c} \times \sqrt{c^2 - v^2}$$

Weiteres Umformen ergibt dann:

$$l = l' \times \frac{\sqrt{c^2 - v^2}}{c} = l' \times \frac{\sqrt{c^2 - v^2}}{\sqrt{c^2}} = l' \times \sqrt{\frac{c^2 - v^2}{c^2}} = l' \times \sqrt{\frac{c^2}{c^2} - \frac{v^2}{c^2}}$$

Der Ausdruck in der Wurzel lässt sich vereinfachen und wir erhalten:

$$l = l' \times \sqrt{1 - \frac{v^2}{c^2}} = l' \times \frac{1}{\gamma}$$

Der Faktor der Längenkontraktion ist also der Kehrwert des Lorentzfaktors. l' ist die Länge, die das beobachtete Inertialsystem für eine bestimmte Strecke in Bewegungsrichtung misst (Eigenlänge) und l ist die Länge, die ein äußerer Beobachter für die gleiche Strecke ermittelt. Da der Kehrwert des Lorentzfaktors bei v>0 immer kleiner als eins ist, ergibt sich, dass die vom äußeren Beobachter gemessene Länge stets kleiner ist als die Länge, die das beobachtete Inertialsystem selbst misst.

Auch bezüglich der Längenkontraktion gilt, dass sie bei normalen irdischen Geschwindigkeiten praktisch nicht nachweisbar ist. Interessant wird es erst bei Relativgeschwindigkeiten von mehr als zehn Prozent der Lichtgeschwindigkeit. Dies zeigt folgende Tabelle:

Geschwindigkeit v	Längenkontraktion (1/Lorentzfaktor)
0,1c (30.000 km/s)	0,995
0,2c (60.000 km/s)	0,980
0,3c (90.000 km/s)	0,954
0,4c (120.000 km/s)	0,917
0,5c (150.000 km/s)	0,866
0,6c (180.000 km/s)	0,8
0,7c (210.000 km/s)	0,714
0,8c (240.000 km/s)	0,6
0,9c (270.000 km/s)	0,436
1c (300.000 km/s)	strebt gegen null (wegen: 1/∞)

Auch hier sind die Werte gerundete Zahlen bis auf die Werte bei 0,6c und 0,8c. Bei 100 Prozent der Lichtgeschwindigkeit würden alle Längen in der Längsrichtung auf die Länge null schrumpfen. Ein Raumschiff würde bei einer solchen Geschwindigkeit wie eine quergestellte Diskusscheibe ohne jede Längsausdehnung plattgequetscht mit regungslos erstarrter Besatzung durchs Weltall rasen. Die Besatzung wäre unfähig, auch nur irgendeine Richtungsänderung durchzuführen oder das Raumschiff abzubremsen. Vor einem solchen Raumschiff könnte man sich nicht einmal in Sicherheit bringen, da das Raumschiff ja mit Lichtgeschwindigkeit durchs All rast und kein Lichtsignal nach vorn aussendet. Man würde das Geschoss also nicht einmal kommen sehen. Das ist keine schöne Vorstellung. Zum Glück sagt die SRT, dass kein Raumschiff jemals eine solche Geschwindigkeit erreichen kann. Wir müssen also keine Angst davor haben, dass irgendwann mal ein derartiges Raumschiff mit einer außerirdischen Besatzung mit der Erde kollidieren könnte.

Zur Wirkung der Längenkontraktion

Die Längenkontraktion bewirkt, dass alle Maße in Bewegungsrichtung verkürzt erscheinen. Der ganze Körper erscheint somit gestaucht: Ein Würfel wird zu einem Quader, eine Kugel zu einem Ellipsoid usw. Es ist wie bei einem Fernsehbild, das man schräg von der Seite anschaut. Maßbänder in Längsrichtung sind kürzer als in seitlicher Richtung. Wird ein Maßband aus der Längsrichtung in die seitliche (oder vertikale) Richtung gedreht, so erhält es augenblicklich wieder seine ursprüngliche Länge.

Ein Raumschiffinsasse dieses Raumschiffs würde diese Effekte natürlich nicht bemerken, für ihn ist das Maßband in der Längs- und Querrichtung gleich lang. Eine Raumschiffbesatzung muss also nicht befürchten, dass es ihr Raumschiff beschädigen könnte, wenn es während des Fluges gedreht wird.

Die Längenkontraktion betrifft nicht nur Längen von vorbeifliegenden Körpern. Bewegt sich ein Raumschiff mit nahezu Lichtgeschwindigkeit durch eine Galaxie, so scheint die ganze Galaxie ein einziges entgegenkommendes Inertialsystem mit verkürzten Längen zu sein. Es schrumpfen somit auch die interstellaren Entfernungen in dieser Galaxie. Man spricht daher auch von „Raumkontraktion", doch ist dieser Begriff etwas irreführend: Der leere Raum als solcher kann nicht kontrahieren, denn ein absoluter Raum mit festen Raumkoordinaten existiert ja gar nicht. Es können sich nur die gemessenen Abstände zu konkreten Objekten im Raum (den Sternen innerhalb der Galaxie) verringern.

Relativität der Längenkontraktion

Auch die Längenkontraktion ist relativ, d.h. wechselseitig. Eine andere Annahme würde dem Postulat der Gleichberechtigung aller Inertialsysteme widersprechen. Bei einer Begegnung zweier Raumschiffe im All bedeutet dies, dass Raumschiff A feststellt, dass die Längen bei Raumschiff B kürzer als entsprechende Längen im Raumschiff A erscheinen und *zugleich* stellt Raumschiff B fest, dass die gleichen Längen bei Raumschiff A kürzer erscheinen als bei Raumschiff B. Die Raumschiffbesatzungen würden einander also bei einem Funkkontakt widersprechen: Die Besatzung des Raumschiffs A würde behaupten, dass Raumschiff B kürzer ist als Raumschiff A und die Besatzung des Raumschiffs B würde behaupten, dass Raumschiff A kürzer ist als Raumschiff B.

Zeichnerisch dargestellt sieht diese Relativität wie folgt aus:

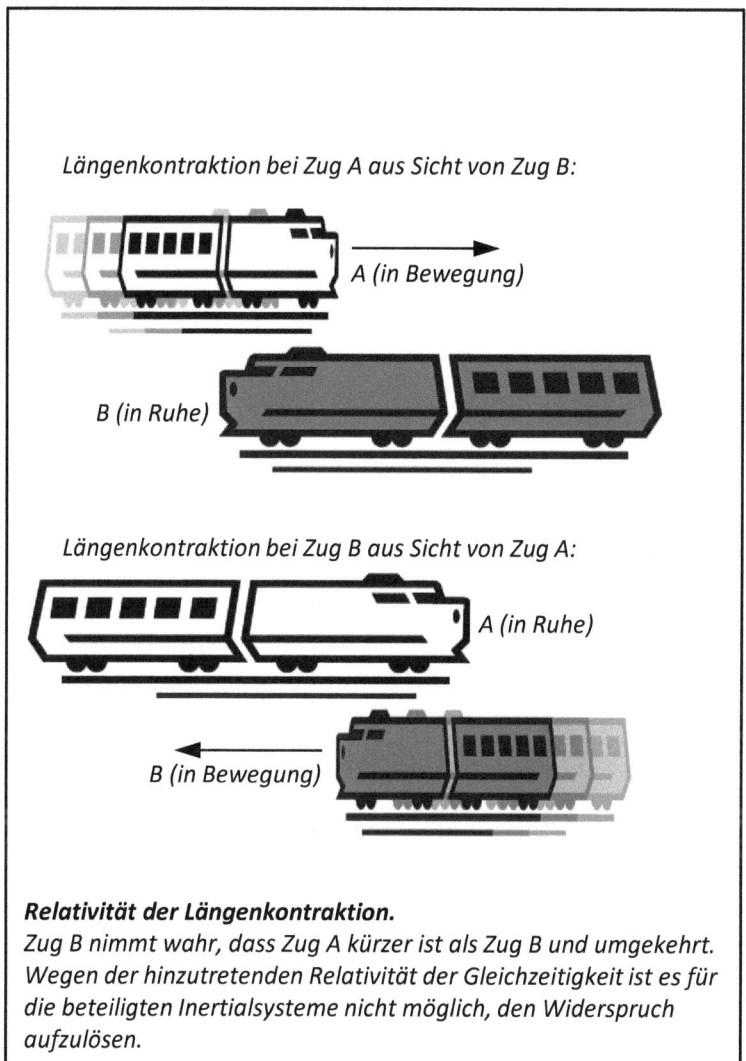

Relativität der Längenkontraktion.
Zug B nimmt wahr, dass Zug A kürzer ist als Zug B und umgekehrt. Wegen der hinzutretenden Relativität der Gleichzeitigkeit ist es für die beteiligten Inertialsysteme nicht möglich, den Widerspruch aufzulösen.

Sicherlich werden Sie jetzt wieder sofort widersprechen und einwerfen, dass sich die Frage, welches Inertialsystem kürzer ist, ja ganz leicht klären ließe, indem man die Maßbänder beider Inertialsysteme im Moment der Begegnung nebeneinander legt. Natürlich ist dies nicht so ohne Weiteres möglich, da wir es ja mit Körpern zu tun haben, die sich mit beinahe Lichtgeschwindigkeit bewegen. Würde eines der beteiligten Inertialsysteme seine Geschwindigkeit ändern, um ein Andockmanöver mit dem anderen Inertialsystem durchzuführen, würde die Längenkontraktion sofort verschwinden.

Nun könnte man sich aber folgendes Experiment ausdenken, mit dem sich ganz leicht feststellen lassen sollte, welches von beiden Inertialsystemen kürzer ist. Stellen wir uns vor, zwei Züge begegnen einander mit hoher Geschwindigkeit. In Zug A werden nun zwei Personen mit Fotoapparaten an der Spitze und am Zugende postiert. Sobald Zug B Zug A passiert und beide Züge auf gleicher Höhe sind, schießen *gleichzeitig* beide Fotografen jeweils ein Foto vom anderen Zug. Auf einem der beiden Fotos wäre dann die Spitze des anderen Zuges von vorn und auf dem anderen Foto das Heck dieses Zuges von hinten zu sehen. Dies wäre der ultimative Beweis, dass der andere Zug kürzer sein muss als der eigene.

Dieses Experiment ist gut ausgedacht, aber die Insassen des anderen Zuges werden die Fotos trotzdem nicht als Beweis gelten lassen. Ihre Entgegnung wird uns unglaublich erscheinen: Sie werden nämlich behaupten, dass wir die beiden Fotos *nicht* zur gleichen Zeit gemacht haben! Sie werden geltend machen, dass wir das Foto am Heck (mit der Ansicht der anderen Zugspitze) zu früh und das Foto an der Spitze (mit der Ansicht des anderen Zugendes) zu spät gemacht haben. Nur dadurch erscheint der andere Zug kürzer. Und wir werden, wie wir noch sehen werden, diese Entgegnung nicht schlüssig widerlegen können. In der SRT können sich zwei Inertialsysteme nämlich nicht einmal darauf einigen, ob zwei Ereignisse, die an unterschiedlichen Orten stattfanden, gleichzeitig oder nacheinander passiert sind.

Mit diesem Test können wir also nicht objektiv entscheiden, welches Inertialsystem kürzer ist. Es bleibt dabei, dass die Längenkontraktion relativ ist.

Relativität der Gleichzeitigkeit

Zu den Effekten der Zeitdilatation und der Längenkontraktion tritt also noch ein dritter grundlegender relativistischer Effekt hinzu: die Relativität der Gleichzeitigkeit. In der einführenden Literatur über die SRT wird häufig nur auf die Zeitdilatation und die Längenkontraktion vertieft eingegangen und die Relativität der Gleichzeitigkeit beiläufig unter der Lorentz-Transformation abgehandelt. Dies wird der Bedeutung dieses relativistischen Effekts jedoch nicht gerecht. Ohne die Kenntnis der Relativität der Gleichzeitigkeit führen Betrachtungen über die Zeitdilatation und Längenkontraktion zu völlig paradoxen Ergebnissen. Zu stimmigen Ergebnissen gelangt man nur, wenn man Zeitdilatation, Längenkontraktion und Relativität der Gleichzeitigkeit immer im Zusammenhang bedenkt. Man sollte also alle drei Effekte gut kennen und mathematisch beherrschen. Übrigens war auch die Betrachtung der Relativität der Gleichzeitigkeit der Effekt, aus dem heraus Einstein sein Verständnis über die Relativitätstheorie entwickelte.

Betrachten wir dafür nochmals die vierschenklige Lichtuhr, die ein Forscher an einem Raumschiff, das mit hoher Geschwindigkeit an uns vorbeifliegt, angebracht haben möge. Um die Zeitdilatation zu entwickeln, haben wir einen Lichtblitz betrachtet, der zu einem senkrecht zur Flugrichtung angebrachten Schenkel lief. Die Lichtlaufzeit hatten wir mit unserer Uhr verglichen. Um die Längenkontraktion zu ergründen, hatten wir die erwartete Laufzeit zu einem senkrechten und einem waagerechten Schenkel miteinander verglichen (dabei ist es egal, ob ein senkrechter Schenkel mit dem vorderen oder dem hinteren Schenkel verglichen wird.) Um die Relativität der Gleichzeitigkeit zu verstehen, vergleichen wir nunmehr die Lichtlaufzeiten zum vorderen und hinteren Schenkel (vorn und hinten in Bewegungsrichtung des Raumschiffs gesehen), und zwar betrachten wir dabei nur den einfachen Weg, also ohne die Zeit für den Rückweg des reflektierten Lichts.

Hierfür stellen wir uns zunächst eine vierschenklige Lichtuhr vor, bei der zusätzlich an den Enden der Schenkel, also bei den Spiegeln, vier weitere Uhren angebracht sind. Diese Lichtuhr möge sich in unserem

Inertialsystem befinden. Wir wollen nun alle fünf Uhren so synchronisieren, dass sie aus unserer Sicht gleich gehen. Dies können wir erreichen, indem die äußeren Uhren gestartet werden, wenn der Lichtblitz von der Mitte aus die äußeren Spiegel erreicht. Da das Licht eine gewisse Zeit braucht, um zum äußeren Spiegel zu gelangen, müssen wir die Uhren beim ersten Start um diese Lichtlaufzeit vorstellen.

An einem Zahlenbeispiel: Nehmen wir an, die Lichtuhr habe vier Schenkel mit je 1,5 Metern Länge. In diesem Fall braucht das Licht fünf Nanosekunden, um den einfachen Weg von der Mitte zu einem Spiegel zurückzulegen. Vor dem Start der Lichtuhr stellen wir also die Anzeige der Uhr in der Mitte auf den voreingestellten Wert von null Nanosekunden, die äußeren Uhren auf einen voreingestellten Wert von fünf Nanosekunden. Nun starten wir das Experiment und schicken den Lichtblitz in alle vier Richtungen hin und her. Erreicht der Lichtblitz erstmalig die äußeren Uhren, so zeigen diese fünf Nanosekunden an. Erreicht der reflektierte Lichtblitz die Mitte, so tickt die Uhr in der Mitte weiter und zeigt nun zehn Nanosekunden an. Der Lichtblitz läuft wieder nach außen, die äußeren Uhren ticken weiter und zeigen nunmehr 15 Nanosekunden an. Der Lichtblitz läuft wieder zur Mitte, diese Uhr rückt vor auf 20 Nanosekunden. Der Lichtblitz läuft wieder nach außen und die äußeren Uhren rücken vor auf 25 Nanosekunden usw. Durch diese Konstruktion zeigen alle fünf Uhren, zumindest wenn sie nicht sprunghaft weiterticken, sondern sich die Zeiger gleichmäßig bewegen, immer die gleiche Zeit an.

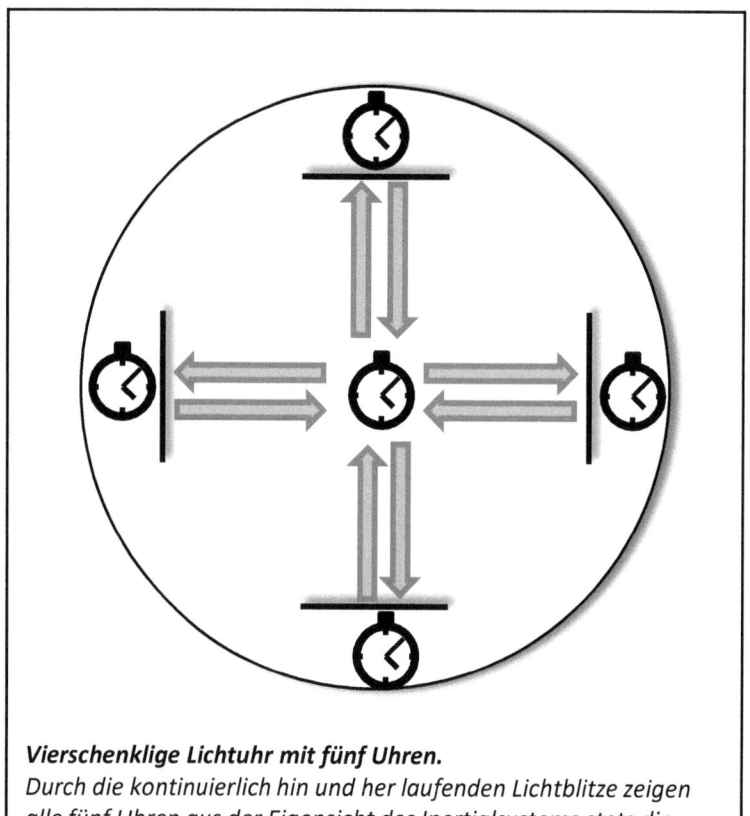

Vierschenklige Lichtuhr mit fünf Uhren.
Durch die kontinuierlich hin und her laufenden Lichtblitze zeigen alle fünf Uhren aus der Eigensicht des Inertialsystems stets die gleiche Zeit an.

Nun stellen wir uns vor, dass wir eine solche Lichtuhr bei einem anderen Raumschiff, das mit 0,6c an uns vorbeifliegt, betrachten. Wir wissen bereits, dass alle fünf Uhren aus unserer Sicht langsamer gehen (Zeitdilatation). Wenn die betrachteten Uhren um je zehn Nanosekunden weiterticken, sind aus unserer Sicht bereits 12,5 Nanosekunden vergangen. Diese Zeitdilatation ist kontinuierlich, d.h. die betrachteten Uhren geraten immer mehr gegenüber unserer Uhr in Rückstand, jedoch betrifft die Zeitdilatation alle fünf Uhren gleichmäßig, sodass keine Differenzen zwischen den Anzeigen der Uhren auftreten. Des Weiteren wissen wir, dass die zwei Schenkel der Lichtuhr, die in Bewegungsrichtung ausgerichtet sind, kürzer erscheinen (Längenkontraktion). Wenn die senkrecht angeordneten Schenkel 1,5 Meter Länge haben, erscheinen die verkürzten

Schenkel nur 1,2 Meter lang. Schließlich wissen wir auch, dass die Lichtstrahlen, wenn sie nach außen und wieder in die Mitte laufen, immer wieder gemeinsam in der Mitte ankommen.

Aus unserer Sicht ist es nun aber so, dass die vordere Uhr nachgeht und die hintere Uhr vor! Wie kommt das? Wenn der Experimentator im anderen Raumschiff auf die gleiche Weise vorgegangen ist wie wir mit unserer eigenen Lichtuhr, dann hat er die äußeren Uhren vor dem Start des Experiments mit fünf Nanosekunden voreingestellt. Was wir als äußerer Betrachter jedoch sehen, ist, dass der Lichtstrahl nach vorn, relativ zum anderen Raumschiff gesehen, langsamer vorankommt. Denn es ist ja so, dass diese äußere Uhr quasi vor dem Lichtstrahl flieht. Der Lichtstrahl hat es schwerer, die vordere Uhr zu erreichen und kommt später an (da er ja aus unserer Sicht nicht schneller werden kann).

Die hintere Uhr hingegen kommt dem Lichtstrahl entgegen und der Lichtstrahl erreicht sie eher. Wird das Experiment also gestartet, dann erreicht aus unserer Sicht als erstes der Lichtstrahl die hintere Uhr, danach erreichen die beiden Lichtstrahlen die senkrecht angeordneten Uhren und erst zuletzt erreicht der Lichtstrahl die vordere Uhr.

Beim Rückweg der Lichtstrahlen ist es dann genau umgekehrt: Der Lichtstrahl, der zuerst die hintere Uhr erreicht hatte, braucht nun länger, um wieder die Mitte zu erreichen und der Lichtstrahl, der erst zuletzt die vordere Uhr erreicht hatte, braucht nun kürzer, um wieder zur Mitte zu gelangen. Im Ergebnis erreichen alle vier Lichtstrahlen zur gleichen Zeit wieder die Mitte und der Vorgang beginnt erneut.

Für den äußeren Beobachter bedeutet dies, dass aus seiner Sichtweise die hintere Uhr immer zuerst weitertickt, dann ticken die mittleren Uhren weiter und die vordere Uhr tickt zuletzt weiter. Wenn die Uhren flüssig laufen und nicht sprunghaft ticken, dann zeigt die hintere Uhr somit beständig eine spätere Zeit an als die vordere Uhr. Während alle Uhren für den Experimentator ständig die gleiche Zeit anzeigen, zeigen sie für uns beständig unterschiedliche Zeiten an; die hintere Uhr geht vor, die vordere Uhr geht nach.

Wenn wir dies zu Ende denken, bedeutet es auch: Wenn zwei Ereignisse im beobachteten Inertialsystem vorn und hinten stattfinden, die aus Sicht des Experimentators gleichzeitig stattfinden, dann finden sie aus unserer Sicht *nicht* gleichzeitig statt! Der Experimentator würde ja die „Gleichzeitigkeit" grundsätzlich damit begründen, dass seine Uhren vorn und hinten die gleiche Zeit angezeigt haben, als beide Ereignisse dort passiert sind. Dem würden wir zwar zustimmen, aber wir würden einwerfen, dass beide Uhren ja aus unserer Sicht nicht korrekt synchron laufen. Also würden wir aus der gleichen Zeitanzeige während beider Ereignisse schlussfolgern, dass die Ereignisse zu unterschiedlichen Zeiten passiert sein müssen. Und dies messen wir auch mit unserer Uhr und wir *sehen* es tatsächlich auch so: Wenn wir uns weit genug weg vom anderen Raumschiff befinden und eine gute seitliche Draufsicht haben, dann sehen wir mit unseren eigenen Augen, wie die beiden Ereignisse nacheinander stattfinden!

Der Experimentator würde trotzdem bei seiner Ansicht bleiben und darauf beharren, dass er mit seinen eigenen Augen gesehen hat, dass beide Ereignisse gleichzeitig stattgefunden haben. Seine Ansicht hat ebenso ihre Berechtigung, denn wenn sich der Experimentator in der Mitte der Lichtuhr aufhält, dann finden beide Ereignisse in der gleichen Entfernung zu ihm statt und die Lichtsignale über die Ereignisse erreichen gleichzeitig das Zentrum der Lichtuhr, mithin die Augen des Experimentators. Also kann er auch mit Fug und Recht behaupten, dass sie für ihn gleichzeitig stattgefunden haben.

Dieses Phänomen ist die Relativität der Gleichzeitigkeit. Bildlich veranschaulicht sieht sie wie folgt aus:

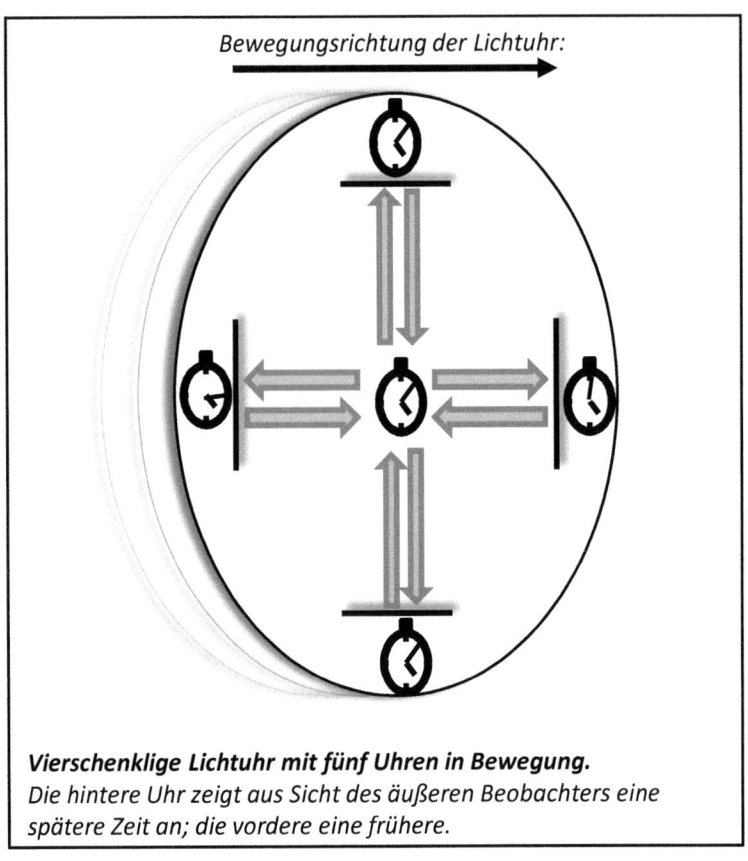

Vierschenklige Lichtuhr mit fünf Uhren in Bewegung.
Die hintere Uhr zeigt aus Sicht des äußeren Beobachters eine spätere Zeit an; die vordere eine frühere.

Mathematische Herleitung der Relativität der Gleichzeitigkeit

Wir wollen nun das Maß der Desynchronisation der betrachteten Uhren quantifizieren und eine allgemeine Formel für die Relativität der Gleichzeitigkeit herleiten. Der Betrag, um den eine vordere Uhr im Vergleich zu einer weiter hinten angebrachten Uhr nachgeht, hängt von der Entfernung beider Uhren (gemessen in Bewegungsrichtung) und von der Relativgeschwindigkeit der Inertialsysteme ab. Zunächst betrachten wir den Vorgang der Uhrensynchronisation aus der Sicht des Inertialsystems, das die Synchronisation durchführt. Dargestellt als Minkowski-Diagramm sieht dies bei einer angenommenen Länge des Inertialsystems von sechs Lichtjahren wie folgt aus:

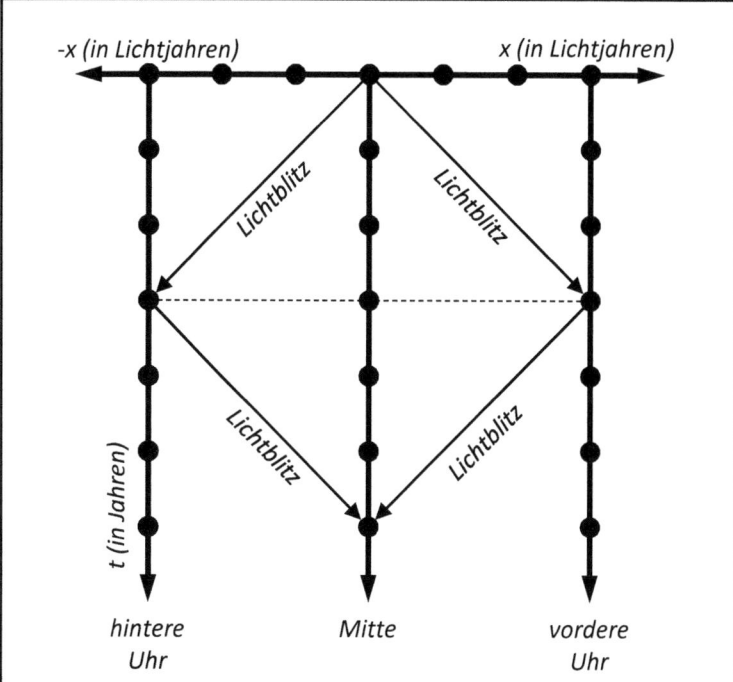

Uhrensynchronisation durch Lichtblitze aus der Eigensicht eines Inertialsystems.
Das Inertialsystem möge eine Länge von 6 Lichtjahren haben (Ausdehnung von der hinteren bis zur vorderen Uhr). Ein von der Mitte ausgesendeter Lichtblitz erreicht sowohl die vordere als auch die hintere Uhr nach genau 3 Jahren. Die gestrichelte Linie stellt den Moment dar, in dem das Licht <u>gleichzeitig</u> beide Uhren erreicht. Nach genau 6 Jahren erreicht das zurückgeworfene Licht wieder die Mitte.

Aus Sicht eines äußeren Beobachters mit einer Relativgeschwindigkeit von 0,6c stellt sich der gleiche Vorgang jedoch völlig anders dar. Das beobachtete Inertialsystem schrumpft auf eine Länge von 4,8 Lichtjahren und die Ganggeschwindigkeit seiner Uhren beträgt nur noch 80 Prozent. Zudem wird die hintere Uhr früher gestartet:

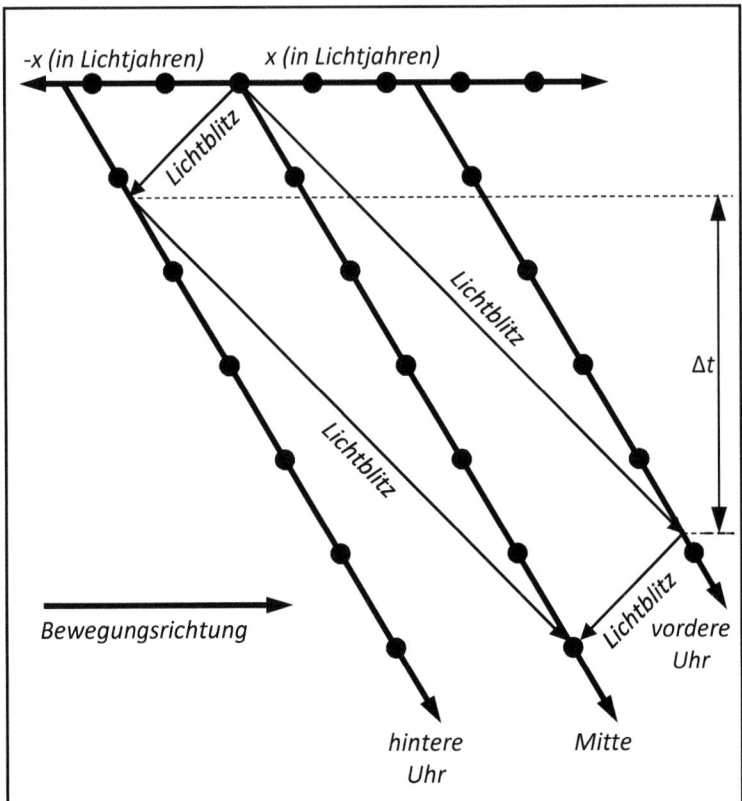

Uhrensynchronisation aus der Sicht eines beobachtenden Inertialsystems bei einer Relativgeschwindigkeit beider Systeme von 0,6c.
Das beobachtete Inertialsystem bewegt sich mit 0,6c nach rechts. Die Längen erscheinen infolge der Längenkontraktion verkürzt und die Zeit erscheint infolge der Zeitdilatation gedehnt. Der Beobachter nimmt wahr, dass der Lichtblitz die hintere Uhr eher als die vordere Uhr erreicht. Der Beobachter stellt somit einen Zeitversatz bei der Uhrensynchronisation fest.

Gesucht ist der auftretende Zeitversatz pro Längeneinheit, also $\Delta t / \Delta x$. Der Zeitversatz Δt ergibt sich aus der (längeren) Lichtlaufzeit zur vorderen Uhr minus der (kürzeren) Lichtlaufzeit zur hinteren Uhr. Dabei sei x die Hälfte der Gesamtlänge des beobachteten Inertialsystems aus Sicht des Beobachters, also die Länge eines Schenkels aus seiner Sicht.

Das Licht legt den Weg nach vorn mit der scheinbaren Geschwindigkeit (relativ zur betrachteten Lichtuhr) c – v zurück, den Weg nach hinten mit der scheinbaren Geschwindigkeit c + v.

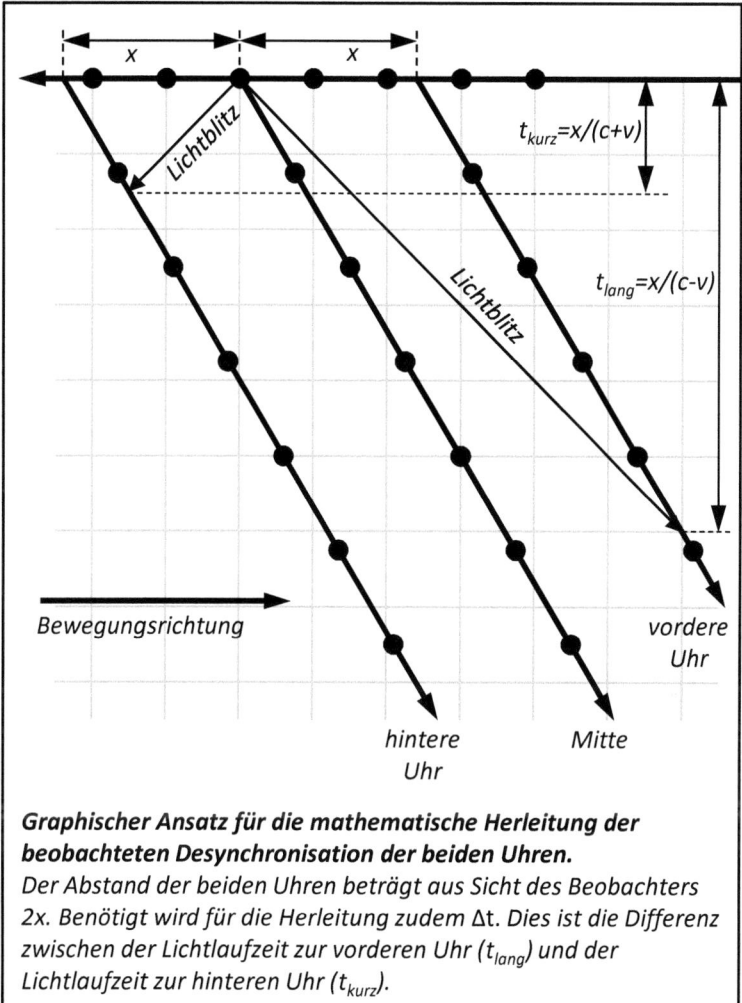

Graphischer Ansatz für die mathematische Herleitung der beobachteten Desynchronisation der beiden Uhren.
Der Abstand der beiden Uhren beträgt aus Sicht des Beobachters 2x. Benötigt wird für die Herleitung zudem Δt. Dies ist die Differenz zwischen der Lichtlaufzeit zur vorderen Uhr (t_{lang}) und der Lichtlaufzeit zur hinteren Uhr (t_{kurz}).

Es gilt damit:

$$\Delta t = \frac{x}{c-v} - \frac{x}{c+v}$$

Zwei Inertialsysteme

und:

$$\Delta x = 2x$$

Da Δx und 2x identisch sind, können wir beide links und rechts als Nenner eines Bruchs hinzufügen, ohne die Gleichung zu zerstören. Damit ergibt sich für den Zeitversatz (Δt) je Abstandsmaß der betrachteten Uhren (Δx) folgender Ansatz:

$$\frac{\Delta t}{\Delta x} = \frac{\frac{x}{c-v} - \frac{x}{c+v}}{2x}$$

Diese Gleichung kann vereinfacht werden. Wir multiplizieren dazu zunächst rechts Zähler und Nenner jeweils mit (c + v) und (c − v) und erhalten:

$$\frac{\Delta t}{\Delta x} = \frac{x(c+v) - x(c-v)}{2x(c+v) \times (c-v)}$$

Wir können rechts x herauskürzen:

$$\frac{\Delta t}{\Delta x} = \frac{(c+v) - (c-v)}{2(c+v) \times (c-v)}$$

Vereinfachen ergibt:

$$\frac{\Delta t}{\Delta x} = \frac{c+v-c+v}{2(c^2 - cv + vc - v^2)} = \frac{2v}{2 \times (c^2 - v^2)} = \frac{v}{c^2 - v^2}$$

Multipliziert mit Δx ergibt sich somit folgende Formel:

$$\boldsymbol{\Delta t = \Delta x \times \frac{v}{c^2 - v^2}}$$

Δt bezeichnet insoweit den Zeitversatz aus Sicht des Beobachters bei der Uhrensynchronisation und Δx die Länge des beobachteten Inertialsystems aus Sicht des Beobachters (der Abstand der desynchronisierten Uhren, gemessen in Bewegungsrichtung). Im Minkowski-Diagramm, aus dem wir diese Formel hergeleitet haben, betrug die Länge des beobachteten Inertialsystems aus Sicht des Beobachters 4,8 Lichtjahre und die Relativgeschwindigkeit 0,6c. Es ergibt sich damit folgender Zeitversatz bei der Uhrensynchronisation:

$$\Delta t = 4{,}8 \times \frac{0{,}6}{1^2 - 0{,}6^2} = 4{,}8 \times \frac{0{,}6}{1 - 0{,}36} = 4{,}8 \times \frac{0{,}6}{0{,}64} = 4{,}5 \, Jahre$$

Der Beobachter misst also, dass im beobachteten Inertialsystem die vordere Uhr 4,5 Jahre später als die hintere Uhr gestartet wird. Ein doch erstaunliches Maß der Desynchronisation!

Allerdings ist dies nicht die Zeit, um die die vordere Uhr nach dem Starten beider Uhren aus Sicht des Beobachters nachgeht, also die aus Außensicht angezeigte Zeitdifferenz beider Uhren! Zu berücksichtigen ist ja, dass aus Sicht des Beobachters die Uhren im beobachteten Inertialsystem langsamer gehen. Bei 0,6c ergibt sich eine Zeitdehnung auf 1,25. Die vordere Uhr geht also laut Anzeige nur um 4,5 / 1,25 = 3,6 Jahre nach. Um dies auszudrücken, soll die oben entwickelte Formel noch ein wenig umgestellt werden. Hierzu entwickeln wir, unter Anwendung des Lorentzfaktors, Zeit und Uhrenabstand aus Sicht des beobachteten Inertialsystems. Es gilt (Zeitdilatation):

$$\Delta t = \Delta t' \times \gamma$$

Wir setzen ein und erhalten:

$$\Delta t' \times \gamma = \Delta x \times \frac{v}{c^2 - v^2}$$

Dividiert durch den Lorentzfaktor ergibt sich:

Zwei Inertialsysteme

$$\Delta t' = \frac{\Delta x}{\gamma} \times \frac{v}{c^2 - v^2}$$

Mit dieser Formel wird die tatsächlich angezeigte Zeitdifferenz ausgedrückt. Die Wahl der Variablenbezeichnung Δt' für die angezeigte Zeitdifferenz ist zugegebenermaßen nicht ganz unproblematisch, weil t' ja eigentlich die Eigenzeit ist und nach den eigenen Maßstäben des beobachteten Inertialsystems überhaupt keine Zeitdifferenz zwischen beiden Uhrenanzeigen besteht, aber die Schreibweise ist nun einmal so üblich.

Für Betrachtungen zur SRT ist die Formel nützlicher und einfacher, wenn die Entfernung der beiden Uhren, also Δx, in den Maßstäben des betrachteten Inertialsystems (Δx')ausgedrückt wird. Dabei gilt (Längenkontraktion):

$$\Delta x = \frac{\Delta x'}{\gamma}$$

Wir setzen ein:

$$\Delta t' = \frac{\Delta x'}{\gamma^2} \times \frac{v}{c^2 - v^2}$$

Schreibt man nun den Lorentzfaktor aus, so lässt sich diese Formel erheblich vereinfachen:

$$\Delta t' = \frac{\Delta x'}{\left(\frac{1}{\sqrt{1 - \frac{v^2}{c^2}}}\right)^2} \times \frac{v}{c^2 - v^2}$$

Quadrieren und Quadratwurzelziehen heben einander auf:

$$\Delta t' = \frac{\Delta x'}{1 - \frac{v^2}{c^2}} \times \frac{v}{c^2 - v^2}$$

Wir können weiter vereinfachen:

$$\Delta t' = \Delta x' \times \left(1 - \frac{v^2}{c^2}\right) \times \frac{v}{c^2 - v^2}$$

Die 1 ersetzen wir durch c^2/c^2 und erhalten:

$$\Delta t' = \Delta x' \times \frac{c^2 - v^2}{c^2} \times \frac{v}{c^2 - v^2}$$

Nun können wir $c^2 - v^2$ herauskürzen und erhalten als abschließende Formel:

$$\Delta t' = \Delta x' \times \frac{v}{c^2}$$

In dieser Formel stellt nun Δt' die angezeigte Zeit dar, um die die vordere Uhr im beobachteten Inertialsystem aus Sicht des Beobachters gegenüber der hinteren nachgeht und Δx' stellt die Länge des beobachteten Inertialsystems dar (Abstand der beiden Uhren), allerdings nach den eigenen Maßstäben des beobachteten Inertialsystems. Im obigen Beispiel misst das beobachtete Inertialsystem für sich selbst eine Eigenlänge von 6 Lichtjahren, die Relativgeschwindigkeit beträgt 0,6c (0,6 Lichtjahre/Jahr). Damit geht die vordere Uhr laut Anzeige wie folgt nach:

$$\Delta t' = 6\,Lichtjahre \times \frac{0,6\frac{Lichtjahre}{Jahr}}{\left(1\frac{Lichtjahr}{Jahr}\right)^2} = 3,6\,Jahre$$

Zwei Inertialsysteme

Die vordere Uhr geht also 3,6 Jahre nach (sie zeigt permanent eine um 3,6 Jahre frühere Zeit an als die hintere Uhr). Wegen der Zeitdilatation dauert es 4,5 Jahre, bis die vordere Uhr die gleiche Zeit anzeigt, die die hintere Uhr in einem bestimmten Augenblick angezeigt hat.

Die gerade entwickelten Formeln haben wir bisher auf fiktive Lichtuhren in Raumschiffen mit Längen von sechs Lichtjahren angewendet, was natürlich fern unserer Vorstellungswelt ist. Welche Zeitdifferenz ergibt sich eigentlich bei irdischen Verhältnissen? Die Erde fliegt mit knapp 30 km/s um die Sonne durchs All und hat nach unseren eigenen Maßstäben am Äquator einen Durchmesser von 12.756 km. Welche Zeitdifferenz zeigt eine vordere Uhr, die sich gerade an der Spitze der Erde befindet, im Vergleich zu einer hinteren Uhr aus Sicht eines im Sonnensystem ruhenden Beobachters an?

$$\Delta t' = 12.756.000 m \times \frac{29.790 \frac{m}{s}}{\left(3 \times 10^8 \frac{m}{s}\right)^2} \approx 4{,}22 \mu s$$

Eine vordere Uhr zeigt eine etwa vier Mikrosekunden frühere Zeit an. Das bedeutet, dass Uhren am Äquator jeden Tag in ihrer Ganggeschwindigkeit taumeln, sie werden täglich schneller und wieder langsamer – zumindest aus der Sicht eines im All ruhenden Beobachters. Wandert die Uhr nachts mit der Erddrehung nach vorn, so geht sie langsamer, bis sie vorn (bei Sonnenaufgang) die früheste Zeit anzeigt. Wandert sie dann tags wieder nach hinten, wird sie schneller, bis sie ganz hinten (bei Sonnuntergang) die späteste Zeit anzeigt. Dann beginnt das Spiel wieder von vorn.

Relativität der relativistischen Gleichzeitigkeit

Fast schon überflüssig zu erwähnen ist es, dass diese Relativität der Gleichzeitigkeit selbstverständlich auch wieder relativ ist, d.h. wechselseitig. Eine andere Annahme würde ja wieder dem Postulat der Gleichberechtigung aller Inertialsysteme widersprechen. Ein Beobachter in Raumschiff A nimmt nur wahr, dass die Uhren im Raumschiff B desynchronisiert sind, die eigenen Uhren hält er für synchronisiert. Ein Beobachter im Raumschiff B kann dies nicht bestätigen. Für ihn gehen alle Uhren im Raumschiff B synchron, jedoch beobachtet er, dass die Uhren im Raumschiff A desynchronisiert sind.

Selbstverständlich können auch wir Erdbewohner nicht bemerken, dass die Uhren am Äquator täglich in ihrer Ganggeschwindigkeit schwanken, obwohl eine tägliche Ungenauigkeit von vier Mikrosekunden durchaus messbar wäre, wenn wir ein von der SRT unbeeinflusstes Referenzsystem zur Verfügung hätten. (Unabhängig davon ist die Tatsache zu sehen, dass Uhren am Äquator wegen der Erdrotation nach der SRT generell etwas langsamer gehen als Uhren an den Polen; ein Effekt, der aber durch die ART [gravitative Zeitdilatation] gegenkompensiert wird, da Uhren an den Polen sich wegen der Abplattung der Erde etwas näher am Erdmittelpunkt befinden als Uhren am Äquator.)

Die Relativität der Gleichzeitigkeit ist gewissermaßen ein „Scharnier" zwischen der Zeitdilatation und der Längenkontraktion und bewirkt, wie wir an einem Beispiel noch sehen werden, dass die beiden beteiligten Inertialsysteme nicht objektiv bestimmen können, welches von beiden Systemen sich schnell bewegt und welches ruht.

Gleichzeitigkeit bei schräg angeordneten Uhren

Kommen wir noch einmal auf die vierschenklige Lichtuhr zurück. Das Prinzip der Relativität der Gleichzeitigkeit besagt, dass das beobachtete Inertialsystem seine Uhren so synchronisiert, dass die vordere Uhr aus Sicht des äußeren Beobachters nachgeht; die hintere Uhr geht vor. Was ist nun mit den senkrecht angeordneten Uhren? Infolge der Bewegung des Inertialsystems braucht das Licht aus Sicht eines äußeren Beobachters länger zu einer solchen Uhr als das beobachtete Inertialsystem dies selbst annimmt. Im oben gebildeten Beispiel (1,5 Meter Schenkellänge, 0,6c) stellt der Experimentator die senkrecht angeordneten Uhren um

5 Nanosekunden vor, um die Lichtlaufzeit zu berücksichtigen. Aus Sicht des äußeren Beobachters erreicht das Licht aber erst nach 6,25 Nanosekunden das Schenkelende. Gehen diese Uhren daher nach? Nein, sie gehen nur langsamer (Zeitdilatation). Da auch die Uhr in der Mitte langsamer geht, zeigt auch sie nach 6,25 Nanosekunden nur eine Zeit von 5 Nanosekunden an, wenn die äußere Uhr gestartet wird. Die drei senkrecht angeordneten Uhren gehen somit synchron.

Was ist nun mit Uhren, die sich auf einem schräg fliegenden Körper befinden (siehe folgende Zeichnung)? Bei ihnen ist danach zu unterscheiden, um welches Maß eine der beiden Uhren sich weiter vorn bzw. hinten befindet. Der Abstand zwischen den Uhren ist in eine Längs- und eine Querkomponente aufzuteilen. Das Maß der Desynchronisation der Uhren bestimmt sich ausschließlich nach dem Maß der Längskomponente:

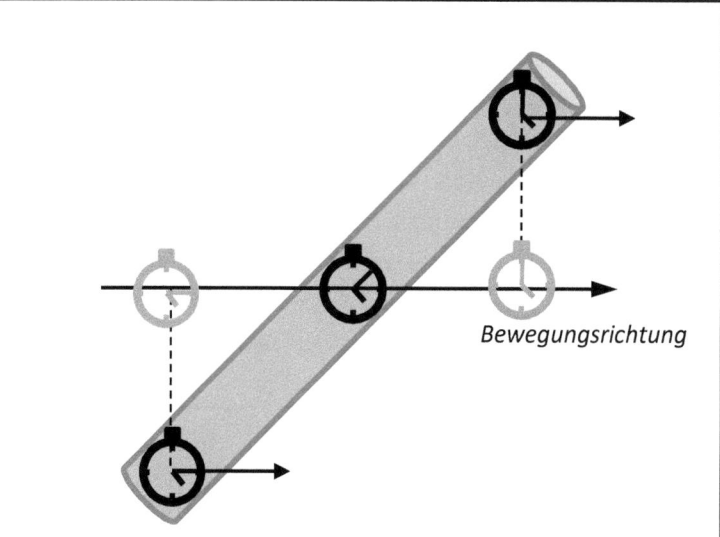

Desynchronisation schräg angeordneter Uhren.
Befinden sich die synchronisierten Uhren nicht auf einer Achse
längs zur Bewegungsrichtung, so bestimmt sich das Vor - bzw.
Nachgehen danach, inwieweit sich die Uhr, in Bewegungsrichtung
gesehen, weiter vorn bzw. hinten befindet. Dazu ist das Lot auf die
Bewegungsachse zu fällen. Uhren auf gleicher Höhe zeigen die
gleiche Zeit an.

Keine Breitenkontraktion

Kommen wir nun zu einem Effekt, den es in der SRT *nicht* gibt: eine Breitenkontraktion. Wenn die Längen eines bewegten Raumschiffs verkürzt erscheinen, dann müsste dies doch für alle Längen gelten, könnte man meinen. Dann hätten wir aber bereits die Zeitdilatation falsch berechnet, denn bei der Herleitung der Zeitdilatation haben wir eine Verkürzung der seitlichen Schenkel der Lichtuhr nicht angenommen. Steckt in der ganzen Rechnung schon an dieser Stelle ein unbehebbarer Fehler?

Zum Glück nicht, denn die SRT besagt, dass die Längenkontraktion ausdrücklich nur Längen in der Längsrichtung, also in der Bewegungs-

Zwei Inertialsysteme

richtung betrifft. Die Breite und Höhe eines bewegten Raumschiffs erscheinen unverändert. Das fremde Raumschiff erscheint somit nicht insgesamt verkleinert, sondern nur in der Längsrichtung gestaucht.

Ohne diese Einschränkung hätte man die gesamte SRT mit folgendem Gedankenexperiment sofort als unlogisch widerlegen können (dieses Gedankenexperiment kann man sich in beliebig vielen Variationen vorstellen; ich greife eine besonders plakative Abwandlung heraus): Stellen wir uns das Aufeinander-zu-Fliegen zweier Hohlzylinder, die in Ruhe den exakt gleichen Durchmesser haben mögen, vor:

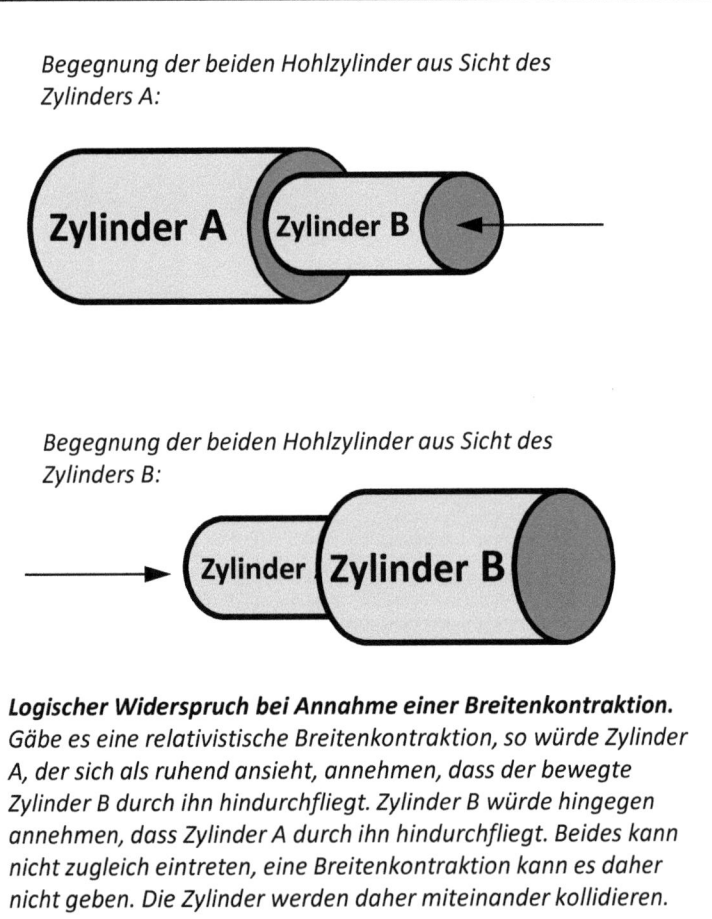

Logischer Widerspruch bei Annahme einer Breitenkontraktion.
Gäbe es eine relativistische Breitenkontraktion, so würde Zylinder A, der sich als ruhend ansieht, annehmen, dass der bewegte Zylinder B durch ihn hindurchfliegt. Zylinder B würde hingegen annehmen, dass Zylinder A durch ihn hindurchfliegt. Beides kann nicht zugleich eintreten, eine Breitenkontraktion kann es daher nicht geben. Die Zylinder werden daher miteinander kollidieren.

Im Moment der Begegnung der beiden Zylinder kann nicht Zylinder A Zylinder B umschließen und zugleich Zylinder B Zylinder A. Ein objektiver Dritter, der ein Foto von dieser kosmischen Begegnung macht, kann nur eine von beiden Möglichkeiten auf dem Foto festhalten. Damit wären beide Zylinder nicht gleichberechtigt. Eine Breitenkontraktion ist somit mit den Postulaten der SRT nicht vereinbar.

Was ist mit Maßen, die nicht längs und auch nicht quer, sondern schräg angeordnet sind? Diese sind in einen Längsanteil zu zerlegen, der sich verkürzt und in einen Queranteil, der sich nicht verkürzt. Insgesamt sind solche Maße zwar verkürzt, aber nicht so sehr wie Maße, die exakt in der Längsrichtung (Bewegungsrichtung) verlaufen.

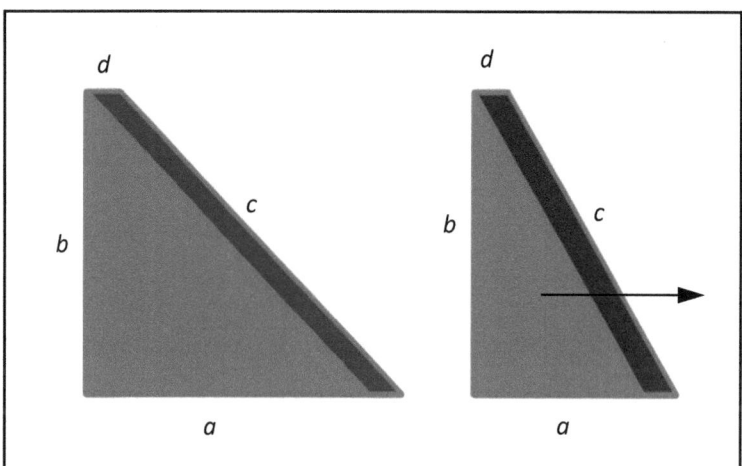

Längenkontraktion bei schrägen Maßen.
Infolge der Längenkontraktion erscheint Länge a dem äußeren Beobachter um den Lorentzfaktor verkürzt. Die Breite b erscheint nicht verkürzt. Die Schräge c ist in ihre Längskomponente a zu zerlegen, die verkürzt erscheint, und in die Breitenkomponente b, die unverkürzt erscheint. Die Tiefe d erscheint auch nicht verkürzt.

Relativistisches Volumen und relativistische Dichte

Das Volumen eines Quaders errechnet sich aus Länge mal Breite mal Höhe. Bewegt sich dieser Quader in Längsrichtung, so erscheint die Länge für einen Beobachter um den Lorentzfaktor verkürzt, jedoch nicht die Breite und Höhe. Dies wirkt sich auf das Volumen so aus, dass sich auch das Volumen um den Lorentzfaktor verringert. Es gilt also:

$$V = \frac{V'}{\gamma} = V' \times \sqrt{1 - \frac{v^2}{c^2}}$$

Diese Formel gilt nicht nur für Quader, sondern für alle Körper. Dreht sich der Körper während der Bewegung, so ändert sich die Kontraktion der Maße. Statt Seite a erscheint nun Seite b oder Seite c verkürzt. Auf die Verringerung des beobachteten Volumens hat dies jedoch keinen Einfluss:

$$V = \frac{a'}{\gamma} \times b'c' = a' \times \frac{b'}{\gamma} \times c' = a'b' \times \frac{c'}{\gamma} = \frac{V'}{\gamma}$$

Dass sich das beobachtete Volumen verringert, bedeutet jedoch nicht, dass der Körper auch an Masse verliert. Ein bewegter Körper verliert ja durch die Bewegung kein einziges seiner Atome. Im Gegenteil: Wie noch gezeigt werden wird, steigt die relativistische Masse – gänzlich ohne dass die im Körper enthaltene Anzahl der Atome zunimmt – bei Bewegung sogar noch um den Lorentzfaktor an (siehe das Kapitel: Energie-Masse-Äquivalenz). Die „beobachtete" Dichte steigt also für einen äußeren Beobachter um den Lorentzfaktor zum Quadrat an (auch wenn man in der Praxis natürlich nicht die Dichte eines mit fast Lichtgeschwindigkeit vorbeifliegenden Körpers „beobachten" kann).

$$\rho = \rho' \times \gamma^2 = \frac{\rho'}{1 - \frac{v^2}{c^2}}$$

Da man das relativistische Volumen und die Relativgeschwindigkeit eines vorbeifliegenden Körpers beobachten kann, kann man bei Kenntnis seiner (mutmaßlichen) stofflichen Zusammensetzung die relativistische Dichte und damit die relativistische Masse des Körpers abschätzen.

Für die weiteren Betrachtungen bedeuten die eben gemachten Ausführungen, dass die relativistische Masse des bewegten Körpers nicht davon abhängt, in welche Richtung der Körper gedreht ist und welche seiner Seiten daher verkürzt erscheint. Die beobachtete Masse bleibt bei derartigen Drehungen konstant – entscheidend sind nur die Ruhemasse und die Relativgeschwindigkeit.

Keine Relativität der Relativgeschwindigkeit

Kommen wir nun zu einem weiteren Effekt, den es in der SRT ebenfalls *nicht* gibt: Die SRT führt nicht dazu, dass zwei Inertialsysteme ihre Relativgeschwindigkeit zueinander unterschiedlich beurteilen.

Geschwindigkeit ist Weg durch Zeit. An dieser grundlegenden Formel ändert auch die SRT nichts. Wir sind immer von einer angenommenen Relativgeschwindigkeit ausgegangen und haben diese nicht modifiziert. Wir haben also z.B. angenommen, Raumschiff A sieht, dass sich Raumschiff B mit einer Geschwindigkeit von 180.000 km/s (0,6c) von Raumschiff A entfernt. Messen kann dies A, indem es die Entfernungsänderung beider Raumschiffe Δx pro Zeiteinheit Δt misst. Dann haben wir ohne Nachprüfung unterstellt, dass auch Raumschiff B das Raumschiff A mit 180.000 km/s von sich wegfliegen sieht.

Aber kann man das ohne Nachprüfung so machen? Machen wir dazu folgendes Gedankenexperiment. Ein langes Inertialsystem mit einer Eigenlänge von einem Lichtjahr (System A) und ein kurzes Inertialsystem mit vernachlässigbar kleiner Länge (System B) mögen einander mit 0,6c begegnen. Aus Sicht von System A dauert der Vorbeiflug von System B vom Bug bis zum Heck des Systems A gerundet 1,667 Jahre. Da das System A seine Eigenlänge mit 1 Lichtjahr kennt, errechnet es eine Relativgeschwindigkeit von 0,6c (1 / 1,667 = 0,6).

System A nimmt nun an, dass während des Vorbeifluges bei System B nur rund 1,333 Jahre vergangen sind (Zeitdilatation). Diese Ansicht teilt auch System B! Zudem nimmt System A an, dass die Längen bei System B um den Kehrwert des Lorentzfaktor verkürzt sind. Diese Annahme ist aus Sicht von System A ebenfalls richtig. Doch wäre es falsch, wenn System A hieraus schlussfolgern würde, dass System B folglich eine Länge der „Messstrecke" von 1,25 Lichtjahren annehmen und hieraus eine Relativgeschwindigkeit von 1,25 / 1,333 = 0,94c errechnen würde. Die Längenkontraktion ist relativ. System B nimmt eine Länge des Systems A von nur 0,8 Lichtjahren an. Hieraus errechnet System B eine Relativgeschwindigkeit von:

$$v' = \frac{s'}{t'} \approx \frac{0,8\ Lichtjahre}{1,333\ Jahre} \approx 0,6c$$

(s' ist insoweit die Länge der „Messstrecke" aus Sicht von B.) Die errechneten Relativgeschwindigkeiten sind identisch. Die SRT führt dazu, dass zwei beteiligte Inertialsysteme die Wegstrecke und die Zeitdauer bei einer Geschwindigkeitsmessung unterschiedlich beurteilen. Im Ergebnis bleibt es jedoch dabei, dass die Inertialsysteme immer übereinstimmende Relativgeschwindigkeiten zueinander messen. Es gilt also stets:

$$v = v'$$

Lorentz-Transformation

Ein häufig verwendetes, allerdings leider nicht besonders anschauliches Instrument zur Lösung von Problemen der SRT stellt die sogenannte Lorentz-Transformation dar. Benannt ist sie nach Hendrik Antoon Lorentz, der sie bereits zwischen 1895 und 1904, also noch vor Einsteins erster Veröffentlichung über die Spezielle Relativitätstheorie, entwickelt hatte. Mit seinen Transformationsgleichungen hatte Lorentz damit bereits die SRT in komprimierter Form geliefert, zumindest was die Beziehungen zwischen zwei Inertialsystemen betrifft (er gönnte jedoch Einstein den Entdeckerruhm und schrieb später über seine Arbeit von 1904:

„Man wird bemerken, dass ich in dieser Abhandlung die Transformationsgleichungen der Einsteinschen Relativitätstheorie nicht ganz erreicht habe …. Es ist das Verdienst Einsteins, das Relativitätsprinzip zuerst als allgemeines, streng und genau geltendes Gesetz ausgesprochen zu haben.") Die bisher behandelten Phänomene Zeitdilatation, Längenkontraktion und Relativität der Gleichzeitigkeit lassen sich problemlos auch aus der Lorentz-Transformation ableiten. Doch wurde hier bewusst darauf verzichtet, die Lorentz-Transformation für die Herleitungen heranzuziehen, da die Lorentz-Transformation eben nur als mathematisches Transformationswerkzeug für die Umrechnung zwischen zwei Koordinatensystemen entwickelt wurde. Man kann daher durch Ableitung aus der Lorentz-Transformation nicht im eigentlichen Sinne „beweisen", dass eines der bisher abgehandelten Phänomene eine notwendige Folge der Postulate der SRT ist.

Für Transformationsberechnungen ist die Lorentz-Transformation jedoch unentbehrlich. In dieser Funktion soll die Lorentz-Transformation nun kurz so anschaulich wie möglich abgehandelt werden.

Betrachtet man Bewegungen im Raum, so hängt die Angabe, wo sich etwas befand und wohin es sich bewegt, vom gewählten Koordinatensystem ab. Üblicherweise wählt man das Koordinatensystem so, dass sich der Beobachter im Koordinatenursprung befindet. Das Koordinatensystem muss während des Vorgangs unverändert bleiben, sonst funktionieren die Bewegungsgleichungen der klassischen Physik nicht.

Nun erkannte schon Galileo Galilei, dass sich auch jeder gleichförmig bewegte Körper als ruhend betrachten kann. Werden Bewegungsvorgänge im Raum aus Sicht des bewegten Körpers betrachtet, so nimmt er quasi sein Koordinatensystem mit. Dadurch kann sich ein und derselbe physikalische Vorgang ganz anders darstellen. Was für ein Koordinatensystem ein bewegter Körper ist, kann für ein anderes Koordinatensystem ein Körper in Ruhe sein. Galilei entwickelte für dieses Problem Transformationsgleichungen, mit deren Hilfe man von einem Koordinatensystem in ein anderes umrechnen kann.

Für die Anwendung der Galilei-Transformation sind mehrere Voraussetzungen zu beachten:

- Beide Koordinatensysteme müssen räumlich gleich ausgerichtet sein, also x-, y- und z-Achsen müssen in die gleiche Richtung zeigen.
- Beide Koordinatensysteme müssen die gleichen Längen- und Zeitmaße verwenden.
- Das zweite Koordinatensystem bewegt sich gegenüber dem ersten gleichförmig entlang der x-Achse.
- Im gemeinsamen Zeitpunkt $t_0=t'_0=0$ haben sich die beiden Koordinatenursprünge am gleichen Ort befunden.

Da sich das zweite Koordinatensystem nur entlang der x-Achse bewegt, verwenden beide Systeme zu jeder Zeit die gleichen y- und z-Koordinaten. Es gilt daher:

$$y = y'$$

$$z = z'$$

Hinsichtlich der Zeitkoordinaten geht die Galilei-Transformation selbstverständlich davon aus, dass beide Uhren gleich schnell gehen. Damit gilt für ein Ereignis:

$$t = t'$$

Für die Umrechnung der x-Koordinaten gilt dann folgende Umrechnungsformel:

$$x = x' + v \times t$$

Das bedeutet: Wenn ein Ereignis für das System S' zu einem bestimmten Zeitpunkt t=t' bei x' stattgefunden hat, so ist zu dieser Koordinate x' das Produkt aus t mal v zu addieren, und man erhält den Ort x, an dem dieses Ereignis für das System S stattgefunden hat. Dazu ein kurzes Beispiel:

Nehmen wir an, Spaziergänger S' entfernt sich von Spaziergänger S, der sich auf einer Bank am Ort x=0 ausruht, vom Zeitpunkt t=0 an in x-Richtung mit der Geschwindigkeit v=1,5 m/s. Nach 100 Sekunden Wanderung registriert er in einer Entfernung von 20 Metern vor sich, wie eine Elster einen silbernen Ring fallen lässt. Wie weit ist der Ring von S, der sich immer noch auf der Bank ausruht, entfernt?

Anzuwenden ist die Galilei-Transformation:

$$x = x' + v \times t$$

Einsetzen ergibt:

$$x = 20m + 1{,}5 m/s \times 100s = 170m$$

Aus Sicht von S befindet sich der Ring also in einer Entfernung von 170 Metern in x-Richtung.

Kommen wir nun zur Lorentz-Transformation: Es wurde dargelegt, dass zwei bewegte Systeme in Wahrheit unterschiedliche Längen- und Zeitmaßstäbe verwenden, was sich bei extrem hohen Geschwindigkeiten bemerkbar macht. Die Galilei-Transformation kann daher bei relativistischen Geschwindigkeiten nicht angewendet werden. Da es keine Breitenkontraktion gibt, sind auch bei der Lorentz-Transformation die y- und z-Koordinaten invariant (unveränderlich). Es gilt also:

$$y = y'$$
$$z = z'$$

Bezüglich der x-Koordinaten gilt aber:

$$x = \frac{x' + v \times t'}{\sqrt{1 - \frac{v^2}{c^2}}}$$

Bezüglich der Zeit gilt:

Zwei Inertialsysteme

$$t = \frac{t' + x' \times \dfrac{v}{c^2}}{\sqrt{1 - \dfrac{v^2}{c^2}}}$$

Wie man sieht, enthält die Formel zur Zeittransformation sowohl den Lorentzfaktor für die Zeitdilatation als auch den Umrechnungsfaktor für die Relativität der Gleichzeitigkeit in kompakter Form.

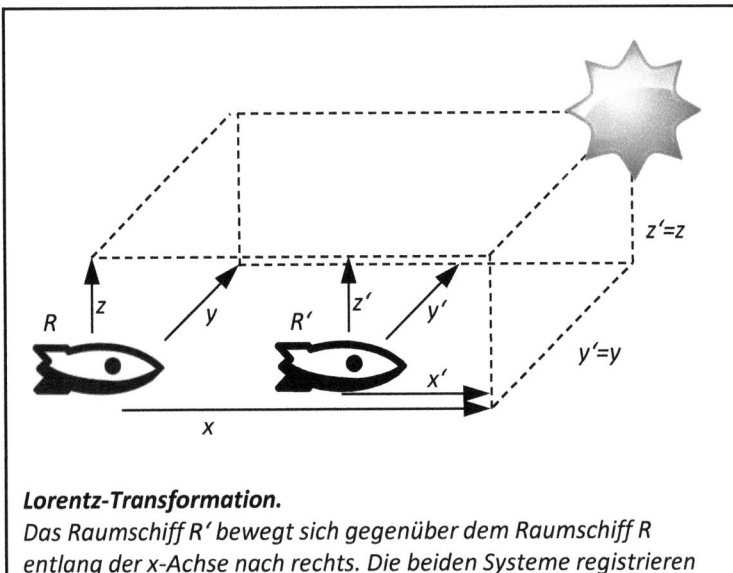

Lorentz-Transformation.
Das Raumschiff R' bewegt sich gegenüber dem Raumschiff R entlang der x-Achse nach rechts. Die beiden Systeme registrieren daher das kosmische Ereignis mit unterschiedlichen x- und t- Koordinaten. Die y- und z- Koordinaten sind jedoch identisch.

Wenden wir dies auf ein Beispiel an: Nehmen wir an, ein Raumschiff R', das sich als Inertialsystem durchs All bewegt, habe in dieser Weise für sich ein Koordinatensystem definiert. Die Ausrichtung nach vorn möge die x'-Achse sein, die seitliche Richtung die y'-Achse und die vertikale Richtung die z'-Achse. Ein Ereignis, das schräg vorn und leicht oben stattgefunden hat, könnte also beispielsweise durch die Raumkoordinaten x'=3, y'=4 und z'=1 räumlich und durch die Zeitkoordinate t'=5 näher bestimmt werden (Angaben in Jahren und Lichtjahren). Dieses Ereignis könnte beispielsweise ein Nova-Ausbruch in einem Doppelsternsystem sein. Da die Lichtgeschwindigkeit endlich ist, hat Raumschiff R' die Beobachtung natürlich erst später gemacht (nämlich im Zeitpunkt t'=10,1). Die Ereigniszeit-Koordinate t'=5 ist somit durch Rückrechnung ermittelt worden. Für die Lorentz-Transformation ist dabei hilfreich, dass alle Inertialsysteme die Lichtgeschwindigkeit als konstant beurteilen.

Nehmen wir nun an, zu unserem Raumschiff (R') existiert ein anderes Raumschiff (R), das sich mit dem Raumschiff R' im Zeitpunkt t=t'=0 getroffen hat. Dabei haben die beiden Raumschiffe ihre x-, y- und z-Achsen miteinander in Übereinstimmung gebracht sowie ihre Uhren auf den gemeinsamen Zeitpunkt 0 synchronisiert. Nunmehr möge sich Raumschiff R' vom Raumschiff R in Richtung der x'-Achse mit 0,4c entfernen.

Wenn nun R' nach der Beobachtung R anfunkt und nachfragt, ob R auch die Nova beobachtet hat, dann muss es R natürlich die Raum-Zeit-Koordinaten der Beobachtung mitteilen. Mit den von R' angegebenen Koordinaten kann R jedoch nichts anfangen, da sich beide Raumschiffe ja voneinander entfernen und ihre jeweiligen Koordinatensysteme mitnehmen. Die Koordinaten von R' sind daher mittels der Lorentz-Transformation in die Koordinaten von R umzurechnen. Die y- und z-Koordinaten bleiben dabei unverändert. Hinsichtlich der x-Koordinate gilt nach der Lorentz-Transformation:

$$x = \frac{x' + v \times t'}{\sqrt{1 - \frac{v^2}{c^2}}} = \frac{3 + 0{,}4 \times 5}{\sqrt{1 - \frac{0{,}4^2}{1^2}}} = \frac{5}{\sqrt{0{,}84}} \approx 5{,}455$$

Bezüglich der Zeitkoordinate ergibt die Lorentz-Transformation:

$$t = \frac{t' + x' \times \frac{v}{c^2}}{\sqrt{1 - \frac{v^2}{c^2}}} = \frac{5 + 3 \times \frac{0{,}4}{1^2}}{\sqrt{1 - \frac{0{,}4^2}{1^2}}} = \frac{6{,}2}{\sqrt{0{,}84}} \approx 6{,}765$$

Die Ereigniskoordinaten lauten somit aus Sicht der beiden Inertialsysteme:

$$in\ R:\ E(x = 5{,}455;\ y = 4;\ z = 1;\ t = 6{,}765)$$

$$in\ R':\ E'(x' = 3;\ y' = 4;\ z' = 1;\ t' = 5)$$

Aus der Lorentz-Transformation ergibt sich somit, dass das Ereignis für R später stattgefunden hat als für R'! Die Lorentz-Transformation berücksichtigt dabei gleichzeitig Zeitdilatation, Längenkontraktion und Relativität der Gleichzeitigkeit.

Die Umrechnung der Koordinaten funktioniert auch in der Gegenrichtung. Um dies zu zeigen, wollen wir jedoch nicht lediglich die oben erwähnten Formeln nach x' bzw. t' umstellen, denn dies wäre eine bloße mathematische Umformung, die keinen weiteren Erkenntnisgewinn brächte. Den „Belastungstest" besteht die Lorentz-Transformation nur, wenn R und R' vollkommen austauschbar sind. Wir machen daher nun Raumschiff R zu Raumschiff R' und umgekehrt. Die Koordinaten der Beobachtung lauten nun: x'=5,455, y'=4, z'=1 und t'=6,765, die Relativgeschwindigkeit beträgt –0,4c. Bezüglich der x-Koordinate gilt nun:

$$x = \frac{x' + v \times t'}{\sqrt{1 - \frac{v^2}{c^2}}} \approx \frac{5{,}455 - 0{,}4 \times 6{,}765}{\sqrt{1 - \frac{-0{,}4^2}{1^2}}} \approx \frac{2{,}749}{\sqrt{0{,}84}} \approx 3{,}0$$

Das gleiche Verfahren wenden wir bezüglich der Zeitkoordinate an:

$$t = \frac{t' + x' \times \frac{v}{c^2}}{\sqrt{1 - \frac{v^2}{c^2}}} \approx \frac{6{,}765 + 5{,}455 \times \frac{-0{,}4}{1^2}}{\sqrt{1 - \frac{-0{,}4^2}{1^2}}} \approx \frac{4{,}583}{\sqrt{0{,}84}} \approx 5{,}0$$

Damit wurden die Koordinaten korrekt in die ursprünglich angenommenen Koordinaten rückgerechnet. Die Lorentz-Transformation ermöglicht also Koordinaten-Transformationen in beliebiger Richtung.

Die Lorentz-Transformation ist ein ausgezeichnetes Instrument, um derartige Transformationen durchzuführen. Sie steht in vollkommener Übereinstimmung mit den Postulaten der SRT. Sie ist jedoch wenig anschaulich und setzt die sichere Beherrschung der SRT voraus. Man muss stets aufpassen, dass man nicht irgendwo ein Vorzeichen falsch setzt oder gestrichene und ungestrichene Koordinaten verwechselt. Der Irrtum fällt während des Rechenvorgangs nicht auf, da die Transformationsgleichungen nicht sichtbar machen, wie die einzelnen relativistischen Effekte ineinandergreifen. Die Lorentz-Transformation soll daher in diesem Buch, das ja Wert darauf legt, alle Formeln in möglichst anschaulicher Weise zu entwickeln, für die Herleitungen nicht verwendet werden. Eine Missachtung der bahnbrechenden Leistung Hendrik Antoon Lorentz' soll damit jedoch nicht verbunden sein.

Sind die relativistischen Effekte nur optische Täuschungen?

Es wurde dargelegt, dass die relativistischen Effekte nur bei hohen Relativgeschwindigkeiten bemerkbar sind und auf der Endlichkeit der Lichtgeschwindigkeit beruhen. Bremst ein System ab, um auf die Geschwindigkeit des anderen Systems zu kommen, damit man die Uhren miteinander vergleichen kann, verschwindet die Zeitdilatation sofort. Dreht ein bewegtes Inertialsystem ein Lineal aus der Längs- in die Querrichtung, um es mit dem Lineal eines anderen Systems vergleichen zu können, verschwindet die Längenkontraktion sofort.

Ein Inertialsystem kann bei sich keinerlei relativistische Effekte feststellen. Sofern es relativistische Effekte bei einem anderen Inertialsystem beobachtet, würde ein Beobachter im anderen Inertialsystem dem entschieden widersprechen. Die relativistischen Effekte scheinen insgesamt sehr flüchtig und unstet zu sein. Nach der Entdeckung der SRT kam daher kurzzeitig eine Debatte zu der Frage auf, ob es sich bei der gesamten SRT nicht nur um einen bloßen optischen Effekt handelt, vergleichbar dem Doppler-Effekt. Dies ist jedoch nicht der Fall. Wie Einstein schnell erkannte, sind die Effekte der SRT real und dauerhaft. Tatsächlich gibt es auch Konstellationen, in denen sich die Effekte der SRT endgültig manifestieren können: Beim Zwillingsparadoxon ist es beispielsweise so, dass die unterschiedliche Alterung nach der Rückkehr des Raumschiffzwillings erhalten bleibt (dazu später mehr). Beide Zwillinge werden also nach der Reise für den Rest ihres Lebens unterschiedlich alt sein. Ein weiteres Beispiel: Kollidieren zwei schnell bewegte Inertialsysteme miteinander, so entlädt sich bei dieser Kollision eine höhere kinetische Energie als nach den klassischen Formeln zu erwarten (auch dazu später mehr). Beide Systeme spüren auch einen stärkeren Kraftstoß und Impuls. Die relativistischen Effekte verschwinden also nicht immer bei einer Begegnung, sondern können sich manifestieren. Zeitdilatation, Längenkontraktion und Relativität der Gleichzeitigkeit sind somit nicht lediglich optische Täuschungen, sondern reale Veränderungen von Raum und Zeit.

Raum und Zeit in der modernen Physik

Für den „gesunden Menschenverstand" erscheint es als schwer vorstellbar, dass Raum und Zeit veränderlich sein sollen. Es widerspricht einfach der Alltagserfahrung. Genau so dachte man bis zum 19. Jahrhundert auch in den Naturwissenschaften. Der große klassische Physiker Isaac Newton (1643 bis 1727) stellte zu Raum und Zeit in seinen „Mathematischen Principien der Naturlehre" fest:

„Die absolute, wahre und mathematische Zeit verfließt an sich und vermöge ihrer Natur gleichförmig und ohne Beziehung auf irgendeinen äußeren Gegenstand ... Der absolute Raum verbleibt vermöge seiner Natur und ohne Beziehung auf einen äußeren Gegenstand stets gleich und unbeweglich."

Dieser Feststellung würden wohl auch heute noch die meisten gern zustimmen wollen. Für die modernen Naturwissenschaften ist es jedoch inzwischen ein grundlegendes und vollkommen selbstverständliches Phänomen, dass Raum und Zeit veränderlich sind. So ist die Zeiteinheit

Sekunde schon seit 1967 physikalisch durch das Internationale Einheitensystem (SI) wie folgt definiert:

> „Die Sekunde ist die Dauer von 9.192.631.770 Perioden der Strahlung, die dem Übergang zwischen den beiden Hyperfeinstrukturniveaus des Grundzustandes des Atoms Caesium 133 entspricht."

In Übereinstimmung mit dieser Definition ermittelt in Deutschland die Physikalisch-Technische Bundesanstalt in Braunschweig die offizielle Zeit, indem in Atomuhren Caesium-Atome verdampft und mit einem magnetischen Mikrowellenfeld bestrahlt werden. Kurz gesagt: Es findet in einem Caesium-Atom eine Strahlung in einer bestimmten, konstanten Resonanzfrequenz statt, und wenn bei dieser Strahlung neun Milliarden Perioden um sind, dann ist eine Sekunde verstrichen. Zumindest für das Caesium-Atom. Die Zeit ist somit nichts anderes als das Abzählen periodischer Vorgänge im Caesium-Atom. Befindet sich das Caesium-Atom in Verhältnissen, in denen der definierte Vorgang langsamer abläuft – und dies ist bei schneller Bewegung aus Sicht eines Beobachters der Fall – dann vergeht für das Caesium-Atom die Zeit langsamer. Und da alle Naturgesetze in allen Inertialsystemen gleich gelten, vergeht dann auch für alle anderen Atome und letztlich auch für den Menschen die Zeit langsamer.

Vergleichbares gilt für den Raum: Das Meter ist, wie bereits erwähnt, seit 1983 wie folgt definiert:

> „Das Meter ist die Länge der Strecke, die Licht im Vakuum während der Dauer von 1/299792458 Sekunde durchläuft."

Die von der SRT postulierte Konstanz der Vakuumlichtgeschwindigkeit ist somit zur Basis unserer Längenmessung geworden. Befindet sich die Messapparatur in einem Zustand, in dem das Licht aus Sicht eines Beobachters die Messstrecke langsamer zu bewältigen scheint, dann ist es nach der obigen Definition des Meters ganz natürlich, dass ein kürzeres Meter ermittelt wird. Aber auch dies ist berechtigt: Denn in einer solchen Situation würden nach der SRT auch die Atome eines metallischen Metermaßes dichter gepackt erscheinen.

Die vierschenklige Lichtuhr, die wir zur Herleitung der Veränderlichkeit von Raum und Zeit herangezogen haben, ist damit nichts anderes als ein bildhaftes Atommodell, das veranschaulicht, wie – aus Sicht eines äußeren Beobachters – ein schnell bewegtes Atom in der Realität tickt und welche (scheinbaren) Atomabstände dann gelten (womit selbstverständlich nicht behauptet werden soll, dass das Atom nur von der elektromagnetischen Kraft beherrscht wird).

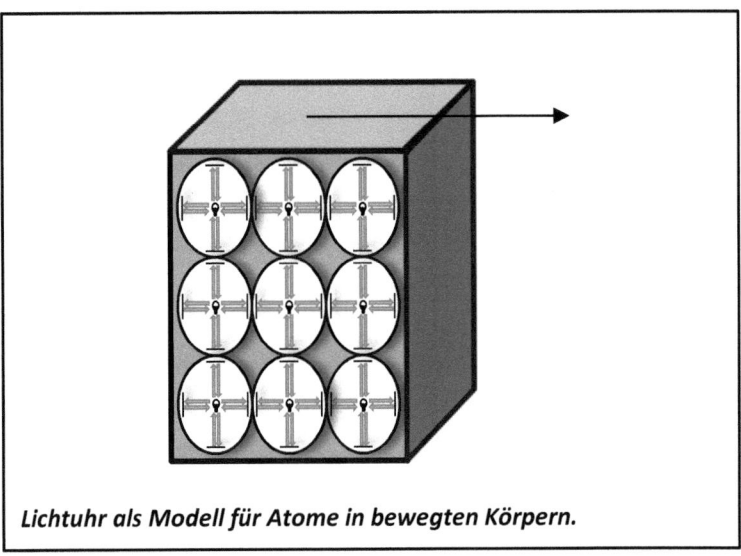

Lichtuhr als Modell für Atome in bewegten Körpern.

Damit wird auch klar, warum die Vakuumlichtgeschwindigkeit für alle Beobachter stets konstant ist: Wenn das Licht bestimmt, wie lang die Messstrecke ist, und wenn das Licht auch noch bestimmt, wie schnell die Uhr des Experimentators geht, was sollte dann bei einer Messung der Lichtgeschwindigkeit anderes herauskommen können als immer der gleiche vom Licht vorgegebene Wert?

Raum, Zeit und Lichtgeschwindigkeit sind somit in unserer Welt untrennbar miteinander verbunden. Wir können Raum und Zeit überhaupt nur in dieser elektromagnetisch verbundenen Weise wahrnehmen.

Natürlich wäre es eine spannende und eher philosophische Frage zu ergründen, ob es neben dieser – unserer – Zeit nicht doch noch eine weitere „absolute, wahre und mathematische" Zeit im Newtonschen Sinne gibt, die nicht durch die Lichtgeschwindigkeit bestimmt wird. Aber wir Menschen könnten diese andere Zeit physikalisch nicht wahrnehmen und sie würde für unser Leben auch keine Rolle spielen. Angesichts der Tatsache, dass die für uns maßgebende Licht-Zeit alles uns Umgebende gleichmäßig durchdringt, ist es schon erstaunlich genug, dass wir seit den Michelson-Morley-Experimenten und den Erklärungsmodellen Albert Einsteins überhaupt das besondere Wesen unserer Zeit begreifen und beschreiben können.

Allerdings weisen neueste Quantenexperimente darauf hin, dass es eine Verschränkung von Quantenteilchen und eine mögliche „spukhafte Fernwirkung" auch über große Entfernungen tatsächlich gibt, sodass erneut die Frage aufgeworfen wird, ob die Lichtgeschwindigkeit wirklich die Obergrenze für jegliche Informationsübertragung darstellt. Für die Zukunft sind diesbezüglich spannende Erkenntnisse zu erwarten.

Begegnung zweier Raumschiffe im All – SRT und Doppler-Effekt

Das Ausmaß der relativistischen Effekte hängt nur von der Relativgeschwindigkeit zwischen den Inertialsystemen ab, nicht von der Bewegungsrichtung. Ob sich ein anderes Inertialsystem annähert oder entfernt, nach der SRT erscheint die Zeit im anderen Inertialsystem gedehnt. Bei einer realen Begegnung zweier Raumschiffe im All spielt aber der optische Doppler-Effekt eine gewichtige Rolle. Er überlagert die relativistischen Effekte stark, sodass in der Realität die Begegnung optisch ganz anders wahrgenommen würde. Dies soll nun kurz beschrieben werden, damit keine Missverständnisse aufkommen.

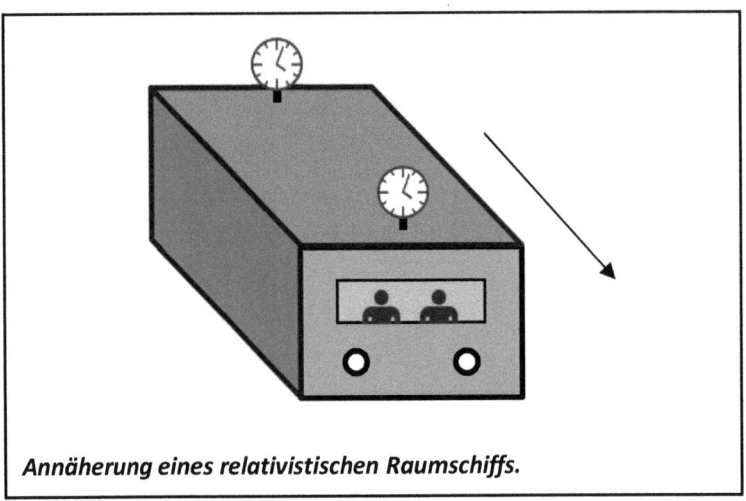

Annäherung eines relativistischen Raumschiffs.

Für den Vorbeiflug wären fünf verschiedene Phasen zu unterscheiden:

- In der ersten Phase nähert sich das andere Raumschiff nahezu frontal. Es ist nur die Vorderansicht des anderen Raumschiffs zu sehen.
- In der zweiten Phase sieht man das Raumschiff schräg von vorn und man erkennt, dass man nicht mit ihm kollidiert, sondern es am eigenen Raumschiff vorbeifliegen wird.
- In der dritten Phase befinden sich beide Raumschiffe auf gleicher Höhe. Das andere Raumschiff ist von der Seite zu sehen.
- In der vierten Phase ist das andere Raumschiff schräg von hinten zu sehen.
- In der fünften Phase sieht man nur noch das Heck des anderen Raumschiffs und es entfernt sich nahezu geradlinig.

In Phase eins (geradlinige Annäherung) bewirkt der optische Doppler-Effekt eine starke Blauverschiebung des Lichts. Er wirkt stärker als der Effekt der Zeitdilatation. Eine an der Spitze des anderen Raumschiffs angebrachte Uhr würde daher aus unserer Sicht nicht zu langsam, sondern viel zu schnell gehen. Hätte das andere Raumschiff einen Frontscheinwerfer, so würde dessen Licht blau oder gar ultraviolett erscheinen. Meldet sich das andere Raumschiff per Sprechfunk, so klingen die Stimmen erhöht, wie eine zu schnell abgespielte Schallplatte.

In Phase zwei sieht man das Raumschiff schräg von vorn. Der Doppler-Effekt überlagert immer noch den Effekt der Zeitdilatation. Es gilt daher das Gleiche wie in Phase eins. Hätte das andere Raumschiff an der Spitze und am Heck seitlich zwei Uhren angebracht, so könnte man nun beide Zeitanzeigen miteinander vergleichen. Nach der SRT geht die hintere Uhr zwar vor, aber es ist in Betracht zu ziehen, dass das Lichtsignal der hinteren Uhr länger zu uns braucht als das Licht der vorderen Uhr. Die hintere Uhr scheint daher nach- und nicht vorzugehen. Kommt das Raumschiff dann näher, so schwächt sich der Doppler-Effekt immer mehr ab, wobei dieses Abschwächen an der Spitze eher eintritt. Die vordere Uhr scheint daher im Vergleich zur hinteren Uhr immer langsamer zu werden, bis schließlich die hintere Uhr die vordere Uhr überholt.

In Phase drei gibt es eine kurze Zeitspanne, in der sich das andere Raumschiff in einer konstanten Entfernung seitlich an uns vorbeibewegt (Transversalbewegung). Der Doppler-Effekt verschwindet und nun sehen wir die relativistischen Effekte ungestört: Die Uhren des anderen Raumschiffs gehen zu langsam (Zeitdilatation). Das ganze Raumschiff wirkt gestaucht (Längenkontraktion). Uhren am Heck des Raumschiffs gehen vor (oder die vorderen gehen nach). Das Licht des anderen Raumschiffs wirkt rötlich (relativistische Rotverschiebung).

Zugleich greift in Phase drei der Effekt der Aberration (=Ablenkung) des Lichts. Er beruht darauf, dass das Licht der uns abgewandten Seite des Raumschiffs etwas länger zu uns braucht als das Licht der uns zugewandten Seite. Aus diesem Grund können wir, obwohl das Raumschiff absolut parallel zu uns ist, gleichwohl die Heckansicht des Raumschiffs sehen. Das Raumschiff sieht also ein wenig aus wie ein Parallelogramm.

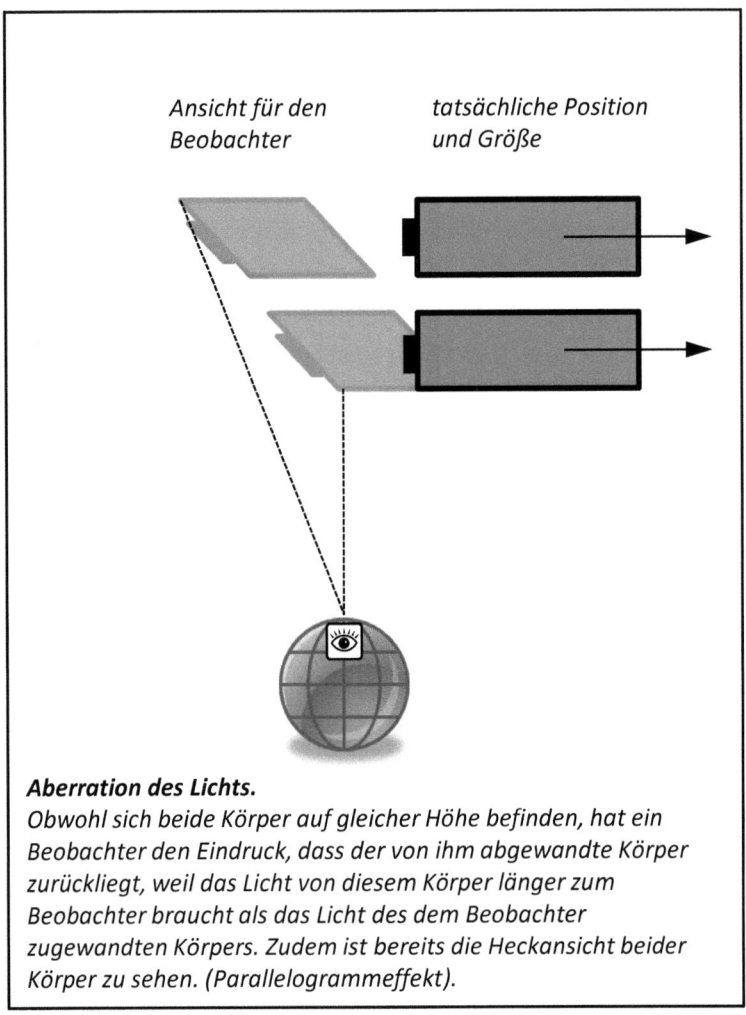

Aberration des Lichts.
Obwohl sich beide Körper auf gleicher Höhe befinden, hat ein Beobachter den Eindruck, dass der von ihm abgewandte Körper zurückliegt, weil das Licht von diesem Körper länger zum Beobachter braucht als das Licht des dem Beobachter zugewandten Körpers. Zudem ist bereits die Heckansicht beider Körper zu sehen. (Parallelogrammeffekt).

In Phase vier entfernt sich das Raumschiff von uns wieder und wir können es nun schräg von hinten sehen. Nun verstärken sich Doppler-Effekt und Zeitdilatation gegenseitig. Es gibt eine starke Rotverschiebung und die Uhren gehen deutlich zu langsam. Die vordere Uhr scheint (infolge der längeren Lichtlaufzeit) mehr nachzugehen als dies nach der SRT zu erwarten wäre.

In Phase fünf entfernt sich das andere Raumschiff schließlich nahezu geradlinig von uns. Der Doppler-Effekt verstärkt nun noch mehr den Effekt der Zeitdilatation. Es gibt eine starke Rotverschiebung; die Rücklichter des anderen Raumschiffs leuchten nur noch infrarot. Die Uhr am Heck geht viel zu langsam. Meldet sich das andere Raumschiff per Sprechfunkt, so hört man tiefe, leiernde Stimmen, wie bei einer Schallplatte, die viel zu langsam abgespielt wird.

Bereits überflüssig zu erwähnen ist, dass die Insassen des beobachteten Raumschiffs natürlich diese Effekte nicht bei sich bemerken können. Vielmehr beobachten sie genau die gleichen Effekte bei unserem Raumschiff.

Begegnung zweier Züge – quantitative Anwendung der relativistischen Effekte

Abschließend soll eine solche Begegnung im All einmal in quantitativer Hinsicht analysiert werden. Die Analyse wird zeigen, warum zwei Inertialsysteme nicht objektiv entscheiden können, welches von beiden Systemen ruht und welches in Bewegung ist.

Stellen wir uns vor, es gäbe im All eine zweigleisige interstellare Eisenbahnstrecke von der Erde zu einem bewohnten Nachbarplaneten. Auf der Strecke mögen sich zwei Züge mit einer Relativgeschwindigkeit von 0,8c (240.000 km/s) begegnen. Beide Züge sollen in Ruhe gleich lang sein, und zwar genau 300.000 km (eine Lichtsekunde).

Betrachten wir die Begegnung zunächst aus Sicht eines Beobachters in Zug A. Infolge der Längenkontraktion beträgt aus seiner Sicht die Länge von Zug B:

$$l_B = l'_B \times \sqrt{1 - \frac{v^2}{c^2}}$$

$$l_B = 300.000 km \times \sqrt{1 - \frac{0,8^2}{1^2}} = 180.000 km$$

Der gesamte Begegnungsvorgang (von Spitze A zu Spitze B bis Heck A zu Heck B) dauert damit aus Sicht von Beobachter A:

$$t = \frac{l_A + l_B}{v}$$

$$t = \frac{300.000 km + 180.000 km}{240.000 \frac{km}{s}} = 2s$$

Beobachter A misst also mit seinen synchronisierten Uhren an der Spitze und am Heck, dass exakt zwei Sekunden, nachdem die Spitze von Zug B die Spitze von Zug A erreicht hat, das Heck von Zug B das Heck von Zug A wieder verlässt.

Wegen der Zeitdilatation geht nun A davon aus, dass der gesamte Begegnungsvorgang für Zug B nur 1,2 Sekunden gedauert haben muss:

$$t = t' \times \frac{1}{\sqrt{1 - \frac{v^2}{c^2}}}$$

$$t' = t \times \sqrt{1 - \frac{v^2}{c^2}}$$

$$t' = 2s \times \sqrt{1 - \frac{0{,}8^2}{1^2}} = 1{,}2s$$

Beobachter A teilt dies per Funk Zug B mit. Ein Beobachter in Zug B widerspricht dieser Analyse jedoch. Für ihn war Zug A kürzer als Zug B. Zug A sei nur 180.000 km lang, während Zug B 300.000 km lang sei. Aus Sicht von B hat die Begegnung zwei Sekunden gedauert, was für Zug A aber nur 1,2 Sekunden gewesen sein können.

Nun weist Beobachter A Beobachter B darauf hin, dass ja die Uhren in Zug A *objektiv* eine verstrichene Zeit von zwei Sekunden für den Begegnungsvorgang angezeigt haben. Als sich die Enden beider Züge trennten, zeigte die Uhr am Heck des Zuges A eine Uhrzeit von 09:01 Uhr und 37,0 Sekunden an, während die Uhr an der Spitze von Zug A eine Uhrzeit von 09:01 Uhr und 35,0 Sekunden angezeigt hatte, als sich beide Zugspitzen trafen. Das müsse B doch gesehen haben.

Dem widerspricht B nicht, aber er macht geltend, dass die Uhr am Heck von Zug A vorgeht. Seine Berechnungen hätten ergeben, dass die Uhren am Heck von Zug A um folgenden Wert vorgingen:

$$\Delta t'_A = \Delta x'_A \times \frac{v}{c^2}$$

$$\Delta t'_A = 300.000 km \times \frac{240.000 \frac{km}{s}}{\left(300.000 \frac{km}{s}\right)^2} = 0,8s$$

Rechne man diese Desynchronisation heraus, so beweise dies doch, dass der Begegnungsvorgang wirklich für Zug A nur 1,2 Sekunden gedauert habe. Nachdem Beobachter A dies von B gehört hat, erinnert er sich daran, dass aus seiner Sicht auch die Uhr im Heck von Zug B um 0,8 Sekunden vorging und dass die Uhren in Zug B für den gesamten Begegnungsvorgang auch eine verstrichene Zeit von zwei Sekunden angezeigt haben, worauf er zunächst nicht weiter geachtet hatte.

Die Relativität der Gleichzeitigkeit ist somit das Scharnier zwischen Zeitdilatation und Längenkontraktion und bewirkt, dass beide Inertialsysteme ihre eigenen Messungen für richtig halten dürfen. Es ist den beteiligten Inertialsystemen nicht möglich, diese Widersprüche aufzuklären und im Sinne eines objektiven „richtig" und „falsch" zu entscheiden. Das Postulat der Gleichberechtigung aller Inertialsysteme ist damit gewahrt: Alle Inertialsysteme sind vollkommen gleichberechtigt, es gibt kein bevorzugtes Inertialsystem. Jedes Inertialsystem darf sich als ruhend betrachten.

Es ist natürlich auch nicht möglich, einen objektiven „Schiedsrichter" einzuschalten, der von einem neutralen Standpunkt aus klärt, welches der beiden bewegten Inertialsysteme wirklich länger ist. Jeder Beobachter bildet ein eigenes Bezugssystem mit den entsprechenden Raum- und Zeitmaßstäben. Je nachdem, ob die Bewegung des Beobachters näher an der Bewegung des Zuges A liegt, wird er eher der Ansicht von A zuneigen oder aber eher der Ansicht von B. Es ist aber für einen Beobachter nicht möglich, sich gänzlich aus der Rolle eines subjektiven Bezugssystems zu lösen und einen objektiven Standpunkt einzunehmen. Es gibt in der Relativitätstheorie keinen absoluten und ruhenden Raum als objektives Bezugssystem.

Drei Inertialsysteme im Raum – relativistische Kombination von Geschwindigkeiten

Nachdem die Beziehungen zwischen zwei Inertialsystemen erschöpfend abgehandelt wurden, wollen wir nun unsere Kenntnisse erweitern, indem wir drei beteiligte Inertialsysteme betrachten. Dabei geht es nunmehr um die Berechnung der Relativgeschwindigkeiten. Zwischen zwei Inertialsystemen gibt es genau *eine* Relativgeschwindigkeit, die im vorigen Abschnitt immer mit v bezeichnet wurde. Diese Relativgeschwindigkeit ist nicht relativistisch, d.h. beide Inertialsysteme messen die gleiche Relativgeschwindigkeit v bzw. v' zueinander. Bei drei Inertialsystemen im Raum (z.B. als A, B und C bezeichnet) gibt es hingegen bereits *drei* Relativgeschwindigkeiten, und zwar die zwischen A und B (=v), die zwischen B und C (=u) und die zwischen A und C (=w). Auch diese drei Relativgeschwindigkeiten sind nicht relativistisch, d.h. A misst die gleiche Relativgeschwindigkeit zu B, die auch B zu A misst. Trotzdem erwachsen aus der Betrachtung der Relativgeschwindigkeiten dreier Inertialsysteme eine Vielzahl neuer Erkenntnisse, da sich nämlich zeigen wird, dass bei der Addition von Geschwindigkeiten in Längsrichtung 0,5 plus 0,5 weniger als 1 ergibt und bei der Kombination senkrecht zueinander gerichteter Geschwindigkeiten – anders als von der klassischen Physik bekannt – der Satz des Pythagoras nur in modifizierter Form Anwendung finden kann.

Relativistische Addition von Geschwindigkeiten

Zunächst soll der einfachste Fall, nämlich die relativistische Addition von zwei Geschwindigkeiten, deren Richtung in der gleichen Bewegungsachse liegt, betrachtet werden. Stellen wir uns dafür zunächst einen kosmischen Bahnsteig mit zwei parallelen Gleisen vor. Auf dem Bahnsteig steht ein Beobachter. Er sieht jetzt, wie aus einer Richtung ein Zug mit 180.000 km/s (0,6c) heranrast. Nun sieht er, wie auf dem anderen Gleis aus der entgegengesetzten Richtung ein weiterer Zug heranrast, ebenfalls mit 180.000 km/s. Auch dies ist ein Gedankenexperiment, das schon Albert Einstein durchgeführt hat (Anfang des 20. Jahrhunderts waren Züge das schnellste denkbare Fortbewegungsmittel).

Kann der Beobachter auf dem Bahnsteig jetzt schlussfolgern, dass die beiden Züge eine Relativgeschwindigkeit von 360.000 km/s zueinander messen? Das wäre Überlichtgeschwindigkeit und dies ist nach der SRT nicht möglich. Andererseits ist die beschriebene Situation, dass zwei Züge mit je 180.000 km/s aufeinander zu fahren, nach der SRT nicht „verboten". Wie lässt sich dieses scheinbare Paradoxon auflösen?

Wenn wir uns die Situation genauer anschauen, dann werden wir feststellen, dass keiner der beiden Züge mit Überlichtgeschwindigkeit unterwegs ist. Folglich können beide Züge Licht nach vorn aussenden. Und folglich kann auch jeder Lokführer das Licht des jeweils anderen Zuges sehen, bevor dieser ihm begegnet. Die Relativgeschwindigkeit der beiden Züge muss daher unter 300.000 km/s liegen, da die Lichtgeschwindigkeit auch für den Empfänger bei 300.000 km/s liegt (siehe zweites Postulat der SRT).

Schauen wir uns den Sachverhalt in einem Minkowski-Diagramm an. Zunächst sei die Situation aus Sicht des Beobachters auf dem Bahnsteig dargestellt. Er sieht beide Züge mit je 180.000 km/s heranfahren. Dabei sind bezüglich von den Zügen ausgesandter Lichtblitze folgende Zusammenhänge zu beobachten:

Wenn sich zwei Inertialsysteme mit 0,6c voneinander entfernen und Inertialsystem A sendet (in seiner Zeitrechnung) ein Jahr nach der Trennung einen Lichtblitz zu B, so empfängt B diesen Lichtblitz (gemessen in seiner eigenen Zeitrechnung) zwei Jahre nach der Trennung. Es gilt dabei folgende Formel (Anwendung der Zeitdilatation):

$$t'_{empfangen} = \frac{t_{empfangen}}{\gamma}$$

Die Empfangszeit ergibt sich aus der Sendezeit zuzüglich der Lichtlaufzeit. Die Lichtlaufzeit wiederum errechnet sich aus dem Abstand x im Sendezeitpunkt, dividiert durch die Geschwindigkeit, mit der das Licht dem Empfänger hinterhereilt (c – v):

$$t'_{empfangen} = \frac{\left(t_{senden} + \frac{x_{senden}}{c - v}\right)}{\gamma}$$

$$t'_{empfangen} = \left(t_{senden} + \frac{x_{senden}}{c - v}\right) \times \sqrt{1 - \frac{v^2}{c^2}}$$

Eingesetzt ergibt sich für eine Sendezeit von 1:

$$t'_{empfangen} = \left(1 + \frac{0{,}6}{1 - 0{,}6}\right) \times \sqrt{1 - \frac{0{,}6^2}{1^1}} = 2$$

Es gilt also bei 0,6c immer ein konstantes Verhältnis von eins zu zwei zwischen der Sendezeit (aus Sicht des Senders) und der Empfangszeit (aus Sicht des Empfängers). Folglich gilt umgekehrt, dass beim Aufeinander-zu-Fahren mit 0,6c ein festes Verhältnis von zwei zu eins gilt. Ein Lichtsignal, das ein Zug 2 Jahre (in seiner Zeitrechnung) vor der Ankunft in Richtung Bahnsteig sendet, erreicht den Bahnsteig 1 Jahr (in Bahnhofszeit) vor dem Eintreffen. Wird das Licht zu anderen Zug weitergeleitet, so erreicht es den anderen Zug 0,5 Jahre (in dessen Zeit) vor dem gemeinsamen Eintreffen usw.

Dargestellt in einem Minkowski-Diagramm sieht dieses Aufeinander-zu-Fahren somit wie folgt aus:

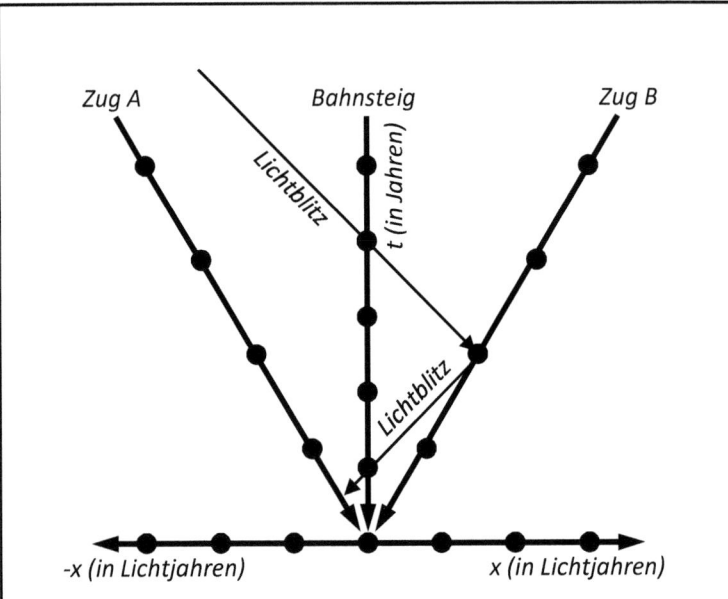

Minkowski-Diagramm für einen Bahnsteig sowie zwei Züge, die jeweils mit 0,6c in Richtung Bahnsteig fahren (Darstellung aus Sicht des Bahnsteigs).
Ein Lichtblitz, den Zug A 8 Jahre (aus seiner Sicht) vor dem Eintreffen am Bahnsteig aussendet, erreicht den Bahnsteig 4 Jahre (aus Sicht des Bahnsteigs) vor der Zugbegegnung, dann Zug B 2 Jahre (aus Sicht des Zuges B) vor dem Eintreffen am Bahnsteig. Das dann vom Zug B reflektierte Licht erreicht den Bahnsteig 1 Jahr vor der Zugbegegnung und wiederum Zug A 0,5 Jahre vor dem Zusammentreffen.

Nun stellen wir den gleichen Sachverhalt in einem Minkowski-Diagramm aus Sicht eines der beiden Züge (der sich nunmehr als ruhendes Inertialsystem betrachtet) dar. Der Bahnhof erscheint jetzt als bewegtes Inertialsystem (mit gedehnter Zeit), der andere Zug als noch schnelleres Inertialsystem (mit noch stärker gedehnter Zeit):

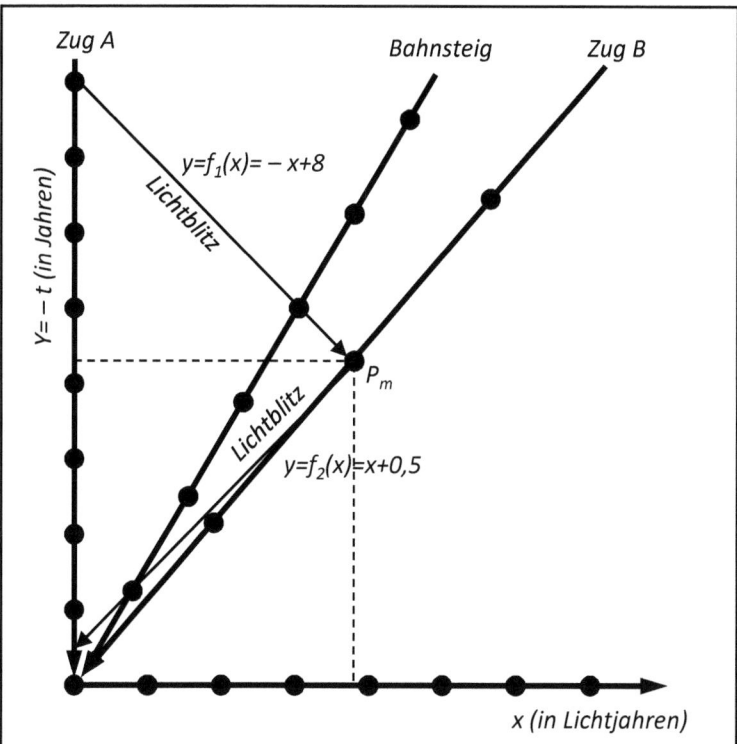

Minkowski-Diagramm für einen Bahnsteig sowie zwei Züge, die jeweils mit 0,6c in Richtung Bahnsteig fahren (Darstellung aus Sicht von Zug A).
Der Lichtblitz, den Zug A 8 Jahre (aus Sicht von A) vor dem Zusammentreffen aussendet, erreicht Zug B 2 Jahre (aus Sicht von B) vor der Begegnung (Punkt P_m). Das reflektierte Licht erreicht Zug A 0,5 Jahre vor der Begegnung. Aus Sicht von A ist B mit Unterlichtgeschwindigkeit unterwegs. Die Zeit bei B erscheint als stark gedehnt.

Man sieht auch hier, dass das Licht, das Zug A acht Jahre vor dem Eintreffen ausgesendet hat, den anderen Zug zwei Jahre vor dessen Eintreffen erreicht (nach Zeitrechnung B), und, wenn dieser Zug das Licht reflektiert, das zurückgeworfene Licht ein halbes Jahr vor dem Eintreffen der Züge wieder beim ersten Zug (A) ankommt. Für diese beiden Lichtstrahlen gelten also folgende Weg-Zeit-Beziehungen:

Drei Inertialsysteme

Hinweg: $y = -t = f_1(x) = -x + 8$

Rückweg: $y = -t = f_2(x) = x + 0{,}5$

Diese beiden Funktionen setzen wir gleich, um ihren Schnittpunkt P_m zu ermitteln:

$$x_m + 0{,}5 = -x_m + 8$$

–0,5 und +x_m gerechnet ergibt sich:

$$2x_m = 7{,}5$$

Wir dividieren durch 2. Damit beträgt x_m:

$$x_m = 3{,}75$$

Das zugehörige y_m ermitteln wir, indem wir x_m in eine der beiden Funktionen einsetzen:

$$y_m = x_m + 0{,}5 = 3{,}75 + 0{,}5 = 4{,}25$$

Es gibt also einen bestimmten Punkt $P_m(x_m=3{,}75; y_m=4{,}25)$, den der andere Zug vor seinem Eintreffen passiert, bis er dann nach zwei Jahren Eigenzeit den gemeinsamen Treffpunkt $P_0(x_0=0; y_0=0)$ erreicht. Die Geschwindigkeit v des Zuges B ist Weg durch Zeit, also vorliegend $\Delta x / \Delta t = \Delta x / -\Delta y$. Daher ergibt sich folgende Geschwindigkeit:

$$v = \frac{\Delta x}{\Delta t} = \frac{\Delta x}{-\Delta y} = \frac{x_m - x_0}{-(y_m - y_0)} = \frac{3{,}75 - 0}{-(4{,}25 - 0)} = -0{,}88235 \ldots c$$

Aus Sicht eines Zuges hat der andere Zug also eine Geschwindigkeit von rund –0,88c (Zug B fährt mit 264.706 km/s auf Zug A zu). Es gilt somit folgende relativistische Addition: 0,6c + 0,6c ≈ 0,88c.

Diese Formel sähe in dieser Form zugegebenermaßen für Mathelehrer gewöhnungsbedürftig aus. Um klarzustellen, dass es sich bei der vorgenommenen Rechenoperation nicht um eine echte Addition im arithmetischen Sinne handelt, soll daher im Weiteren bei einer solchen in Kurzform geschriebenen relativistischen Geschwindigkeits-„Addition" ein hervorgehobener Plusoperator um den kleinen Buchstaben „r" (für: „relativistisch") ergänzt werden:

$$0{,}6c \overset{r}{+} 0{,}6c \approx 0{,}88c$$

Mathematische Herleitung des relativistischen Additionstheorems für Geschwindigkeiten

Wir wollen nun die Formel für die relativistische Addition von Geschwindigkeiten noch in allgemeiner Form mathematisch herleiten, um sie auf beliebige Geschwindigkeiten anwenden zu können. Dazu wiederholen wir einfach die eben angestellte Überlegung, nur dass wir statt mit konkreten Zahlen mit Variablen arbeiten. Die nun folgende Herleitung wird dadurch zwar recht lang, hat aber den Vorteil, dass sie mit einfachsten mathematischen Kenntnissen problemlos nachvollzogen werden kann und daher recht eingängig ist. (Wer diesen Gedankengängen trotzdem nicht folgen mag, kann aber ohne Verständnisverlust die folgenden Seiten einfach überspringen und gleich zur hervorgehobenen Formel weitergehen.)

Für die Herleitung stellen wir uns wieder einen Bahnsteig mit zwei Gleisen vor. Zu einem gemeinsamen Zeitpunkt $t=y=0$ verlassen beide Züge den Bahnsteig. Zug A möge mit der Geschwindigkeit v in die eine Richtung (links: $-x$) davonfahren, Zug B mit der Geschwindigkeit u in die andere Richtung (rechts: x). Gesucht ist die Relativgeschwindigkeit w, die beide Züge zueinander messen.

Wir betrachten zunächst die Vorgänge aus Sicht des Inertialsystems Bahnsteig. Nehmen wir an, dass Zug A einen Lichtblitz nach einem Jahr (y=1, in Bahnhofszeit gerechnet) aussendet. Da A zu diesem Zeitpunkt die Entfernung v (genauer: v mal 1 Jahr) vom Bahnsteig hat, erreicht der Lichtblitz den Bahnsteig im Zeitpunkt 1 + v. Die Bewegungsfunktion für den Lichtblitz lautet in allgemeiner Form y = f(x) = x + n (lineare Funktion). n ist in diesem Falle 1 + v (Schnittpunkt mit der y-Achse), also gilt für den Lichtblitz: y = f(x) = x + 1 + v. Die Bewegungsfunktion des Zuges B lautet: y = f(x) = x/u, da der Zug im Zeitpunkt y=0 gestartet ist und 1/u in einem Minkowski-Diagramm die Steigung der Bewegungsgeraden für u darstellt. Also gilt:

$$Bewegung\ ausgesendeter\ Lichtblitz: \quad y = f_1(x) = x + 1 + v$$

$$Bewegung\ Zug\ B: \quad y = f_2(x) = \frac{x}{u}$$

Um den Punkt P_1 zu ermitteln, in dem der Lichtblitz Zug B erreicht, setzen wir die Bewegungsfunktion des Lichtblitzes mit der von Zug B gleich (Schnittpunktermittlung):

$$\frac{x_1}{u} = x_1 + 1 + v$$

x_1 subtrahieren:

$$\frac{x_1}{u} - x_1 = 1 + v$$

x_1 ausklammern:

$$x_1 \times \left(\frac{1}{u} - 1\right) = 1 + v$$

Durch den Klammerausdruck dividieren:

$$x_1 = \frac{1+v}{\frac{1}{u}-1} = \frac{1+v}{\frac{1-u}{u}} = \frac{u+vu}{1-u}$$

Das zugehörige y_1 lautet:

$$y_1 = \frac{x_1}{u}$$

$$y_1 = \frac{1}{u} \times \frac{u+vu}{1-u} = \frac{1+v}{1-u}$$

Zug B reflektiert nun diesen Lichtblitz. Wir ermitteln die Bewegungsfunktion des reflektierten Lichtblitzes. Die Funktion für den reflektierten Lichtblitz lautet allgemein (lineare Funktion):

$$y = f_3(x) = -x + n$$

Um n zu ermitteln, setzen wir die oben ermittelten x_1 und y_1 ein:

$$y_1 = -x_1 + n$$

$$\frac{1+v}{1-u} = -\frac{u+vu}{1-u} + n$$

Nach n umstellen:

$$n = \frac{1+v}{1-u} + \frac{u+vu}{1-u} = \frac{v+u+vu+1}{1-u}$$

Für den reflektierten Lichtblitz gilt also:

$$y = f_3(x) = -x + \frac{v+u+vu+1}{1-u}$$

Drei Inertialsysteme

Umstellen nach x ergibt:

$$x = -y + \frac{v + u + vu + 1}{1 - u}$$

Wir ermitteln nun, wann dieser reflektierte Lichtblitz wieder Zug A erreicht (Punkt P₂). Zug A hat folgende Bewegungsfunktion:

$$y = f_4(x) = -\frac{x}{v}$$

Umstellen nach x:

$$x = -vy$$

Die nach x umgestellten Gleichungen gleichsetzen, um den Schnittpunkt P₂ (x₂; y₂) zu finden:

$$-vy_2 = -y_2 + \frac{v + u + vu + 1}{1 - u}$$

Plus y₂:

$$y_2 - vy_2 = \frac{v + u + vu + 1}{1 - u}$$

y₂ ausklammern:

$$y_2(1 - v) = \frac{v + u + vu + 1}{1 - u}$$

Durch (1 – v) dividieren:

$$y_2 = \frac{v + u + vu + 1}{(1 - v) \times (1 - u)} = \frac{v + u + vu + 1}{-v - u + vu + 1}$$

Das zugehörige x_2 für diesen Schnittpunkt brauchen wir nicht. Jetzt ändern wir die Betrachtungsweise und betrachten nun Zug A als ruhendes Inertialsystem. Zug A hat jetzt keine veränderlichen x-Koordinaten mehr, da er ruht. Die y-Koordinaten für die Zeitpunkte des Aussendens und Empfangens des Lichtblitzes sind durch den Lorentzfaktor zu dividieren (Zeitdilatation). Die neue Bewegungsfunktion für den ausgesendeten Lichtblitz lautet allgemein:

$$y = f_5(x) = x + n$$

Oben wurde angenommen, dass Zug A den Lichtblitz nach 1 Jahr, gerechnet in Bahnhofszeit, aussenden möge. Gerechnet in der Zeit des Zuges A ist n (Schnittpunkt mit der y-Achse) also 1 / γ. Daher gilt:

$$y = f_5(x) = x + \frac{1}{\gamma}$$

Für den reflektierten Lichtblitz lautet die Funktion allgemein:

$$y = f_6(x) = -x + n$$

n ist hier der Zeitpunkt des Empfangs des Lichtblitzes in Bahnhofszeit (s.o.), wiederum dividiert durch γ. Also gilt:

$$y = f_6(x) = -x + \frac{v + u + vu + 1}{\gamma(-v - u + vu + 1)}$$

Wir haben jetzt zwei abstrakte Funktionen für das Aussenden und Empfangen der Lichtblitze aus Sicht von A aufgestellt. Der Schnittpunkt dieser beiden Funktionen ergibt einen Punkt P_3 (Reflexionsort und -zeitpunkt bei B), aus dessen x- und y-Koordinaten sich die Geschwindigkeit w des Zuges B aus Sicht von A ermitteln lässt. Zeichnerisch dargestellt sieht dies wie folgt aus:

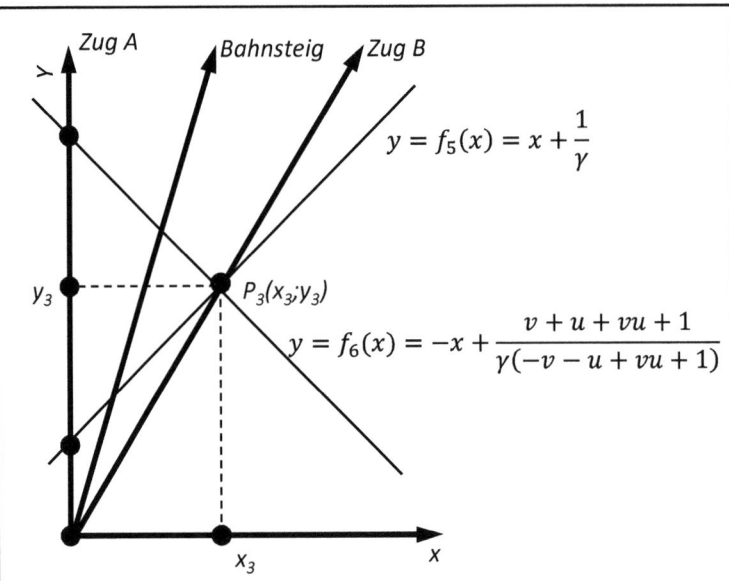

Graphische Darstellung für die mathematische Herleitung der relativistischen Addition von Geschwindigkeiten.
Gesucht ist der Schnittpunkt beider Geraden. Die Geschwindigkeit w ist x_3/y_3.

Beide Funktionen gleichsetzen, um den Schnittpunkt P_3 zu finden:

$$x_3 + \frac{1}{\gamma} = -x_3 + \frac{v + u + vu + 1}{\gamma(-v - u + vu + 1)}$$

Plus x_3 und $-1/\gamma$:

$$2x_3 = \frac{v + u + vu + 1}{\gamma(-v - u + vu + 1)} - \frac{1}{\gamma}$$

Durch 2 dividieren:

$$x_3 = \frac{v + u + vu + 1}{2\gamma(-v - u + vu + 1)} - \frac{1}{2\gamma}$$

Für diesen Schnittpunkt lautet das zugehörige y_3:

$$y_3 = x_3 + \frac{1}{\gamma}$$

$$y_3 = \frac{v + u + vu + 1}{2\gamma(-v - u + vu + 1)} - \frac{1}{2\gamma} + \frac{1}{\gamma}$$

Damit können wir w wie folgt ermitteln:

$$w = \frac{\Delta x}{\Delta y} = \frac{x_3 - 0}{y_3 - 0} = \frac{\dfrac{v + u + vu + 1}{2\gamma(-v - u + vu + 1)} - \dfrac{1}{2\gamma}}{\dfrac{v + u + vu + 1}{2\gamma(-v - u + vu + 1)} - \dfrac{1}{2\gamma} + \dfrac{1}{\gamma}}$$

Das sieht natürlich sehr kompliziert aus, aber wir können enorm vereinfachen. Zunächst multiplizieren wir im Zähler und Nenner mit 2γ:

$$w = \frac{\dfrac{v + u + vu + 1}{-v - u + vu + 1} - 1}{\dfrac{v + u + vu + 1}{-v - u + vu + 1} + 1}$$

Im Zähler und Nenner die Nebenbrüche auf einen Nenner bringen:

$$w = \frac{\dfrac{v + u + vu + 1 - (-v - u + vu + 1)}{-v - u + vu + 1}}{\dfrac{v + u + vu + 1 + (-v - u + vu + 1)}{-v - u + vu + 1}}$$

Nun die beiden Nenner – die identisch sind – herauskürzen:

$$w = \frac{v + u + vu + 1 - (-v - u + vu + 1)}{v + u + vu + 1 + (-v - u + vu + 1)}$$

Die Klammern auflösen:

Drei Inertialsysteme

$$w = \frac{v + u + vu + 1 + v + u - vu - 1}{v + u + vu + 1 - v - u + vu + 1}$$

Jetzt noch im Zähler und Nenner kürzen:

$$w = \frac{2v + 2u}{2 + 2vu} = \frac{v + u}{1 + vu}$$

Damit ist die maximal mögliche Vereinfachung erreicht. Die entwickelte Formel ist im Prinzip korrekt, gilt aber nur, wenn man als Einheit der Geschwindigkeit ausschließlich die Lichtgeschwindigkeit verwendet, so wie wir dies in unserem Minkowski-Diagramm gemacht haben. Will man andere Einheiten verwenden (z.B. km/s), so muss man die Formel so erweitern, dass man alle u, v und w durch c dividiert. Man erhält:

$$\frac{w}{c} = \frac{\frac{v}{c} + \frac{u}{c}}{1 + \frac{vu}{c^2}}$$

Wir multiplizieren beide Seiten mit c, können so rechts zwei Mal c herauskürzen und erhalten schließlich als abschließende Formel das sogenannte *relativistische Additionstheorem* der Speziellen Relativitätstheorie:

$$w = v \overset{r}{+} u = \frac{v + u}{1 + \frac{vu}{c^2}}$$

v ist in dieser Formel die Relativgeschwindigkeit zwischen Inertialsystem A und Inertialsystem B, u ist die Relativgeschwindigkeit zwischen Inertialsystem B und Inertialsystem C und w ist somit die Relativgeschwindigkeit zwischen Inertialsystem A und Inertialsystem C.

(Anmerkung: Diese Formel wird häufig auch so geschrieben, dass statt u, v und w die Variablen u, u' und v oder u, v und v' geschrieben werden. Dies ist aber missverständlich, weil die Verwendung z.B. von u und u' suggeriert, dass es um ein und dieselbe Relativgeschwindigkeit gehen könnte, einmal aus Sicht des Inertialsystems S und zum anderen aus der Sicht des Inertialsystems S'. Tatsächlich geht es aber um *drei verschiedene* Relativgeschwindigkeiten.)

Diese Formel wollen wir auf ein Beispiel anwenden. Nehmen wir an, ein Raumschiff entfernt sich mit v=0,8c von der Erde. Nun entsendet es eine Raumsonde mit u=0,9c (Geschwindigkeit aus Sicht des Raumschiffs) nach vorn. Welche Geschwindigkeit w hat die Raumsonde aus Sicht der Erde?

Eingesetzt in die eben hergeleitete Formel ergibt sich:

$$w = \frac{0{,}8c + 0{,}9c}{1 + \frac{0{,}8c \times 0{,}9c}{1c^2}} = \frac{1{,}7c}{1 + \frac{0{,}72c^2}{1c^2}} = \frac{1{,}7c}{1{,}72} \approx 0{,}988c$$

Es ergibt sich eine Relativgeschwindigkeit Erde/Raumsonde von rund 0,988c, das sind rund 296.500 km/s.

Lichtgeschwindigkeit als absolute Obergrenze für Geschwindigkeiten

Aus der Formel für die relativistische Addition von Geschwindigkeiten ergibt sich eindeutig die Antwort auf die Frage, warum ein Körper nie Überlichtgeschwindigkeit erreichen kann. Der Extremfall der Addition von Geschwindigkeiten wäre ja die Addition einer Geschwindigkeit von v=1c (Lichtgeschwindigkeit) mit einer weiteren Geschwindigkeit von u=1c. In diesem Fall betrüge w:

$$w = \frac{v+u}{1+\frac{vu}{c^2}} = \frac{1c+1c}{1+\frac{1c \times 1c}{c^2}} = \frac{2c}{1+\frac{1c^2}{c^2}} = \frac{2c}{2} = 1c$$

In der relativistischen Welt gilt somit: Lichtgeschwindigkeit plus Lichtgeschwindigkeit gleich Lichtgeschwindigkeit. Falls dies als zu abstrakt erscheint, noch einmal plastischer: Angenommen, eine Rakete beschleunigt in mehreren Stufen um je Δv=100.000 km/s. Nach der ersten Beschleunigungsstufe wäre eine Geschwindigkeit von 100.000 km/s erreicht. Nach der zweiten Beschleunigungsstufe betrüge die Geschwindigkeit (Einheiten jetzt immer in km/s):

$$w_2 = \frac{w_1 + \Delta v}{1 + \frac{w_1 \times \Delta v}{c^2}} = \frac{100.000 + 100.000}{1 + \frac{100.000 \times 100.000}{300.000^2}} = 180.000$$

Nach der dritten Beschleunigungsstufe betrüge die erreichte Geschwindigkeit:

$$w_3 = \frac{w_2 + \Delta v}{1 + \frac{w_2 \times \Delta v}{c^2}} = \frac{180.000 + 100.000}{1 + \frac{180.000 \times 100.000}{300.000^2}} \approx 233.333$$

Nach der vierten Beschleunigungsstufe betrüge die erreichte Geschwindigkeit:

$$w_4 = \frac{w_3 + \Delta v}{1 + \frac{w_3 \times \Delta v}{c^2}} \approx \frac{233.333 + 100.000}{1 + \frac{233.333 \times 100.000}{300.000^2}} \approx 264.706$$

Nach einer weiteren Beschleunigung um 100.000 km/s wäre erreicht:

$$w_5 = \frac{w_4 + \Delta v}{1 + \frac{w_4 \times \Delta v}{c^2}} \approx \frac{264.706 + 100.000}{1 + \frac{264.706 \times 100.000}{300.000^2}} \approx 281.818$$

Die nächste Stufe führt zu:

$$w_6 = \frac{w_5 + \Delta v}{1 + \frac{w_5 \times \Delta v}{c^2}} \approx \frac{281.818 + 100.000}{1 + \frac{281.818 \times 100.000}{300.000^2}} \approx 290.769$$

Die siebte Stufe führt zu einer Geschwindigkeit von:

$$w_7 = \frac{w_6 + \Delta v}{1 + \frac{w_6 \times \Delta v}{c^2}} \approx \frac{290.769 + 100.000}{1 + \frac{290.769 \times 100.000}{300.000^2}} \approx 295.349$$

Die Geschwindigkeit nach Stufe acht:

$$w_8 = \frac{w_7 + \Delta v}{1 + \frac{w_7 \times \Delta v}{c^2}} \approx \frac{295.349 + 100.000}{1 + \frac{295.349 \times 100.000}{300.000^2}} \approx 297.665$$

Eine weitere Beschleunigung um immerhin 100.000 km/s führt zu:

$$w_9 = \frac{w_8 + \Delta v}{1 + \frac{w_8 \times \Delta v}{c^2}} \approx \frac{297.665 + 100.000}{1 + \frac{297.665 \times 100.000}{300.000^2}} \approx 298.830$$

Die zehnte Beschleunigungsstufe, bei der wir es bewenden lassen wollen, führt zu folgender Geschwindigkeit:

$$w_{10} = \frac{w_9 + \Delta v}{1 + \frac{w_9 \times \Delta v}{c^2}} \approx \frac{298.830 + 100.000}{1 + \frac{298.830 \times 100.000}{300.000^2}} \approx 299.415$$

Die zehnte Beschleunigungsstufe um immerhin 100.000 km/s hat aus Sicht eines äußeren Beobachters nur noch zu einem Geschwindigkeitszuwachs von marginalen 584 km/s geführt! Es ist deutlich zu erkennen, dass die Geschwindigkeit in immer kleineren Schritten an die magische Grenze von 300.000 km/s herangeführt wird. Mit jeder Beschleunigungsstufe kann sich die Rakete nur immer weiter dieser Grenze annähern, aber sie kann diese Grenze nie vollkommen erreichen, geschweige denn überschreiten.

Relativistische Subtraktion von Geschwindigkeiten

Der eben beschriebene Effekt wirkt in gleicher Weise, aber natürlich umgekehrt, wenn hohe Geschwindigkeiten subtrahiert werden müssen. Für die relativistische Addition gilt, dass eins plus eins weniger als zwei ergibt. Für die relativistische Subtraktion von Geschwindigkeiten gilt, dass zwei minus eins mehr als eins ergibt. Dies soll an einem Beispiel gezeigt werden.

Nehmen wir an, ein Raumschiff entfernt sich mit 0,625c von der Erde und sendet nun eine Messsonde mit 0,3c in Richtung Erde aus. Würde man die Geschwindigkeiten arithmetisch subtrahieren, so würde man annehmen, dass sich die Sonde noch mit einer Differenzgeschwindigkeit von 0,325c von der Erde weiter entfernt. Wenden wir jedoch die oben genannte Formel der relativistischen Addition der Geschwindigkeiten an, so können wir die wahre Geschwindigkeit der Sonde (relativ zur Erde gemessen) ermitteln. Da wir hierbei noch nicht wissen, ob die Formel über die relativistische Addition von Geschwindigkeiten auch für die Subtraktion anwendbar ist, verfahren wir so, dass wir die bereits entwickelte Formel verwenden und umstellen. Wir betrachten gleichsam einen Beschleunigungsvorgang rückwärts. Aus der Ausgangsgeschwindigkeit v wird die Endgeschwindigkeit w und aus der Endgeschwindigkeit w die Ausgangsgeschwindigkeit v. u bleibt unverändert. Es gilt nunmehr folgender Ansatz:

$$v = \frac{w + u}{1 + \frac{w \times u}{c^2}}$$

Dies stellen wir nach w um. Zunächst multiplizieren wir beide Seiten mit dem Nenner des Bruchs:

$$v \times \left(1 + \frac{w \times u}{c^2}\right) = w + u$$

Jetzt lösen wir die Klammer auf:

$$v + \frac{w \times v \times u}{c^2} = w + u$$

Nun rechnen wir –w und –v:

$$\frac{w \times v \times u}{c^2} - w = -v + u$$

Jetzt klammern wir w aus:

$$w \times \left(\frac{vu}{c^2} - 1\right) = -v + u$$

Division durch den Klammerausdruck:

$$w = \frac{-v + u}{\frac{vu}{c^2} - 1}$$

Rechts im Zähler und Nenner mal –1 rechnen und wir erhalten:

$$w = v \overset{r}{-} u = \frac{v - u}{1 - \frac{vu}{c^2}}$$

Da gilt:

$$\frac{v - u}{1 - \frac{vu}{c^2}} = \frac{v + (-u)}{1 + \frac{v \times (-u)}{c^2}}$$

… sieht man leicht, dass diese Formel vollinhaltlich dem relativistischen Additionstheorem entspricht. Die Formel über die relativistische Addition kann also auch für die relativistische Subtraktion (als Addition mit negativen Vorzeichen) angewendet werden. Jetzt können wir die Werte aus der Aufgabenstellung einsetzen und w ausrechnen:

Drei Inertialsysteme

$$w = \frac{0{,}625c - 0{,}3c}{1 - \dfrac{0{,}625c \times 0{,}3c}{c^2}} = \frac{0{,}325c}{1 - 0{,}1875} = \frac{0{,}325}{0{,}8125}c = 0{,}4c$$

Die Sonde hat also noch eine verbleibende Geschwindigkeit von 0,4c zur Erde. Relativistisch subtrahiert ergibt sich: 0,625c – 0,3c = 0,4c.

Kombination senkrecht gerichteter Geschwindigkeiten in der Ebene (Betrag)

Kommen wir nun zu zwei weiteren Fällen, die unsere neue Sichtweise, wonach große Geschwindigkeiten nicht einfach addiert werden dürfen, betätigen werden. Es geht um die Kombination von Geschwindigkeiten, die entweder senkrecht zueinander gerichtet sind oder sogar einen schrägen Winkel zueinander aufweisen. Die nötigen Ausführungen dazu sind zwar mathematisch anspruchsvoll, runden aber das Bild über die Eigenschaften der relativistischen Geschwindigkeiten ab. (Gleichwohl gehört dies aber schon nicht mehr zum Basiswissen der SRT und kann zur Not auch übersprungen werden.)

Zunächst zu senkrecht gerichteten Geschwindigkeiten: Es wurde weiter oben gezeigt, dass man auch durch unendliches Beschleunigen in Bewegungsrichtung nie die Lichtgeschwindigkeit erreichen oder gar übertreffen kann. Dies ist ein starkes Indiz für die Annahme, dass die Lichtgeschwindigkeit die absolute Obergrenze für erreichbare Geschwindigkeiten jeglicher Körper darstellt. Nun könnte man sich jedoch folgendes Gedankenexperiment ausdenken, durch das man die Lichtgeschwindigkeit – zumindest auf den ersten Blick betrachtet – doch meint überwinden zu können:

Nehmen wir an, wir haben ein Raumschiff auf 0,9c, also 270.000 km/s beschleunigt. Eine weitere Beschleunigung in Bewegungsrichtung (die wir hier x-Achse nennen wollen) bringt kaum noch Geschwindigkeitszuwächse, erscheint also sinnlos. Nun kann aber das Raumschiff auch noch seitlich zur ursprünglichen Bewegungsrichtung beschleunigt werden.

Diese Bewegungsrichtung wollen wir y-Achse nennen. Eine zusätzliche Beschleunigung in dieser Richtung ist nicht durch die Relativitätstheorie „verboten". Es erscheint also auf den ersten Blick durchaus denkbar, das Raumschiff in y-Richtung ebenfalls auf 0,9c zu beschleunigen.

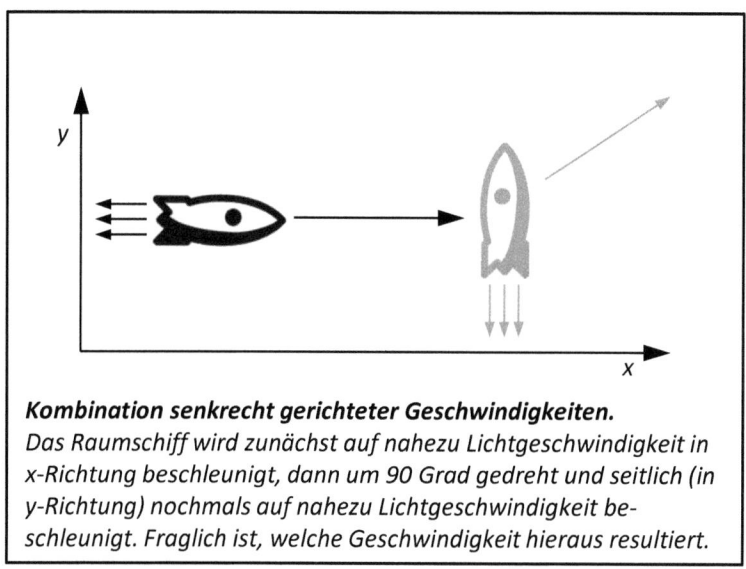

Kombination senkrecht gerichteter Geschwindigkeiten.
Das Raumschiff wird zunächst auf nahezu Lichtgeschwindigkeit in x-Richtung beschleunigt, dann um 90 Grad gedreht und seitlich (in y-Richtung) nochmals auf nahezu Lichtgeschwindigkeit beschleunigt. Fraglich ist, welche Geschwindigkeit hieraus resultiert.

Die aus der Summe dieser beiden Beschleunigungen resultierende Bewegungsrichtung liegt dann schräg irgendwo zwischen x und y. Eine solche Bewegung kann man als Vektor schreiben, indem man einfach die beiden Komponenten in x- und y-Richtung in einer Klammer übereinander schreibt:

$$\vec{v} = \begin{pmatrix} v_x \\ v_y \end{pmatrix}$$

Um hieraus den *Betrag* des Vektors, also das Maß der Geschwindigkeit ohne genaue Angabe der Richtung, zu ermitteln, müssen wir den Satz des Pythagoras anwenden. Doch scheint der ein äußerst verwirrendes Ergebnis zu liefern:

$$v^2 = v_x^2 + v_y^2$$

$$v = \sqrt{v_x^2 + v_y^2}$$

$$v = \sqrt{0{,}9^2 + 0{,}9^2} = \sqrt{0{,}81 + 0{,}81} = \sqrt{1{,}62} \approx 1{,}27c \;\;??$$

Kann man auf diese Weise also doch Überlichtgeschwindigkeit erreichen? Nein, natürlich nicht, aber wo liegt der Fehler? Der Fehler liegt darin, dass auch mit dem Satz des Pythagoras Geschwindigkeiten in gewisser Weise „linear" (besser: „euklidisch" – nach dem antiken griechischen Mathematiker Euklid, der im 3. Jahrhundert v. Chr. die Wissenschaft von der Geometrie in der flachen Ebene systematisierte) addiert werden und dies ist in der relativistischen Welt eben nicht so ohne Weiteres zulässig. Der Geschwindigkeitsvektor...

$$\vec{v} = \begin{pmatrix} v_x \\ v_y \end{pmatrix} = \begin{pmatrix} 0{,}9c \\ 0{,}9c \end{pmatrix}$$

... hat sowohl in der klassischen als auch in der relativistischen Physik unzweifelhaft den Betrag von rund 1,27c, was einer Überlichtgeschwindigkeit von 381.838 km/s entspricht. Einen solchen Geschwindigkeitsvektor kann es also in der Realität gar nicht geben! Bei einem 45-Grad-Winkel der Bewegungsrichtung zu den Achsen des Koordinatensystems können die einzelnen Komponenten des Vektors maximal 0,71c (genauer: Wurzel aus 0,5) betragen, weil dann Lichtgeschwindigkeit erreicht ist:

$$\left| \begin{pmatrix} 0{,}71 \\ 0{,}71 \end{pmatrix} \right| = \sqrt{0{,}71^2 + 0{,}71^2} \approx \sqrt{0{,}5 + 0{,}5} \approx 1$$

Wenn in unserem Beispiel in x-Richtung bereits 0,9c erreicht sind, können dementsprechend in y-Richtung maximal noch knapp 0,436c hinzugewonnen werden, weil dann ebenfalls die Lichtgeschwindigkeit erreicht ist:

$$\left|\begin{pmatrix} 0{,}9 \\ 0{,}436 \end{pmatrix}\right| = \sqrt{0{,}9^2 + 0{,}436^2} \approx \sqrt{0{,}81 + 0{,}19} \approx 1$$

Statt den Satz des Pythagoras anzuwenden die beiden Geschwindigkeitskomponenten v_x=0,9c und v_y=0,9c relativistisch zu addieren, würde zwar ein Ergebnis knapp unterhalb der Lichtgeschwindigkeit liefern...

$$\frac{0{,}9 + 0{,}9}{1 + \frac{0{,}9 \times 0{,}9}{1^2}} \approx 0{,}994$$

... wäre aber natürlich grundfalsch, da diese Formel nur anwendbar ist, wenn beide Geschwindigkeiten in die gleiche Richtung weisen!

Für die „Addition" von Geschwindigkeiten, die nicht in der gleichen Bewegungsachse liegen, benötigen wir also andere mathematische Werkzeuge. Betrachten wir dafür zunächst ein ziemlich einfaches Beispiel, das wir sogar im Kopf rechnen können:

Stellen wir uns eine Raumstation vor, die *gleichzeitig* zwei Sonden im rechten Winkel mit einer Geschwindigkeit von jeweils 0,2c entsendet. Nach 15 Tagen haben die Sonden jeweils eine Entfernung von 3 Lichttagen zur Raumstation. In diesem Moment möge Sonde A ein Funksignal absetzen. Das Funksignal erreicht die Sonde B nach 5 Tagen Funklaufzeit, also insgesamt nach 20 Tagen, und zwar genau dann, wenn beide Sonden 4 Lichttage von der Raumstation entfernt sind. Dies können wir deshalb so einfach sagen, weil wir uns in dieser speziellen Konstellation den bekannten Zusammenhang des Satzes des Pythagoras zunutze machen können:

$$3^2 + 4^2 = 5^2$$

Sonde A war im Sendezeitpunkt 3 Lichttage von der Raumstation entfernt (=Kathete 1), die Funklaufzeit von 5 Tagen führt logischerweise zu einem Funklaufweg von 5 Lichttagen (=Hypotenuse) und Sonde B ist im Empfangszeitpunkt 4 Lichttage (3 Lichttage im Sendezeitpunkt zuzüglich

Drei Inertialsysteme

5 Tage Funklaufzeit mal 0,2c) von der Raumstation entfernt (=Kathete 2). Es gilt damit bei Geschwindigkeiten der Raumsonden von jeweils 0,2c ein konstantes Verhältnis zwischen Entfernung (der empfangenden Sonde) im Empfangszeitpunkt und Entfernung (der sendenden Sonde) im Sendezeitpunkt von 4 zu 3.

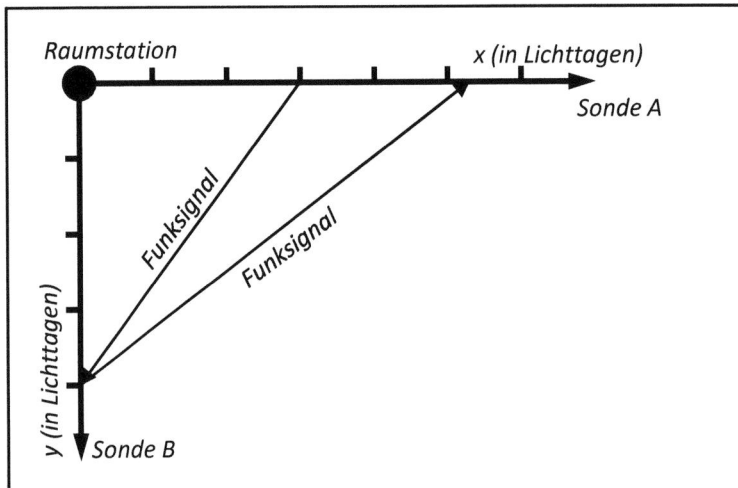

Weg eines Funksignals von Sonde A zu Sonde B und zurück bei jeweils 0,2c der Raumsonden (kein Minkowski-Diagramm).
Beide Raumsonden sind zur gleichen Zeit von der Raumstation gestartet und entfernen sich im rechten Winkel von der Raumstation mit jeweils 0,2c. Bei dieser Geschwindigkeit bilden der Laufweg eines Funksignals zwischen beiden Raumsonden und die zurückgelegten Wege der Raumsonden ein rechtwinkliges Dreieck mit Seitenlängen im Verhältnis 3 – 4 – 5 (sowohl für den Hin- als auch für den Rückweg des Funksignals.)

Wenn nun die zweite Sonde das Funksignal reflektiert, so gilt für den Rückweg ebenfalls das Verhältnis 4/3. Also erreicht das reflektierte Signal die erste Sonde, wenn diese folgende Entfernung von der Raumstation hat:

$$x_{empfangen} = \frac{4}{3} \times 4 = \frac{16}{3} \approx 5{,}33\ Lichttage$$

Das Verhältnis zwischen Entfernung im Sendezeitpunkt des Signals und Entfernung im Empfangszeitpunkt des reflektierten Signals (hier als C bezeichnet) beträgt somit:

$$C = \frac{x_{senden}}{x_{empfangen}} = \frac{3 \; Lichttage}{\frac{16}{3} \; Lichttage} = \frac{9}{16}$$

Hieraus kann Sonde A ihre Relativgeschwindigkeit zu B berechnen. Für die Geschwindigkeit w zwischen A und B gilt dann nämlich folgende einfache Beziehung (dies wird noch ausführlich im folgenden Abschnitt erläutert):

$$w = \frac{1-C}{1+C}$$

Damit können wir folgende Geschwindigkeit zwischen beiden Sonden errechnen:

$$w = \frac{1-C}{1+C} = \frac{1-\frac{9}{16}}{1+\frac{9}{16}} = \frac{\frac{7}{16}}{\frac{25}{16}} = \frac{7}{25} = 0{,}28c$$

Dieser Wert von 0,28c ist nicht gerundet, sondern das gewählte Beispiel ergibt diesen glatten Wert. Es gilt also relativistisch gerechnet:

$$0{,}2c \stackrel{r}{\boxplus} 0{,}2c = 0{,}28c$$

Schauen wir nun, ob wir dieses Ergebnis auch mit einer unserer bekannten Formeln ausrechnen können. Nehmen wir zunächst den „einfachen" Satz des Pythagoras:

$$\sqrt{0{,}2^2 + 0{,}2^2} = \sqrt{2 \times 0{,}04} = \sqrt{0{,}08} \approx 0{,}28284 \dots$$

Drei Inertialsysteme

Diese Formel, die bei „normalen" Geschwindigkeiten das korrekte Ergebnis liefern würde und im Physikunterricht in der Schule gelehrt wird, erbringt hier das falsche Ergebnis! Bei Geschwindigkeiten von jeweils 0,2c müssen durchaus relativistische Effekte schon berücksichtig werden und diese bewirken, dass der Satz des Pythagoras nicht ohne Modifikation anwendbar ist.

(Probieren wir es der Vollständigkeit halber noch mit dem relativistischen Additionstheorem:

$$\frac{0,2 + 0,2}{1 + \frac{0,2 \times 0,2}{1^2}} = \frac{0,4}{1 + 0,04} = \frac{0,4}{1,04} \approx 0,38462 \dots$$

Das Ergebnis ist viel zu hoch, was kein Wunder ist, denn die relativistische Addition geht ja von der Voraussetzung aus, dass beide Geschwindigkeiten die gleiche Richtung haben, was die resultierende Geschwindigkeit maximiert.) Es hilft nichts, wir müssen uns für das vorliegende Problem einen neuen Lösungsansatz erarbeiten.

Wir gehen wieder so vor, dass wir die eben angestellten Überlegungen verallgemeinern. Dazu stellen wir uns wieder eine Raumstation R vor, die zwei Sonden A und B entsendet, wobei die Flugbahnen rechtwinklig zueinander stehen. Raumsonde A möge die Geschwindigkeit v haben, Raumsonde B eine Geschwindigkeit u und gesucht ist die Relativgeschwindigkeit w zwischen A und B. Wir nehmen nun an, dass A genau ein Jahr nach dem Start (Zeitpunkt t_2) ein Funksignal zu B reflektiert, das A zu diesem Zeitpunkt von B erhalten hatte. Zu diesem Zeitpunkt ist A genau v mal 1 (Jahr) von R entfernt, B ist u mal 1 (Jahr) von R entfernt. Das Funksignal erreicht B im Zeitpunkt t_3. Es bildet sich ein rechtwinkliges Dreieck, für das gilt:

$$(Funklaufweg)^2 = \left(Entfernung\ A_{t_2}\right)^2 + \left(Entfernung\ B_{t_3}\right)^2$$

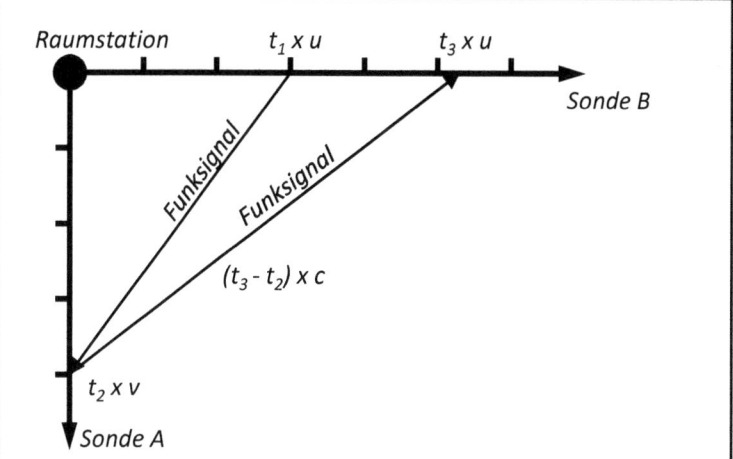

Graphischer Ansatz für die Herleitung der Formel für die Kombination senkrecht gerichteter Geschwindigkeiten.
Sonde A entfernt sich mit der Geschwindigkeit v von der Raumstation, die gleichzeitig gestartete Sonde B senkrecht dazu mit der Geschwindigkeit u. Im Zeitpunkt t_1 sendet B ein Funksignal zu A, das A im Zeitpunkt t_2 empfängt und reflektiert. Das reflektierte Funksignal trifft im Zeitpunkt t_3 bei B ein.

Setzen wir ein:

$$\left((t_3 - t_2) \times c\right)^2 = (v \times t_2)^2 + (u \times t_2 + (t_3 - t_2) \times u)^2$$

Nennen wir die Laufzeit t_3 minus t_2 zur Vereinfachung x. Außerdem setzen wir, wie oben angenommen, t_2 auf 1. Schließlich setzen wir auch c, wie so oft üblich, zunächst mit 1 an. Nun ergibt sich folgende Vereinfachung:

$$x^2 = v^2 + (u + xu)^2$$

x steht hier sowohl auf der linken als auch auf der rechten Seite der Gleichung. Unser Ziel ist es, nach x umzustellen. Deshalb entwickeln wir hieraus eine quadratische Gleichung, die wir lösen können. Zunächst wenden wir auf die Klammer die binomische Formel an:

Drei Inertialsysteme

$$x^2 = v^2 + u^2 + 2xu^2 + x^2u^2$$

Wir rechnen $-x^2u^2$:

$$x^2 - x^2u^2 = v^2 + u^2 + 2xu^2$$

Ausklammern des x^2:

$$(1-u^2)x^2 = v^2 + u^2 + 2xu^2$$

Wir ziehen jetzt den gesamten rechten Term auf die linke Seite und erhalten so eine quadratische Gleichung der Form $ax^2 + bx + c = 0$:

$$(1-u^2)x^2 - 2u^2x - v^2 - u^2 = 0$$

Jetzt dividieren wir noch durch $1 - u^2$ und erhalten so die sogenannte Normalform einer quadratischen Gleichung:

$$x^2 - \frac{2u^2}{1-u^2}x - \frac{v^2+u^2}{1-u^2} = 0$$

Diese Gleichung hat zwei Lösungen, von denen eine negativ ist, uns also hier nicht interessiert. Die für uns nützliche Lösung lässt sich durch Anwendung der sog. p-q-Formel (alternativ: Anwendung der sog. a-b-c-Formel – „Mitternachtsformel") errechnen, die wie folgt lautet:

$$x_{1,2} = -\frac{p}{2} \pm \sqrt{\frac{p^2}{4} - q}$$

„p" ist dabei in der Normalform der quadratischen Gleichung der Koeffizient vor dem x und „q" ist der letzte Teil ohne x (absolutes Glied):

$$x^2 + px + q = 0$$

Damit gilt in unserem Fall:

$$x_{1,2} = \frac{\frac{2u^2}{1-u^2}}{2} \pm \sqrt{\frac{\left(-\frac{2u^2}{1-u^2}\right)^2}{4} + \frac{v^2+u^2}{1-u^2}}$$

Wie bereits gesagt betrachten wir von beiden Alternativen nur die zweite Lösung, bei der der Wurzelterm addiert wird. Versuchen wir diese Lösung zu vereinfachen. Eine erste Vereinfachung ergibt:

$$x = \frac{u^2}{1-u^2} + \sqrt{\frac{\frac{4u^4}{(1-u^2)^2}}{4} + \frac{v^2+u^2}{1-u^2}}$$

Nun herauskürzen der 4:

$$x = \frac{u^2}{1-u^2} + \sqrt{\frac{u^4}{(1-u^2)^2} + \frac{v^2+u^2}{1-u^2}}$$

In der Wurzel die Brüche auf den gleichen Nenner bringen:

$$x = \frac{u^2}{1-u^2} + \sqrt{\frac{u^4}{(1-u^2)^2} + \frac{(v^2+u^2)\times(1-u^2)}{(1-u^2)^2}}$$

$$x = \frac{u^2}{1-u^2} + \sqrt{\frac{u^4 + (v^2+u^2)\times(1-u^2)}{(1-u^2)^2}}$$

Die Wurzel auf den Zähler beschränken, d.h. im Nenner die Wurzel ziehen:

$$x = \frac{u^2}{1-u^2} + \frac{\sqrt{u^4 + (v^2 + u^2) \times (1 - u^2)}}{1 - u^2}$$

Nun beide Brüche auf einen gemeinsamen Bruchstrich ziehen:

$$x = \frac{u^2 + \sqrt{u^4 + (v^2 + u^2) \times (1 - u^2)}}{1 - u^2}$$

Innerhalb der Wurzel ausmultiplizieren:

$$x = \frac{u^2 + \sqrt{u^4 + v^2 + u^2 - u^2 v^2 - u^4}}{1 - u^2}$$

Die Teile u^4 und $-u^4$ können wir wegkürzen und wir erhalten:

$$x = \frac{u^2 + \sqrt{v^2 + u^2 - u^2 v^2}}{1 - u^2}$$

Diese Formel heben wir uns für später auf. Jetzt stellen wir uns vor, dass Sonde B zuvor im Zeitpunkt t_1 ein Funksignal abgesetzt habe, das im Zeitpunkt t_2 bei A angekommen ist. Zur Erinnerung: Im Zeitpunkt $t_2=1$ hatte A die Entfernung v mal 1 Jahr von der Raumstation. Für dieses erste Funksignal würde daher der Satz des Pythagoras wie folgt gelten:

$$(Funklaufweg)^2 = \left(Entfernung\ A_{t_2}\right)^2 + \left(Entfernung\ B_{t_1}\right)^2$$

$$((t_2 - t_1) \times c)^2 = (v \times t_2)^2 + (u \times t_2 - (t_2 - t_1) \times u)^2$$

Nennen wir die Laufzeit t_2 minus t_1 zur Vereinfachung y. Außerdem setzen wir wieder t_2 und c mit 1 an:

$$y^2 = v^2 + (u - yu)^2$$

Wir gehen wieder auf die gleiche Weise vor (die folgenden Ausführungen stellen eine Wiederholung dar und können übersprungen werden). Zunächst wenden wir die binomische Formel an:

$$y^2 = v^2 + u^2 - 2yu^2 + y^2u^2$$

Wir rechnen $-y^2u^2$:

$$y^2 - y^2u^2 = v^2 + u^2 - 2yu^2$$

Ausklammern des y^2:

$$(1 - u^2)y^2 = v^2 + u^2 - 2yu^2$$

Wir ziehen den gesamten rechten Term auf die linke Seite und erhalten:

$$(1 - u^2)y^2 + 2u^2y - v^2 - u^2 = 0$$

Wir dividieren durch $1 - u^2$ und erhalten die Normalform:

$$y^2 + \frac{2u^2}{1 - u^2}y - \frac{v^2 + u^2}{1 - u^2} = 0$$

Wieder wenden wir die p-q-Formel an:

$$y = -\frac{\frac{2u^2}{1-u^2}}{2} + \sqrt{\frac{\left(\frac{2u^2}{1-u^2}\right)^2}{4} + \frac{v^2 + u^2}{1-u^2}}$$

Wir vereinfachen (gleiche Vorgehensweise wie eben):

$$y = -\frac{u^2}{1-u^2} + \sqrt{\frac{\frac{4u^4}{(1-u^2)^2}}{4} + \frac{v^2+u^2}{1-u^2}}$$

Drei Inertialsysteme

$$y = -\frac{u^2}{1-u^2} + \sqrt{\frac{u^4}{(1-u^2)^2} + \frac{v^2+u^2}{1-u^2}}$$

$$y = -\frac{u^2}{1-u^2} + \sqrt{\frac{u^4}{(1-u^2)^2} + \frac{(v^2+u^2) \times (1-u^2)}{(1-u^2)^2}}$$

$$y = -\frac{u^2}{1-u^2} + \sqrt{\frac{u^4 + (v^2+u^2) \times (1-u^2)}{(1-u^2)^2}}$$

$$y = \frac{-u^2 + \sqrt{u^4 + (v^2+u^2) \times (1-u^2)}}{1-u^2}$$

$$y = \frac{-u^2 + \sqrt{u^4 + v^2 + u^2 - u^2v^2 - u^4}}{1-u^2}$$

$$y = \frac{-u^2 + \sqrt{v^2 + u^2 - u^2v^2}}{1-u^2}$$

Jetzt haben wir x und y ermittelt, mit deren Hilfe wir die Relativgeschwindigkeit w zwischen Sonde A und B darstellen können. Zur Erinnerung noch einmal die weiter oben entwickelte Formel für x:

$$x = \frac{u^2 + \sqrt{v^2 + u^2 - u^2v^2}}{1-u^2}$$

Beide Formeln sehen recht ähnlich aus, was uns Hoffnungen macht, dass wir hier noch viel herauskürzen können. y steht für die Zeitdifferenz t_2 minus t_1, um die das erste Funksignal von B vor t_2=1 zu A ausgesandt wurde und x steht für die Zeitdifferenz t_3 minus t_2, um die das zweite Funksignal später als t_2=1 bei B eintrifft. Dabei gilt für die Geschwindigkeit w zwischen A und B folgende Beziehung:

$$w = \frac{1-C}{1+C} \quad bei \quad C = \frac{1-(t_2-t_1)}{1+(t_3-t_2)} = \frac{1-y}{1+x}$$

Wir setzen ein:

$$C = \frac{1-y}{1+x} = \frac{1 - \dfrac{-u^2 + \sqrt{v^2+u^2-u^2v^2}}{1-u^2}}{1 + \dfrac{u^2 + \sqrt{v^2+u^2-u^2v^2}}{1-u^2}}$$

Wir vereinfachen, indem wir innerhalb der Nebenbrüche auf einen Bruchstrich ziehen und dann herauskürzen:

$$C = \frac{\dfrac{(1-u^2) - \left(-u^2 + \sqrt{v^2+u^2-u^2v^2}\right)}{1-u^2}}{\dfrac{(1-u^2) + \left(u^2 + \sqrt{v^2+u^2-u^2v^2}\right)}{1-u^2}}$$

$$C = \frac{\dfrac{1 - \sqrt{v^2+u^2-u^2v^2}}{1-u^2}}{\dfrac{1 + \sqrt{v^2+u^2-u^2v^2}}{1-u^2}}$$

Herauskürzen von $1-u^2$ in den Brüchen:

$$C = \frac{1 - \sqrt{v^2+u^2-u^2v^2}}{1 + \sqrt{v^2+u^2-u^2v^2}}$$

Für die Geschwindigkeit w gilt (dies wird im folgenden Abschnitt vertieft):

$$w = \frac{1-C}{1+C} \quad und \quad C = \frac{1-w}{1+w}$$

Anhand der rechten Gleichung kann man leicht sehen, dass der entwickelte Ausdruck in der Wurzel w entspricht:

Drei Inertialsysteme

$$C = \frac{1-w}{1+w} \quad und \quad C = \frac{1-\sqrt{v^2+u^2-u^2v^2}}{1+\sqrt{v^2+u^2-u^2v^2}}$$

$$\Rightarrow \quad w = \sqrt{v^2+u^2-u^2v^2}$$

Damit haben wir die Formel für die Kombination senkrechter Geschwindigkeiten erarbeitet. Die Formel hat in dieser Form noch den Nachteil, dass sie nur in der Geschwindigkeitseinheit c verwendet werden kann (wir hatten oben c=1 gesetzt). Wir wollen sie daher noch ein bisschen erweitern und umstellen. Wir dividieren jedes u, v bzw. w durch c und erhalten so die vollständige Formel:

$$\frac{w}{c} = \sqrt{\left(\frac{v}{c}\right)^2 + \left(\frac{u}{c}\right)^2 - \left(\frac{vu}{c^2}\right)^2}$$

Wir quadrieren beide Seiten:

$$\frac{w^2}{c^2} = \left(\frac{v}{c}\right)^2 + \left(\frac{u}{c}\right)^2 - \left(\frac{vu}{c^2}\right)^2$$

Wir lösen die Klammern auf:

$$\frac{w^2}{c^2} = \frac{v^2}{c^2} + \frac{u^2}{c^2} - \frac{v^2 u^2}{c^4}$$

Wir multiplizieren mit c^2:

$$w^2 = v^2 + u^2 - \frac{v^2 u^2}{c^2}$$

Wir ziehen die Wurzel und erhalten schließlich:

$$w = v \perp^r u = \sqrt{v^2 + u^2 - \frac{v^2 u^2}{c^2}}$$

Wieder steht „r" für „relativistisch". Ist es nicht erstaunlich, wie aus einem doch ziemlich komplizierten Ansatz eine so einfache Formel erwächst? Dem „klassischen" Pythagoras für die Kombination senkrecht gerichteter Geschwindigkeiten ist somit nur eine kleine Korrektur beizufügen. Dabei ist der Korrektursubtrahend…

$$-\frac{v^2 u^2}{c^2}$$

… bei nichtrelativistischen Geschwindigkeiten (Autos, Flugzeuge, erdnahe Satelliten etc.) so winzig klein, dass der Fehler in der Praxis nicht auffällt, wenn man den Korrektursubtrahenden weglässt. Fliegt z.B. eine Raumsonde mit 8 km/s in die x-Richtung und beschleunigt sie dann um weitere 8 km/s senkrecht in die y-Richtung, so beträgt die resultierende Geschwindigkeit nicht:

$$\sqrt{8^2 + 8^2} = \sqrt{128} \approx 11{,}313708499 \, km/s$$

sondern:

$$\sqrt{2 \times 8^2 - \frac{8^2 \times 8^2}{300.000^2}} \approx \sqrt{128 - 0{,}000000046} \approx 11{,}313708497 \, km/s$$

Die Abweichung beträgt nur rund 0,00000002 Prozent, was einer Abdrift-„Geschwindigkeit" von 7 Millimetern pro Stunde entspricht – und dies, obwohl wir es hier schon mit den Geschwindigkeiten der Raumfahrttechnik zu tun haben! Wie hätte man dies vor der Entwicklung der SRT je experimentell entdecken sollen? Bei relativistischen Geschwindigkeiten im Bereich von über 0,1c muss man den Korrekturteil jedoch stets berücksichtigen, zumindest wenn man eine korrekte Formel für mathematische Umformungen benötigt (was uns später noch bei der Betrachtung der relativistischen kinetischen Energie nützlich sein wird). Je größer die Geschwindigkeiten, umso bedeutender wird der Korrektursubtrahend. Der Extremfall wäre die senkrechte Kombination von Lichtgeschwindigkeit zu Lichtgeschwindigkeit. In diesem Fall wäre die resultierende Geschwindigkeit wiederum Lichtgeschwindigkeit:

$$w = \sqrt{1^2 + 1^2 - \frac{1^2 \times 1^2}{1^2}} = \sqrt{1^2 + 1^2 - 1^2} = 1$$

Noch ein wichtiger Hinweis: Will man bei der vektoriellen Schreibweise einer Geschwindigkeit den Betrag der Geschwindigkeit ermitteln, ist der genannte Korrekturteil in den Satz des Pythagoras *nicht* einzusetzen, da es hier nicht um die Kombination realer, sondern nur mathematischer (gedachter) Geschwindigkeitsanteile in einem Koordinatensystem geht!

Kehren wir abschließend noch einmal kurz zum Anfang dieses Kapitels zurück. Wenn sich nun also ein Raumschiff mit 0,9c von der Erde wegbewegt und dann auf 0,9c (gemessen aus Sicht des Raumschiffs) zur Seite beschleunigt, welche resultierende Geschwindigkeit hat es dann aus Sicht der Erde?

$$w = \sqrt{0{,}9^2 + 0{,}9^2 - \frac{0{,}9^2 \times 0{,}9^2}{1^1}} = \frac{\sqrt{2 \times 0{,}81 - 0{,}6561}}{1} \approx 0{,}982c$$

Die Geschwindigkeit in der ursprünglichen Richtung bleibt bei 0,9c und die resultierende Geschwindigkeit liegt bei 0,982c. Sie bleibt also natürlich unterhalb der Lichtgeschwindigkeit (mit dem einfachen Satz des Pythagoras waren wir auf 1,27c gekommen). Damit können wir die seitliche Geschwindigkeitskomponente (nunmehr gemessen aus Sicht der Erde, hier als u' bezeichnet) wie folgt ermitteln:

$$u' \approx \sqrt{0{,}982^2 - 0{,}9^2} \approx \sqrt{0{,}964 - 0{,}81} \approx 0{,}392c \qquad \vec{w} = \begin{pmatrix} 0{,}9 \\ 0{,}392 \end{pmatrix}$$

(Anmerkung: Auch hier war der Korrektursubtrahend in den Satz des Pythagoras *nicht* einzubauen, da wir ja nicht die Geschwindigkeit u aus Sicht des Raumschiffs [=0,9c], sondern u' aus Sicht der Erde ermitteln wollten). Die Rechnung bestätigt die oben aufgestellte These, wonach ein Körper, der sich mit 0,9c in die eine Richtung bewegt, maximal knapp 0,436c seitlich hinzugewinnen kann. Damit können wir auch angeben, um welchen Winkel sich die Flugrichtung aus Sicht der Erde verändert hat:

$$\tan \alpha = \frac{u'}{v} = \frac{0,392}{0,9} = 0,436$$

$$\alpha \approx \tan^{-1} 0,436 \approx 23,6°$$

Statt in einem 45-Grad-Winkel bewegt sich das Raumschiff also nur in einem Winkel von rund 23,6 Grad zur ursprünglichen Flugbahn. Es wird damit auch deutlich, dass es einen Unterschied macht, in welche Richtung das Raumschiff zuerst beschleunigt. Beschleunigt es z.B. erst um 0,9c in Richtung x-Achse und dann um 0,9c in Richtung y-Achse, so weicht die resultierende Flugbahn um rund 23,5 Grad von der x-Achse ab. Beschleunigt das Raumschiff hingegen erst in Richtung y-Achse und danach in Richtung x-Achse, so weicht die resultierende Flugbahn um rund 66,5 Grad von der x-Achse ab und liegt nahe an der y-Achse. Die resultierende Geschwindigkeit liegt aber in beiden Fällen bei 0,982c.

Kombination senkrecht gerichteter Geschwindigkeiten im dreidimensionalen Raum (Betrag)

Eben hatten wir erörtert, welche Geschwindigkeit resultiert, wenn ein Raumschiff sich zunächst in der x-Richtung bewegt und dann senkrecht dazu in y-Richtung beschleunigt (oder eine Raumsonde absetzt). Dies waren aber Erörterungen, die nur für die flache Ebene galten. Nun ist der Weltraum jedoch kein riesiges Blatt Papier, sondern ein (zumindest) dreidimensionaler Raum. Das Raumschiff, das in x- und y-Richtung beschleunigt hat, könnte nun auch noch senkrecht dazu in die dritte Dimension beschleunigen, die wir hier z-Richtung nennen wollen. Dabei gilt wie oben, dass es keinen Geschwindigkeitsvektor geben kann, der 0,9c in der x-Richtung, 0,9c in der y-Richtung und 0,9c in der z-Richtung aufweist. Für den Betrag eines dreidimensionalen Vektors ist der sogenannte „dreidimensionale Pythagoras" wie folgt anzuwenden:

$$|\vec{v}| = \left|\begin{pmatrix} v_x \\ v_y \\ v_z \end{pmatrix}\right| = \sqrt{v_x^2 + v_y^2 + v_z^2}$$

Ein räumlicher Vektor mit drei Komponenten von je 0,9c hätte daher folgende resultierende Geschwindigkeit:

$$\sqrt{3 \times (0,9c)^2} = \sqrt{3 \times 0,81c^2} = \sqrt{2,43c^2} \approx 1,56c$$

Auch dies ist physikalisch unmöglich. Bei einer räumlichen Bewegung, die drei gleiche Komponenten aufweist, also genau im 45-Grad-Winkel zwischen x-, y- und z-Achse verläuft, dürfen die drei Komponenten nur je rund 0,58c (genauer: Wurzel aus 1/3) betragen, weil dann resultierend bereits Lichtgeschwindigkeit erreicht ist:

$$\left|\begin{pmatrix} 0,58 \\ 0,58 \\ 0,58 \end{pmatrix}\right| = \sqrt{3 \times 0,58^2} \approx 1$$

In der Realität wäre theoretisch das Szenario denkbar, dass sich ein Mutterraumschiff in x-Richtung von der Erde entfernt, dann senkrecht (y-Richtung) ein Tochterraumschiff entsendet, das wiederum senkrecht (z-Richtung) eine Sonde absetzt. Den Betrag einer solchen dreidimensionalen Geschwindigkeitskombination können wir ganz leicht ermitteln, indem wir zunächst aus der senkrechten Kombination von x und y eine resultierende Bewegung in der Ebene ermitteln. Die dritte Bewegung z liegt dann nicht nur senkrecht zu x und y, sondern auch senkrecht zur Resultierenden aus x und y. Damit können wir den modifizierten Satz des Pythagoras ein zweites Mal anwenden und so das Endergebnis berechnen. An einem einfachen Beispiel:

Nehmen wir an, ein Raumschiff habe nach dem Start von der Erde zunächst vorwärts mit den Haupttriebwerken auf v=0,5c, sodann mit seitlichen Steuertriebwerken seitlich um u=0,2c (gemessen aus Sicht des Raumschiffs) und schließlich um weitere z=0,1c nach oben beschleunigt. Die resultierende Geschwindigkeit der ersten beiden Manöver beträgt aus Sicht der Erde:

$$w_{eben} = x \stackrel{r}{\perp} y = \sqrt{0{,}5^2 + 0{,}2^2 - \frac{0{,}5^2 \times 0{,}2^2}{1^2}} \approx 0{,}529c$$

Jetzt kombinieren wir das Zwischenergebnis mit der z-Komponente und erhalten:

$$w_{räumlich} = w_{eben} \stackrel{r}{\perp} z \approx \sqrt{0{,}529^2 + 0{,}1^2 - \frac{0{,}529^2 \times 0{,}1^2}{1^2}} \approx 0{,}536c$$

Wie integriert man nun die Erweiterung um die z-Achse in die oben entwickelte Formel, sodass man in einem Schritt rechnen kann? Es gilt folgender Ansatz:

$$w = v \stackrel{r}{\perp} u \stackrel{r}{\perp} z = \sqrt{\left(v^2 + u^2 - \frac{v^2 u^2}{c^2}\right) + z^2 - \frac{\left(v^2 + u^2 - \frac{v^2 u^2}{c^2}\right) \times z^2}{c^2}}$$

Umstellen ergibt:

$$w = \sqrt{v^2 + u^2 - \frac{v^2 u^2}{c^2} + z^2 - \frac{z^2 v^2 + z^2 u^2 - \frac{z^2 v^2 u^2}{c^2}}{c^2}}$$

Drei Inertialsysteme

$$w = \sqrt{v^2 + u^2 - \frac{v^2 u^2}{c^2} + z^2 - \frac{z^2 v^2}{c^2} - \frac{z^2 u^2}{c^2} + \frac{z^2 v^2 u^2}{c^4}}$$

$$w = v \overset{r}{\perp} u \overset{r}{\perp} z = \sqrt{v^2 + u^2 + z^2 - \frac{v^2 u^2 + v^2 z^2 + u^2 z^2}{c^2} + \frac{z^2 v^2 u^2}{c^4}}$$

Man sieht auch hier (da alle v, u und z vertauschbar sind), dass es für den Betrag der resultierenden Geschwindigkeit nicht darauf ankommt, in welche Richtung zuerst beschleunigt wurde. Für die Richtung der resultierenden Geschwindigkeit ist dies jedoch sehr wohl von Belang! Hier ist es so, dass die Richtung, in die zuerst beschleunigt wurde, relativ das größte Gewicht hat, da hier die relativistischen Effekte noch am wenigsten wirken.

Gibt es keine Beschleunigung in die z-Richtung, so sieht man leicht, dass große Teile in der Formel null werden und die Formel in den eben entwickelten relativistischen Pythagoras für die Ebene übergeht.

Nun zurück zu unserem Zahlenbeispiel: Ein Raumschiff möge erst 0,9c in die x-, dann 0,9c in die y- und schließlich 0,9c in die z-Richtung beschleunigen (Geschwindigkeiten jeweils aus momentaner Sicht des Raumschiffs gerechnet). Welche resultierende Geschwindigkeit erwächst daraus aus Sicht der Erde?

$$w = \sqrt{3 \times 0,9^2 - \frac{3 \times 0,9^4}{1^2} + \frac{0,9^6}{1^4}} \approx \sqrt{2,43 - 1,968 + 0,531} \approx 0,996c$$

Hätten wir „klassisch" gerechnet (Wurzel aus 3 mal 0,9 Quadrat), so hätten wir mit rund 1,56c ein viel zu hohes und physikalisch unmögliches Ergebnis ermittelt. Auch räumlich gilt, dass die Kombination Lichtgeschwindigkeit zu Lichtgeschwindigkeit zu Lichtgeschwindigkeit im Ergebnis (nur) Lichtgeschwindigkeit ergibt.

Vektorielle Darstellung der Kombination senkrecht gerichteter Geschwindigkeiten

Wir hatten eben erörtert, welche Geschwindigkeit w resultiert, wenn ein Körper erst in die x-Richtung und dann senkrecht dazu in die y-Richtung beschleunigt. Für die resultierende Geschwindigkeit w hatten wir nur den Betrag, nicht deren Richtung ermittelt. Jetzt wollen wir die Richtung der resultierenden Geschwindigkeit w ermitteln, mithin ihren Vektor. In allgemeiner Schreibweise ist also folgende Aufgabenstellung gemeint:

$$\begin{pmatrix} v_x \\ 0 \\ 0 \end{pmatrix} \overset{r}{+} \begin{pmatrix} 0 \\ u_y \\ 0 \end{pmatrix} = \begin{pmatrix} w_x \\ w_y \\ 0 \end{pmatrix}$$

Eine zusätzliche Beschleunigung in der dritten Dimension (z-Achse) soll zunächst noch unberücksichtigt bleiben, um die Sache einfacher zu halten.

Bei nichtrelativistischen Geschwindigkeiten ist die Lösung dieser Aufgabe denkbar einfach: Man addiert einfach zeilenweise, wie in folgendem Zahlenbeispiel:

$$\begin{pmatrix} 300 m/s \\ 0 \\ 0 \end{pmatrix} + \begin{pmatrix} 0 \\ 200 m/s \\ 0 \end{pmatrix} = \begin{pmatrix} 300 m/s \\ 200 m/s \\ 0 \end{pmatrix}$$

Da für jede Zeile das Kommutativgesetz gilt (a + b = b + a), ist auch sofort klar, dass es für den resultierenden Vektor keinen Unterschied macht, in welche Richtung der Körper zuerst beschleunigt. Bei relativistischen Geschwindigkeiten ist die Sache jedoch etwas verzwickter. Kommen wir daher zu der allgemeinen Aufgabenstellung zurück:

$$\begin{pmatrix} v_x \\ 0 \\ 0 \end{pmatrix} \overset{r}{+} \begin{pmatrix} 0 \\ u_y \\ 0 \end{pmatrix} = \begin{pmatrix} w_x \\ w_y \\ 0 \end{pmatrix}$$

Schwierig ist eigentlich nur die Ermittlung von w_y, bei w_x ist klar, dass dieser Wert v_x entspricht, denn: Ein Raumschiff, das in x-Richtung eine bestimmte Geschwindigkeit erreicht hat und dann ausschließlich seitlich beschleunigt, ändert seine Geschwindigkeit in der x-Richtung nicht.

Wir kennen also vom Vektor w immerhin bereits die Komponente der ersten Zeile (w_x) und wir können über den modifizierten Satz des Pythagoras den Betrag von w berechnen, wie weiter vorn erörtert. Damit können wir die noch fehlende Komponente w_y über den einfachen Satz des Pythagoras ermitteln:

$$v_x^2 + w_y^2 = w^2$$

Diesen Lösungsansatz stellen wir nach w_y um:

$$w_y^2 = w^2 - v_x^2$$

Wir setzen die Formel für die Ermittlung von w bei senkrechten Geschwindigkeiten (modifizierter Satz des Pythagoras) ein:

$$w_y^2 = \left(v_x^2 + u_y^2 - \frac{v_x^2 \times u_y^2}{c^2} \right) - v_x^2$$

Wir können vereinfachen, indem wir zunächst v_x Quadrat herauskürzen:

$$w_y^2 = u_y^2 - \frac{v_x^2 \times u_y^2}{c^2}$$

Wir ziehen u_y Quadrat vor die Klammer:

$$w_y^2 = u_y^2 \times \left(1 - \frac{v_x^2}{c^2} \right)$$

Wir ziehen die Wurzel und erhalten:

$$w_y = u_y \times \sqrt{1 - \frac{v_x^2}{c^2}} = \frac{u_y}{\gamma_{v_x}}$$

Zur Erinnerung: γ ist der Lorentzfaktor. Es ergibt sich damit folgendes: Die resultierende x-Komponente ist die des ersten Vektors, die y-Komponente ist die des zweiten Vektors, dividiert durch den Lorentzfaktor. Es empfiehlt sich allerdings nicht, den Lorentzfaktor nur abgekürzt mit γ hinzuschreiben, denn wir haben es jetzt nicht mit einer, sondern mit drei Relativgeschwindigkeiten (v, u und w) zu tun und es könnte daher die Frage aufkommen, wie denn γ zu berechnen ist, welcher Wert also in die Formel eingesetzt werden soll (es ist dies der Betrag des ersten Vektors). Der Buchstabe γ muss daher zumindest einen kleinen Index bekommen. Es gilt daher in Vektorenschreibweise:

$$\begin{pmatrix} v_x \\ 0 \\ 0 \end{pmatrix} \overset{r}{+} \begin{pmatrix} 0 \\ u_y \\ 0 \end{pmatrix} = \begin{pmatrix} w_x = v_x \\ w_y = u_y/\gamma_{v_x} \\ w_z = 0 \end{pmatrix}$$

Damit gilt für Geschwindigkeitsvektoren, die x- und y-Komponenten verschieden von null aufweisen, bei relativistischen Geschwindigkeiten das Kommutativgesetz (Vertauschungsgesetz) *nicht*. Umgekehrt gilt nämlich:

$$\begin{pmatrix} 0 \\ v_y \\ 0 \end{pmatrix} \overset{r}{+} \begin{pmatrix} u_x \\ 0 \\ 0 \end{pmatrix} = \begin{pmatrix} w_x = u_x/\gamma_{v_y} \\ w_y = v_y \\ w_z = 0 \end{pmatrix}$$

Hierzu wiederum ein Zahlenbeispiel: Es gilt z.B. für die senkrechte Kombination von 0,2c und 0,3c:

$$\begin{pmatrix} 0,2 \\ 0 \\ 0 \end{pmatrix} \overset{r}{+} \begin{pmatrix} 0 \\ 0,3 \\ 0 \end{pmatrix} = \begin{pmatrix} 0,2 \\ 0,3 \times \sqrt{1-0,2^2} \\ 0 \end{pmatrix} \approx \begin{pmatrix} 0,2 \\ 0,29 \\ 0 \end{pmatrix}$$

Drei Inertialsysteme

Für die senkrechte Kombination von 0,3c und 0,2c gilt hingegen:

$$\begin{pmatrix} 0 \\ 0,3 \\ 0 \end{pmatrix} \overset{r}{+} \begin{pmatrix} 0,2 \\ 0 \\ 0 \end{pmatrix} = \begin{pmatrix} 0,2 \times \sqrt{1 - 0,3^2} \\ 0,3 \\ 0 \end{pmatrix} \approx \begin{pmatrix} 0,19 \\ 0,3 \\ 0 \end{pmatrix}$$

Der Betrag der Geschwindigkeit w ist in beiden Varianten gleich, jedoch die Richtung ist unterschiedlich. Im zweiten Fall geht die resultierende Bewegung mehr in Richtung der y-Ache als im ersten Fall. (Diese Rechenweise setzt natürlich voraus, dass die zwei Inertialsysteme A und B Koordinatensysteme verwenden, bei denen die x-, y- und z-Achsen bezüglich ihrer Richtung übereinstimmen.)

Addition von Geschwindigkeiten mit spitzem oder stumpfem Winkel im Raum (Vektor)

Kommen wir nun abschließend zur schwierigsten Berechnungsart bei relativistischen Geschwindigkeitsvektoren: Der „Addition" von Geschwindigkeiten mit beliebigen Raumwinkeln zueinander (weder 90 noch 180 Grad). In Vektorenschreibweise sieht die Aufgabenstellung in allgemeiner Form so aus:

$$\begin{pmatrix} v_x \\ v_y \\ v_z \end{pmatrix} \overset{r}{+} \begin{pmatrix} u_x \\ u_y \\ u_z \end{pmatrix} = \begin{pmatrix} w_x \\ w_y \\ w_z \end{pmatrix}$$

Es bestehen dabei vielfältige Verflechtungen, die die Sache ungemein schwierig machen. Tasten wir uns Schritt für Schritt heran. Um die Sache einfacher zu machen, setzen wir einige Werte zunächst willkürlich auf null, sodass die Kombination eines eindimensionalen mit einem zweidimensionalen Vektor entsteht:

$$\begin{pmatrix} v_x \\ 0 \\ 0 \end{pmatrix} \overset{r}{+} \begin{pmatrix} u_x \\ u_y \\ 0 \end{pmatrix}$$

Als Zahlenbeispiel:

$$\begin{pmatrix} 0{,}3 \\ 0 \\ 0 \end{pmatrix} \overset{r}{+} \begin{pmatrix} 0{,}4 \\ 0{,}5 \\ 0 \end{pmatrix}$$

In der ersten Zeile („Addition" der x-Komponenten) kann einfach das bekannte relativistische Additionstheorem angewendet werden:

$$w_x = \frac{v_x + u_x}{1 + \frac{v_x \times u_x}{c^2}} = \frac{0{,}3 + 0{,}4}{1 + \frac{0{,}3 \times 0{,}4}{1^2}} = \frac{0{,}7}{1{,}12} = 0{,}625$$

Für die y-Komponente müssen wir etwas weiter ausholen: Oben wurde gezeigt, dass bei der Kombination senkrecht gerichteter Geschwindigkeiten die Komponente u_y durch Division durch den Lorentzfaktor verkleinert wird, um w_y zu erhalten. Maßgebend für die Berechnung des Lorentzfaktors war die Komponente v_x. Diese Regel ist allerdings so nur anwendbar, wenn der zweite Vektor eindimensional ist, es also kein u_x gibt. Ist jedoch der zweite Vektor zweidimensional, so verkleinert man w_y noch weiter, indem man durch den Nenner der Formel des relativistischen Additionstheorems dividiert, das man in der ersten Zeile angewendet hat. Dieser Divisor lautet in unserem Beispiel (s.o.) 1,12. Der Divisor, der durch die Anwendung des Lorentzfaktors entsteht, beträgt in unserem Beispiel:

$$\gamma = \frac{1}{\sqrt{1 - \frac{v^2}{c^2}}} = \frac{1}{\sqrt{1 - \frac{0{,}3^2}{1^2}}} \approx 1{,}05$$

Damit beträgt w_y:

$$w_y = 0{,}5 / 1{,}12 / 1{,}05 \approx 0{,}426$$

Es gilt also in unserem Beispiel:

$$\begin{pmatrix} 0{,}3 \\ 0 \\ 0 \end{pmatrix} \stackrel{r}{+} \begin{pmatrix} 0{,}4 \\ 0{,}5 \\ 0 \end{pmatrix} = \begin{pmatrix} 0{,}625 \\ 0{,}426 \\ 0 \end{pmatrix}$$

Für die y-Komponente gilt also in der eben erörterten Konstellation folgende Formel:

$$w_y = u_y \times \frac{\sqrt{1 - \frac{v_x^2}{c^2}}}{1 + \frac{v_x \times u_x}{c^2}}$$

Sind beide Vektoren mehrdimensional, so würde die eben dargestellte Formel versagen. Dieser Fall ist aber lösbar, indem man das verwendete Koordinatensystem so dreht und kippt, dass am Ende doch wieder die Kombination eines eindimensionalen mit einem zweidimensionalen Vektor entsteht. Dann kann die eben hergeleitete Formel angewendet und Vektor w berechnet werden. Im Anschluss ist dann das Koordinatensystem wieder zurückzudrehen, um den „echten" resultierenden Vektor zu ermitteln. Der Prozess ist ziemlich aufwändig. Wer möchte, kann an dieser Stelle aufhören und zum nächsten Abschnitt weiterblättern. Für den interessierten Leser wird das Vorgehen nun anhand eines Beispiels kurz skizziert:

Ein Raumschiff möge sich mit der Geschwindigkeit v (v_x=0,6; v_y=0,3; v_z=0,2) von der Erde entfernen. Nun möge das Raumschiff eine Raumsonde mit u (u_x=0,2; u_y=0,6; u_z=0,3) entsenden. Welche Geschwindigkeit und Richtung hat die Raumsonde aus Sicht der Erde?

Schreiben wir die Aufgabenstellung zunächst hin:

$$\begin{pmatrix} 0{,}6 \\ 0{,}3 \\ 0{,}2 \end{pmatrix} \stackrel{r}{+} \begin{pmatrix} 0{,}2 \\ 0{,}6 \\ 0{,}3 \end{pmatrix}$$

Würde man jetzt zeilenweise addieren (so wie bei nichtrelativistischen Geschwindigkeiten zulässig), erhielte man:

$$\begin{pmatrix} 0{,}8 \\ 0{,}9 \\ 0{,}5 \end{pmatrix} \quad ??$$

Dieser Rechenweg muss natürlich falsch sein, da der Betrag dieses Vektors Überlichtgeschwindigkeit wäre:

$$\sqrt{0{,}8^2 + 0{,}9^2 + 0{,}5^2} \approx 1{,}3$$

Wir gehen also wie bereits erwähnt so vor, dass wir zunächst das Koordinatensystem in geeigneter Weise drehen und kippen. Das Drehen eines Vektors bzw. des Koordinatensystems im Raum ist keine schwierige Angelegenheit, man muss jedoch den Pythagoras und die Winkelsätze anwenden können. Will man einen Vektor in der x-y-Ebene drehen (um die z-Achse), so ermittelt man zunächst Winkel und Betrag des *Abbildes* des Vektors, das dieser auf die x-y-Ebene wirft. Für den Betrag gilt einfach:

$$|v_{xy}| = \sqrt{v_x^2 + v_y^2} = \sqrt{0{,}6^2 + 0{,}3^2} = \sqrt{0{,}45} \approx 0{,}67$$

Der Winkel errechnet sich wie folgt:

$$\alpha = \cos^{-1} \frac{v_x}{|v_{xy}|} \approx \cos^{-1} \frac{0{,}6}{0{,}67} \approx 26{,}6°$$

$\cos^{-1}$ ist der sogenannte Arkuskosinus, also die Umkehrung der Kosinusfunktion. Wir drehen das Koordinatensystem um 26,6 Grad nach links, was dazu führt, dass die beiden Vektoren um 26,6 Grad nach rechts gedreht erscheinen. Bei Vektor eins führt dies dazu, dass die y-Komponente null wird. Die z-Komponente bleibt unverändert und die x-Komponente ist jetzt der Betrag in der x-y-Ebene, den wir eben ausgerechnet haben:

$$\vec{v'} = \begin{pmatrix} 0{,}67 \\ 0 \\ 0{,}2 \end{pmatrix}$$

Bei Vektor zwei gehen wir in gleicher Weise vor. Wir ermitteln Betrag und Winkel in der x-y-Ebene:

$$|u_{xy}| = \sqrt{u_x^2 + u_y^2} = \sqrt{0{,}2^2 + 0{,}6^2} = \sqrt{0{,}4} \approx 0{,}63$$

$$\beta = \cos^{-1}\frac{u_x}{|u_{xy}|} \approx \cos^{-1}\frac{0{,}2}{0{,}63} \approx 71{,}5°$$

Hier ergibt sich jetzt die Besonderheit, dass eine Drehung des Vektors um 26,6 Grad nach rechts nicht ergibt, dass der Vektor streng in Richtung der x-Achse zeigt, sondern es verbleibt ein Winkel von 44,9 Grad. Das Abbild des neuen Vektors hat somit zwei unterschiedliche x- und y-Koordinaten, die wir mithilfe des Kosinus bzw. Sinus errechnen müssen. Für sie gilt:

$$u'_x \approx \cos 44{,}9° \times 0{,}63 \approx 0{,}45$$

$$u'_y \approx \sin 44{,}9° \times 0{,}63 \approx 0{,}45$$

Die z-Komponente bleibt selbstverständlich unverändert (wir hatten um die z-Achse gedreht). Der neue Vektor zwei sieht somit wie folgt aus:

$$\vec{u'} = \begin{pmatrix} 0{,}45 \\ 0{,}45 \\ 0{,}3 \end{pmatrix}$$

Die neue Rechenaufgabe lautet also:

$$\vec{v'} \stackrel{r}{+} \vec{u'} = \begin{pmatrix} 0{,}67 \\ 0 \\ 0{,}2 \end{pmatrix} \stackrel{r}{+} \begin{pmatrix} 0{,}45 \\ 0{,}45 \\ 0{,}3 \end{pmatrix}$$

(Die Darstellung der weiteren nötigen Zwischenrechnungen lasse ich jetzt im Interesse der Übersichtlichkeit weg. Das System sollte klar geworden sein). Wir drehen in einem zweiten Schritt das Koordinatensystem um 16,6 Grad um die y-Achse, wodurch beide Vektoren nun wie folgt aussehen:

$$\overrightarrow{v''}^{\,r} + \overrightarrow{u''}^{\,r} = \begin{pmatrix} 0,7 \\ 0 \\ 0 \end{pmatrix} + \begin{pmatrix} 0,51 \\ 0,45 \\ 0,16 \end{pmatrix}$$

Jetzt ist Vektor eins eindimensional geworden. Wir kippen jetzt das Koordinatensystem noch so weit um die x-Achse, dass auch die z-Koordinate von Vektor zwei null wird, also um 19,7 Grad:

$$\overrightarrow{v'''}^{\,r} + \overrightarrow{u'''}^{\,r} = \begin{pmatrix} 0,7 \\ 0 \\ 0 \end{pmatrix} + \begin{pmatrix} 0,51 \\ 0,47 \\ 0 \end{pmatrix}$$

Jetzt können wir die am Anfang dieses Kapitels dargestellte Rechnung (Kombination eindimensionaler mit zweidimensionalem Vektor) ausführen und erhalten:

$$\overrightarrow{w'''} = \begin{pmatrix} 0,7 \\ 0 \\ 0 \end{pmatrix} + \begin{pmatrix} 0,51 \\ 0,47 \\ 0 \end{pmatrix} = \begin{pmatrix} 0,89 \\ 0,25 \\ 0 \end{pmatrix}$$

Nun müssen wir noch alle drei Drehungen wieder rückgängig machen. Zuerst die zuletzt ausgeführte. Wir erhalten:

$$\overrightarrow{w''} = \begin{pmatrix} 0,89 \\ 0,23 \\ 0,08 \end{pmatrix}$$

Jetzt das Rückgängigmachen der zweiten Drehung:

$$\vec{w'} = \begin{pmatrix} 0{,}83 \\ 0{,}23 \\ 0{,}34 \end{pmatrix}$$

Schließlich machen wir die erste Drehung rückgängig und erhalten:

$$\vec{w} = \begin{pmatrix} 0{,}64 \\ 0{,}58 \\ 0{,}34 \end{pmatrix}$$

Es gilt somit:

$$\begin{pmatrix} 0{,}6 \\ 0{,}3 \\ 0{,}2 \end{pmatrix} \stackrel{r}{+} \begin{pmatrix} 0{,}2 \\ 0{,}6 \\ 0{,}3 \end{pmatrix} \approx \begin{pmatrix} 0{,}64 \\ 0{,}58 \\ 0{,}34 \end{pmatrix}$$

Der resultierende Vektor hat folgenden Betrag:

$$w \approx \sqrt{0{,}64^2 + 0{,}58^2 + 0{,}34^2} \approx 0{,}927c$$

Der resultierende Vektor hat damit – wie sollte es auch anders sein – keine Überlichtgeschwindigkeit.

Mehr als drei Inertialsysteme im Raum – oder: beschleunigte Körper und Relativität

Wir wissen nun, dass es ein wenig Mühe kostet, zwei Relativgeschwindigkeiten miteinander zu „addieren". Die Mühe wird umso größer, wenn mehr als zwei Relativgeschwindigkeiten relativistisch addiert werden sollen. Wenn z.B. A zu B eine bestimmte Relativgeschwindigkeit misst, B zu C die gleiche, D zu E die gleiche und E zu F wiederum die gleiche, dann können wir bisher nur mit einem mehrstufigen aufwändigen Rechenprozess die Relativgeschwindigkeit zwischen A und F errechnen. Sicherlich kommt eine derartige Addition in der Praxis nicht vor. Nun ist aber auch eine konstante Beschleunigung nichts anderes als die wiederholte relativistische Addition einer Geschwindigkeit mit einer bestimmten Relativgeschwindigkeit, die pro Zeiteinheit zusätzlich gewonnen wird. Für eine künftige interstellare Raumfahrt wäre es natürlich von großer Bedeutung, einfach ermitteln zu können, in welcher Zeit welche Geschwindigkeit erreicht wird und wie sich dies auf die interstellaren Entfernungen auswirkt. Wir wollen nun sehen, ob wir nicht eine Möglichkeit finden können, diese Beschleunigung einfacher darzustellen.

Rapiditäten – Hyperbolische Addition von Geschwindigkeiten

Nehmen wir an, der Lehrer im Physik-Leistungskurs möchte eine Stunde lang seine Ruhe haben und stellt seinen Schülern (die keinen programmierbaren Taschenrechner oder ein Tabellenkalkulationsprogramm verwenden dürfen) folgende Aufgabe:

> „Eine Rakete möge von der Erde aus starten und kontinuierlich (d.h. konstant aus Bordsicht) mit der irdischen Fallbeschleunigung (gerundet 9,81 m/s^2) beschleunigen. Welche Geschwindigkeit hat die Rakete nach einem Jahr (365 Tage, gerechnet in Bordzeit) konstanter Beschleunigung erreicht? Die Lichtgeschwindigkeit darf mit gerundet 300.000 km/s angenommen werden. Wer die Lösung hat, darf in die Pause gehen."

Die Schüler rechnen eifrig los. Einer meint, es sich ganz einfach machen zu können und rechnet schlicht:

$$v_{Tag} = 0{,}00981 \, \frac{km}{s^2} \times 3600 \, \frac{s}{h} \times 24h = 847{,}584 \, km/s$$

$$v_{Jahr} = 847{,}584 \, km/s \times 365 = 309.368{,}16 \, km/s \quad ??$$

Damit hat er eine Überlichtgeschwindigkeit errechnet (1,03c). Sein Ergebnis kann er offensichtlich nicht als Lösung präsentieren. Was ist falsch an dem Ansatz? Er hat natürlich übersehen, dass in der relativistischen Geschwindigkeitswelt 1 plus 1 weniger als 2 ergibt. Folglich ergibt auch 365 mal 1 weniger als 365. Erreicht man relativistische Geschwindigkeiten, so führt eine tägliche Beschleunigung um rund 850 km/s zu einem geringeren Geschwindigkeitszuwachs als 850 km/s. Der Ansatz einfach zu multiplizieren ist also untauglich. Aber müssen die Schüler nun wirklich 365 Mal wie folgt rechnen?

$$v_{1.Tag} = 0{,}00981 \frac{km}{s^2} \times 3600 \frac{s}{h} \times 24h = 847{,}584 \frac{km}{s}$$

$$v_{2.Tag} \approx \frac{847{,}584 + 847{,}584}{1 + \dfrac{847{,}584 \times 847{,}584}{300.000^2}} \approx 1.695{,}154$$

$$v_{3.Tag} \approx \frac{1.695{,}154 + 847{,}584}{1 + \dfrac{1.695{,}154 \times 847{,}584}{300.000^2}} \approx 2.542{,}698$$

... und schließlich:

$$v_{363.Tag} \approx \frac{231.295{,}443 + 847{,}584}{1 + \dfrac{231.295{,}443 \times 847{,}584}{300.000^2}} \approx 231.638{,}460$$

$$v_{364.Tag} \approx \frac{231.638{,}460 + 847{,}584}{1 + \dfrac{231.638{,}460 \times 847{,}584}{300.000^2}} \approx 231.979{,}983$$

$$v_{365.Tag} \approx \frac{231.979{,}983 + 847{,}584}{1 + \dfrac{231.979{,}983 \times 847{,}584}{300.000^2}} \approx 232.320{,}348 \, km/s$$

Bis man auf diese Weise – ohne wie der Autor dieses Buches einfach ein Tabellenkalkulationsprogramm zu verwenden – das Endergebnis herausbekommen hat, würde es Stunden dauern. Zudem erscheint es aussichtslos, diese mehreren hundert Rechnungen manuell auszuführen, ohne sich zwischendurch signifikant zu verrechnen. Gibt es nicht einen schnelleren Lösungsweg?

Den gibt es, und er ist verblüffend einfach. Einer der Schüler rechnet nämlich schlicht:

$$\theta_{Tag} = \tanh^{-1}\left(\frac{0{,}00981 \times 3600 \times 24}{300.000}\right) \approx 0{,}00282528752$$

$$v_{365} = \tanh(365 \times 0{,}00282528752) \times 300.000 \approx 232.320{,}348 \, km/s$$

Beschleunigte Bezugssysteme

Sein Ergebnis ist offensichtlich korrekt, aber wie kommt er auf diesen Lösungsweg?

Die vom Physiklehrer gestellte Aufgabe erinnert ein wenig an die Anekdote, die über den berühmten deutschen Mathematiker Carl Friedrich Gauß (1777 bis 1855) erzählt wird, der von seinem Lehrer, der auch seine Ruhe haben wollte, als Schüler die Aufgabe gestellt bekam, alle Zahlen von 1 bis 100 zu addieren. Statt wie die anderen Kinder stur loszurechnen, überlegte er ein wenig und bildete gedanklich 50 Additionspaare, die die gleiche Summe bilden (101), nämlich 1 + 100, 2 + 99, 3 + 98 usw. Damit hat man alle Summanden von 1 bis 100 berücksichtigt und kann rechnen:

$$50 \times 101 = 5.050$$

Nun ist es in der Welt der relativistischen Geschwindigkeiten leider nicht so, dass die Summe aus der Geschwindigkeitszunahme des ersten und des 365. Tages genauso groß ist wie die Summe aus der Geschwindigkeitszunahme des zweiten und des 364. Tages. Der Gauß'sche Ansatz funktioniert bei unserer Aufgabe leider nicht. Um uns die Lösung erarbeiten zu können, müssen wir nicht nur Weg und Zeit, sondern auch die Beschleunigung relativistisch betrachten.

Schauen wir uns hierfür zunächst folgende Ungleichung an:

$$\frac{14-6}{14+6} + \frac{6-2}{6+2} \neq \frac{14-2}{14+2}$$

Linker und rechter Term haben unterschiedliche Werte, daher handelt es sich im Sinne der arithmetischen Mathematik nicht um eine Gleichung, wie das Ausrechnen schnell zeigt:

$$\frac{8}{20} + \frac{4}{8} \neq \frac{12}{16}$$

$$0{,}4 + 0{,}5 \neq 0{,}75$$

$$0{,}9 \neq 0{,}75$$

Und doch handelt es sich im physikalischen Sinne (auch) um eine „Gleichung", denn es gilt ja folgende relativistische Geschwindigkeitsaddition:

$$0{,}4c \stackrel{r}{+} 0{,}5c = 0{,}75c$$

Ebenso gilt im physikalisch-relativistischen Sinne also auch:

$$\frac{16-4}{16+4}c \stackrel{r}{+} \frac{4-1}{4+1}c = \frac{16-1}{16+1}c$$

... was nichts anderes ist als die bereits bekannte „Addition":

$$0{,}6c \stackrel{r}{+} 0{,}6c \approx 0{,}882c$$

Nun bringen wir die beiden Zahlenbeispiele in eine abstrahierte Form und schreiben:

$$\frac{A-B}{A+B}c \stackrel{r}{+} \frac{B-C}{B+C}c = \frac{A-C}{A+C}c$$

In dieser Formel steht der linke Bruch für die Geschwindigkeit v, der Bruch in der Mitte repräsentiert u und der Bruch rechts vom Gleichheitszeichen steht für die resultierende Geschwindigkeit w. Wie bereits erwähnt, handelt es sich dabei nicht um eine algebraische Formel, sondern um eine physikalisch-relativistische, anzuwenden in einer Zahlenwelt, in der 1 + 1 = 1 ergibt. Wie kommt diese doch ziemlich elegante Formel zustande? Zweifellos ist es ja so, dass man jeden beliebigen Zahlenwert

Beschleunigte Bezugssysteme

zwischen null und eins (also auch jede Geschwindigkeit v in der Geschwindigkeitseinheit c) in folgender Form schreiben kann:

$$v = \frac{A - B}{A + B}$$

Die Geschwindigkeit v=0,6c beispielsweise lässt sich wie folgt schreiben:

$$0{,}6 = \frac{1 - 0{,}25}{1 + 0{,}25}$$

Es stellt sich nun die Frage, wie man auf den Wert von 0,25 kommt, wenn man 0,6c so darstellen will. Darauf gibt es eine sehr einfache Antwort:

$$0{,}25 = \frac{1 - 0{,}6}{1 + 0{,}6}$$

Die Zahlen 0,6 und 0,25 hängen also irgendwie miteinander zusammen, ebenso wie die Zahlen 0,5625 und 0,28:

$$0{,}5625 = \frac{1 - 0{,}28}{1 + 0{,}28} \quad \Leftrightarrow \quad 0{,}28 = \frac{1 - 0{,}5625}{1 + 0{,}5625}$$

Dies ist keine bloße mathematische Spielerei, sondern eine mathematische Beschreibung der Situation, dass sich zwei Inertialsysteme voneinander entfernen und ein System sodann durch Messung der Lichtlaufzeit die Relativgeschwindigkeit zwischen ihnen misst. Dargestellt in einem Minkowski-Diagramm sieht dies so aus:

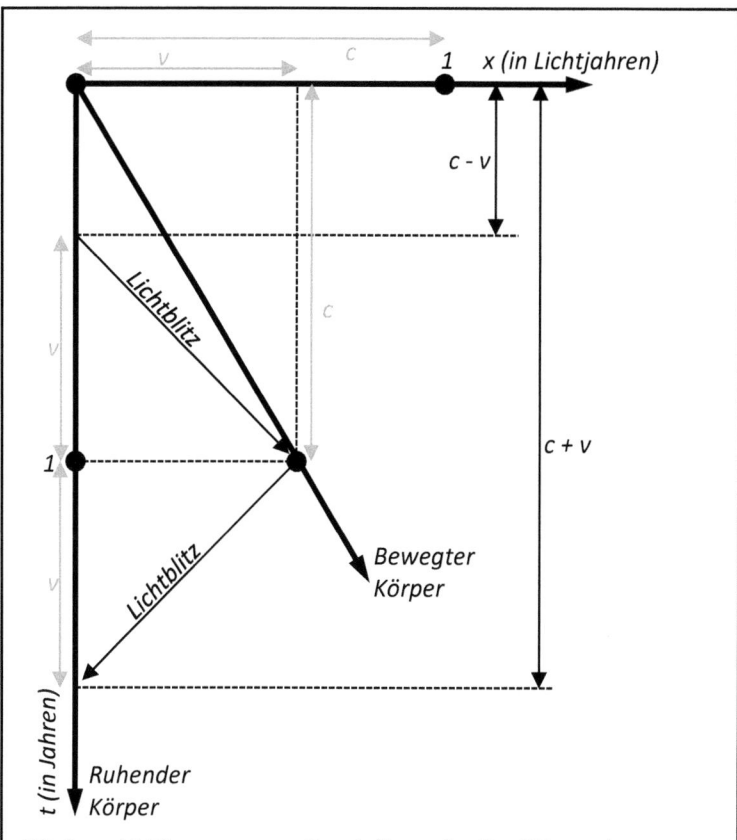

Minkowski-Diagramm zur Darstellung der Ermittlung der Relativgeschwindigkeit über die Messung der Lichtlaufzeit.
Der bewegte Körper möge sich im Zeitpunkt 0 vom ruhenden Körper gelöst haben. Sendet der ruhende Körper nun im Zeitpunkt 1 Jahr mal (c - v) / c einen Lichtblitz zum bewegten Körper, so erreicht der Lichtblitz diesen im Zeitpunkt 1 Jahr. Der reflektierte Lichtblitz erreicht dann den ruhenden Körper im Zeitpunkt 1 Jahr mal (c + v) / c. Aus dem Verhältnis (c − v) / (c + v) kann die Relativgeschwindigkeit errechnet werden.

Wenn wir definieren:

$$V := \frac{Startzeit}{Empfangszeit} = \frac{c-v}{c+v}$$

dann gilt (v jetzt immer in der Einheit c=1):

Beschleunigte Bezugssysteme

$$v = \frac{1-V}{1+V} = \frac{1-\frac{c-v}{c+v}}{1+\frac{c-v}{c+v}}$$

Dazu ein Zahlenbeispiel: Nehmen wir an, zwei Inertialsysteme entfernen sich im Zeitpunkt null voneinander. Nach drei Jahren sendet System A ein Funksignal zu System B, das von B reflektiert wird. Sieben Jahre nach der Trennung der beiden Systeme empfängt A das reflektierte Signal. Das Verhältnis zwischen Sendezeitpunkt und Empfangszeitpunkt beträgt somit:

$$V = \frac{3}{7} \approx 0{,}429$$

Die Relativgeschwindigkeit zwischen beiden Systemen beträgt damit:

$$v = \frac{1-V}{1+V} \approx \frac{1-0{,}429}{1+0{,}429} \approx \frac{0{,}571}{1{,}429} \approx 0{,}4c$$

Auf diese Weise kann ein Inertialsystem natürlich auch die Relativgeschwindigkeit zu *zwei* anderen Systemen, einem langsameren und einem schnelleren, ermitteln. Schauen wir uns dies in einem Minkowski-Diagramm mit einem ruhenden und zwei sich bewegenden Körpern an, wobei sich die beiden bewegten Körper – einer langsamer, einer schneller – zum gleichen Zeitpunkt vom ruhenden Körper gelöst haben mögen. Der ruhende Körper schickt, eine gewisse Zeit nach der Trennung, zunächst einen Lichtblitz zum schnelleren Körper, später dann einen weiteren Lichtblitz zum langsameren Körper. Damit wir nun hieraus unsere gesuchte Formel entwickeln können, möge es nun zufällig so sein, dass die beiden reflektierten Lichtblitze zum gleichen Zeitpunkt wieder beim ruhenden Körper eintreffen:

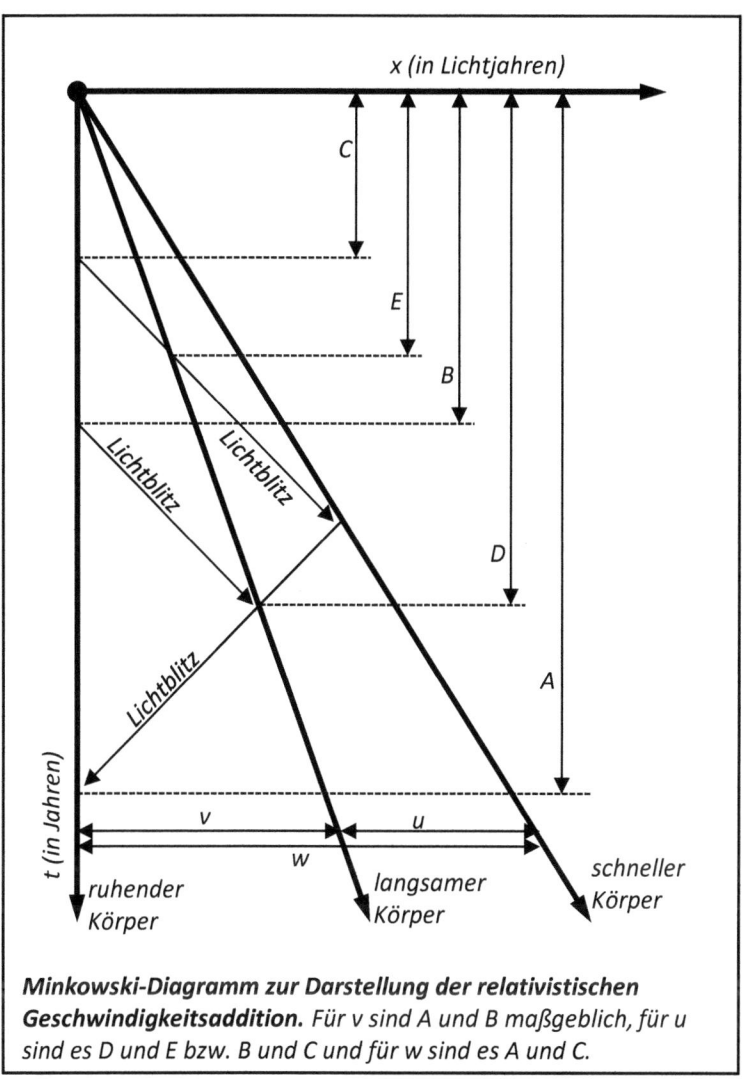

Minkowski-Diagramm zur Darstellung der relativistischen Geschwindigkeitsaddition. Für v sind A und B maßgeblich, für u sind es D und E bzw. B und C und für w sind es A und C.

Für die Geschwindigkeit v des langsameren Körpers gilt in diesem Diagramm:

$$V = \frac{B}{A} \quad \Rightarrow \quad v = \frac{1 - \frac{B}{A}}{1 + \frac{B}{A}} \quad \Rightarrow \quad v = \frac{A - B}{A + B}$$

Für die Geschwindigkeit w des schnelleren Körpers gilt aus Sicht des ruhenden Körpers in entsprechender Weise:

$$w = \frac{A - C}{A + C}$$

Wir haben in diesem Minkowski-Diagramm jedoch auch noch einen Ansatz, wie der langsame Körper die Relativgeschwindigkeit zum schnelleren Körper, ebenfalls durch Messung der Lichtlaufzeit, ermitteln kann. Dies ist beim relativistischen Additionstheorem die Geschwindigkeit u. Für die Geschwindigkeit u des schnelleren Körpers aus Sicht des langsameren Körpers gilt:

$$u = \frac{D - E}{D + E}$$

Also gilt folgende relativistische Geschwindigkeitsaddition:

$$v \stackrel{r}{+} u = w$$

$$\frac{A - B}{A + B} c \stackrel{r}{+} \frac{D - E}{D + E} c = \frac{A - C}{A + C} c$$

Der mittlere Teil (Geschwindigkeit u) ist noch nicht in der Form, in der wir ihn haben wollen. Wir können in der Grafik jedoch, da die ausgesendeten Lichtstrahlen im Minkowski-Diagramm parallel verlaufen (45-Grad-Neigung), einen Strahlensatz anwenden, welcher lautet:

$$\frac{D}{E} = \frac{B}{C}$$

Damit können wir im mittleren Teil D und E durch B und C austauschen und erhalten:

$$\frac{A-B}{A+B}c + \frac{B-C}{B+C}c = \frac{A-C}{A-C}c$$

Diese Formel gilt also tatsächlich für alle möglichen Werte und liefert bei A>B>C eine Methode, um auf einfache Weise Gleichungen für die relativistische Addition von Geschwindigkeiten zu erzeugen. Man kann sich Zahlenwerte für A, B, und C ausdenken und sodann die dazu passenden u, v und w ausrechnen. Eine nützliche Formel für die relativistische Addition ist sie in dieser Form jedoch nicht, da ja hier in der Regel v und u gegeben sind und w gesucht wird, während A, B und C unbekannt sind. Um mit dieser Formel praktisch rechnen zu können, müssen wir also die gegebene Geschwindigkeit v, die wir in die Addition einbringen wollen, in folgende Grundform bringen:

$$v = \frac{A-B}{A+B}$$

Wenn wir nun A willkürlich mit 1 (wegen c=1) festsetzen, dann hat B immer folgenden Wert:

$$B = \frac{c-v}{c+v}$$

Ist v beispielsweise 0,6c, so beträgt B:

$$B = \frac{c-v}{c+v} = \frac{1-0,6}{1+0,6} = \frac{0,4}{1,6} = 0,25$$

Die Geschwindigkeit u, die wir mit v relativistisch addieren wollen, muss dann in folgende Form gebracht werden:

$$u = \frac{B-C}{B+C}$$

B kennen wir schon (s.o.), folglich gilt:

$$u = \frac{\frac{c-v}{c+v} - C}{\frac{c-v}{c+v} + C}$$

C *hätte*, wenn B=1 wäre, folgendes Aussehen:

$$C = \frac{c-u}{c+u}$$

Da aber B von 1 verschieden ist, muss auch C mit B multipliziert werden, damit die Proportionen wieder stimmen. Folglich gilt für C:

$$C = B \times \frac{c-u}{c+u}$$

$$C = \frac{c-v}{c+v} \times \frac{c-u}{c+u}$$

Für w gilt:

$$w = \frac{A-C}{A+C}$$

Durch einsetzen können wir w also wie folgt angeben:

$$w = \frac{1 - \frac{c-v}{c+v} \times \frac{c-u}{c+u}}{1 + \frac{c-v}{c+v} \times \frac{c-u}{c+u}}$$

Diese Formel erscheint zwar ziemlich unübersichtlich, aber sie hat gegenüber der weiter oben entwickelten „herkömmlichen" Formel zur relativistischen Addition von Geschwindigkeiten bereits einen ersten großen Vorteil: Da die einzelnen Komponenten zu v und u über eine einfache Multiplikation miteinander verknüpft sind, kann man mit ihr beliebig viele Geschwindigkeiten relativistisch addieren (bzw. durch Multiplikation relativistisch addieren):

$$v_{gesamt} = \frac{1 - \frac{c-v_1}{c+v_1} \times \frac{c-v_2}{c+v_2} \times ... \times \frac{c-v_n}{c+v_n}}{1 + \frac{c-v_1}{c+v_1} \times \frac{c-v_2}{c+v_2} \times ... \times \frac{c-v_n}{c+v_n}}$$

Die Multiplikation einer Zahl mit sich selbst ist die Potenzierung (zum Quadrat); das Ganze 365 Mal ist also: die Zahl „hoch" 365. Damit können wir bereits unsere vom Physiklehrer gestellte Aufgabe mit relativ wenig Aufwand lösen:

$$v \approx \frac{1 - \left(\frac{300.000 - 847,584}{300.000 + 847,584}\right)^{365}}{1 + \left(\frac{300.000 - 847,584}{300.000 + 847,584}\right)^{365}} \approx \frac{1 - 0,99437^{365}}{1 + 0,99437^{365}} \approx 0,77440116c$$

$$v \approx 0,77440116c \times 300.000 \frac{km}{s} \approx 232.320,348 \frac{km}{s}$$

Das ging doch schon recht schnell. Noch einfacher wird es, wenn man hinsichtlich der zu addierenden Geschwindigkeiten vorab einen bestimmten Potenzwert bildet. Dann kann man nämlich sogar einfach addieren. Dies wird im Folgenden Schritt für Schritt entwickelt: Bei dem Formelteil...

$$v = \frac{A - B}{A + B}$$

... kam es entscheidend auf den Wert B an, der dann wie folgt definiert wurde:

$$B := \frac{c - v}{c + v}$$

Beschleunigte Bezugssysteme

Bezüglich u definieren wir nun in entsprechender Weise einen Wert F wie folgt:

$$F := \frac{c-u}{c+u}$$

Und schließlich definieren wir noch einen Wert G wie folgt:

$$G := \frac{c-w}{c+w}$$

Für G ergibt sich folgende Umkehrung:

$$w = \frac{1-G}{1+G}$$

Weiter oben haben wir schon eine andere Formel für w hergeleitet:

$$w = \frac{1 - \frac{c-v}{c+v} \times \frac{c-u}{c+u}}{1 + \frac{c-v}{c+v} \times \frac{c-u}{c+u}}$$

Diese Formel bringen wir jetzt mithilfe unserer Definitionen in eine kürzere Form und schreiben:

$$w = \frac{1 - B \times F}{1 + B \times F}$$

Jetzt können wir leicht sehen, dass „G" und „B x F" austauschbare Terme sind. Also können wir schlicht und einfach schreiben:

$$B \times F = G$$

Oder, etwas länger:

$$\frac{c-v}{c+v} \times \frac{c-u}{c+u} = \frac{c-w}{c+w}$$

Bei dieser Multiplikation können wir jetzt Zähler und Nenner vertauschen und haben jetzt folgende neue Darstellung der relativistischen Addition von Geschwindigkeiten:

$$\frac{c+v}{c-v} \times \frac{c+u}{c-u} = \frac{c+w}{c-w}$$

An einem Beispiel: Nehmen wir uns noch einmal die relativistische Addition 0,4c + 0,5c = 0,75c vor. Die dazugehörige Gleichung sieht jetzt so aus:

$$\frac{1+0,4}{1-0,4} \times \frac{1+0,5}{1-0,5} = \frac{1+0,75}{1-0,75}$$

$$2{,}333 \times 3 \approx 7$$

Damit haben wir einen mathematischen Zusammenhang gefunden, der uns die Lösung für unser Problem weist. Die eben entwickelte Formel ist zwar keine Addition, sondern eine Multiplikation, aber wir können mithilfe eines beliebigen Logarithmus hieraus eine klassische Addition machen. Ich wähle den natürlichen Logarithmus (abgekürzt ln), also den Logarithmus zur Basis e (e ist die sogenannte Eulersche Zahl 2,71828..., benannt nach dem Schweizer Mathematiker Leonhard Euler [1707 bis 1783]). Wir wenden diesen Logarithmus auf beiden Seiten an:

$$ln\left(\frac{c+v}{c-v} \times \frac{c+u}{c-u}\right) = ln\left(\frac{c+w}{c-w}\right)$$

Links können wir nun die Brüche in der Klammer „teilen", die über den Logarithmus nicht multipliziert, sondern addiert werden:

$$ln\left(\frac{c+v}{c-v}\right) + ln\left(\frac{c+u}{c-u}\right) = ln\left(\frac{c+w}{c-w}\right)$$

Jetzt dividieren wir noch durch 2 – warum, das wird sogleich klar werden – und wir erhalten:

$$\frac{1}{2} \times ln\left(\frac{c+v}{c-v}\right) + \frac{1}{2} \times ln\left(\frac{c+u}{c-u}\right) = \frac{1}{2} \times ln\left(\frac{c+w}{c-w}\right)$$

Mathematisch versierten Lesern könnte nun vielleicht auffallen, dass diese Schreibweise der einzelnen Geschwindigkeitskomponenten sehr dem sogenannten „Areatangens Hyperbolicus" (Schreibweise: $\tanh^{-1}$ oder artanh) ähnelt, der wie folgt definiert ist:

$$\tanh^{-1} x := \frac{1}{2} \times ln\left(\frac{1+x}{1-x}\right)$$

Das x in der Definition können wir jeweils durch v, u und w ersetzen. Unter der Voraussetzung, dass c=1 ist, gilt also kurz:

$$\tanh^{-1} v + \tanh^{-1} u = \tanh^{-1} w$$

Um in beliebigen Geschwindigkeitseinheiten rechnen zu können, dividieren wir v, u und w durch c und erhalten somit:

$$\boxed{\tanh^{-1}\frac{v}{c} + \tanh^{-1}\frac{u}{c} = \tanh^{-1}\frac{w}{c}}$$

Wir können also relativistische Geschwindigkeiten einfach addieren, indem wir ihre jeweiligen Areatangens-Hyperbolicus-Werte addieren. Dies vereinfacht das Rechnen mit relativistischen Geschwindigkeiten erheblich, da wissenschaftliche Taschenrechner oder Tabellenkalkulationsprogramme den Areatangens Hyperbolicus in der Regel als Funktion gespeichert haben (im Microsoft Excel lautet die Bezeichnung für die Funktion „arctanhyp(...)"). Mit dieser Addition errechnet man allerdings nicht unmittelbar w, sondern den areatangens-hyperbolischen Wert von w/c, wie in der Formel ersichtlich ist. Um hieraus zu w in der Geschwindigkeitseinheit c zurückzurechnen, wendet man einfach die Umkehrfunktion „Tangens Hyperbolicus" (Schreibweise: tanh) an, da gilt:

$$\frac{w}{c} = \tanh\left(\tanh^{-1}\frac{w}{c}\right)$$

Selbstverständlich verfügen wissenschaftliche Taschenrechner und Tabellenkalkulationsprogramme auch über diese Funktion (im Microsoft Excel: „tanhyp(...)"). Für die relativistische Geschwindigkeitsaddition 0,6c + 0,6c gilt:

$$\tanh^{-1}\frac{0{,}6}{1} + \tanh^{-1}\frac{0{,}6}{1} \approx 0{,}693 + 0{,}693 \approx 1{,}386$$

$$\Rightarrow \quad \frac{w}{c} \approx \tanh 1{,}386 \approx 0{,}88235$$

$$w \approx 0{,}88235c$$

Der Areatangens-Hyperbolicus-Wert einer Zahl hat interessante Eigenschaften. Sofern die Geschwindigkeit gegenüber der Lichtgeschwindigkeit klein ist, entspricht der Wert nahezu der Geschwindigkeit. Es gilt also:

$$\tanh^{-1}\frac{v}{c} = \frac{v}{c} \quad sofern\ v \ll c$$

Dies vereinfacht die relativistische Addition erheblich, weil man jetzt areatangens-hyperbolische Werte und nominale Werte unter bestimmten Bedingungen einfach addieren kann. Nehmen wir folgendes Beispiel: Eine Rakete möge erst um 0,3c beschleunigen, dann um 0,05c, dann nochmals um 0,5c und schließlich um 0,01c. Um den Rechenaufwand zu begrenzen, kann man so vorgehen, dass man den Areatangens Hyperbolicus nur von den Geschwindigkeiten bildet, die über 0,1c liegen und es im Übrigen bei der nichtrelativistischen Geschwindigkeit belässt. Es gilt dann also folgende gute Näherung:

$$\tanh^{-1} w = \tanh^{-1} 0{,}3 + 0{,}05 + \tanh^{-1} 0{,}5 + 0{,}01$$

$$\tanh^{-1} w \approx 0{,}310 + 0{,}05 + 0{,}549 + 0{,}01 \approx 0{,}919$$

$$w = \tanh 0{,}919 \approx 0{,}725 c$$

Mit einer exakten Rechnung hätten wir kein anderes Ergebnis herausbekommen (zumindest auf die angegebenen drei Stellen nach dem Komma genau). Sofern die zu „addierenden" Geschwindigkeiten identisch sind, können wir natürlich auch multiplizieren:

$$\tanh^{-1} \frac{v}{c} + \tanh^{-1} \frac{v}{c} = 2 \times \tanh^{-1} \frac{v}{c}$$

$$\frac{v}{c} \stackrel{r}{+} \frac{v}{c} = \tanh\left(2 \times \tanh^{-1} \frac{v}{c}\right)$$

Damit wird klar, wie der Schüler so schnell die Aufgabe des Physiklehrers lösen konnte: Er hat aus der erreichten Geschwindigkeit eines Tages den areatangens-hyperbolischen Wert gebildet, diesen mal 365 multipliziert und das Ergebnis wieder in eine reale Geschwindigkeit rückgerechnet.

Geschwindigkeit bei gleichmäßiger Beschleunigung

Der areatangens-hyperbolische Wert einer Geschwindigkeit ist, bildlich gesprochen, die Geschwindigkeit, die durch die Beschleunigung erreicht würde, wenn es die relativistischen Effekte nicht gäbe. Der Areatangens Hyperbolicus von v (v in der Einheit c) ist daher immer größer als v und kann auch einen Wert größer als 1, also scheinbar mehr als die Lichtgeschwindigkeit, annehmen. Man nennt diese Darstellung der Geschwindigkeit „Rapidität" (Formelzeichen θ – das kleine griechische Theta). Geprägt wurde der Begriff 1911 von dem britischen Physiker Alfred Robb (1873 bis 1936, „Euklid der Relativität" genannt, weil er versuchte, eine relativistische Zahlenwelt zu entwickeln, in der so weit wie möglich die einfachen Gesetzmäßigkeiten der ebenen Geometrie gelten.)

Dieses Wesen der Rapidität können wir uns zunutze machen, um die wirkliche Geschwindigkeit bei einer gleichmäßigen Beschleunigung zu berechnen. Die scheinbare Geschwindigkeit – Rapidität – ergibt sich aus der Beschleunigungsintensität (a') mal der Beschleunigungszeit (t'), jeweils betrachtet aus Sicht des beschleunigenden Körpers. Es gilt somit:

$$\theta = \frac{a't'}{c}$$

Die Anwendung der tangens-hyperbolischen Funktion ist nichts anderes als die Rückrechnung dieser Rapidität in eine reale Geschwindigkeit. Es gilt somit:

$$v = \tanh(a't') \quad bei\ c = 1$$

bzw.:

$$\boxed{v = \tanh\left(\frac{a't'}{c}\right) \times c}$$

Damit können wir die nach einem Jahr von der Rakete erreichte Geschwindigkeit in einem Schritt (und sogar noch wesentlich genauer als nach obiger Rechnung) berechnen (Rechenweg in km/s):

$$v = \tanh\left(\frac{0{,}00981 \times 3600 \times 24 \times 365}{300.000}\right) \times 300.000$$

$$v \approx 232.320{,}018\ km/s$$

Das korrekte Ergebnis ist überraschenderweise um eine Spur geringer als das im vorigen Kapitel errechnete (dort: 232.320,348 km/s). Warum? Es liegt einfach daran, dass schon am *ersten* Tag der Beschleunigung die relativistischen Effekte minimal zum Tragen kommen! Die am ersten Tag wirklich erreichte Geschwindigkeit ist daher nicht 847,584 km/s, sondern rund 847,582 km/s. Bereits nach einem Tag der Beschleunigung und bei absolut nichtrelativistischen Geschwindigkeiten greift somit bereits die SRT ein und bewirkt, dass die wirkliche Geschwindigkeit um zwei Meter pro Sekunde geringer ausfällt als nach Galileischer (klassischer) Rechnung erwartet!

Geschwindigkeit aus Sicht der Erde bei gleichmäßiger Beschleunigung

Wir wissen jetzt, wie wir bei gleichmäßiger Beschleunigung die aus Sicht der Erde erreichte Geschwindigkeit einer Rakete berechnen können, wobei jedoch die Beschleunigungszeit aus Sicht der Raketenbesatzung angegeben wurde. Wir wollen jetzt die Sache aus Sicht der Erde betrachten, also berechnen, wie lange der Vorgang aus Sicht der Erde dauert.

Aus Sicht der Rakete beschleunigt diese kontinuierlich mit gleicher Beschleunigung. Am Anfang sind sich auch Raumschiffbesatzung und irdisches Kontrollzentrum über die Beschleunigungsintensität einig (a=a'). Aus Sicht der Erde flacht die Beschleunigung dann immer mehr ab, weil die Zeitdilatation eingreift; a wird immer kleiner. Durch die sich abflachende Beschleunigung wird die Zeitdauer aus Sicht der Erde länger, ehe die gleiche Geschwindigkeit erreicht ist. Die Raketenbesatzung unterliegt jedoch der Zeitdilatation und spürt weiterhin die gleiche Beschleunigungsintensität wie zuvor. Es gilt nunmehr: a<a'.

Betrachten wir zunächst eine willkürlich gewählte Beschleunigungsphase, die vom Zeitpunkt t_1 bis zum Zeitpunkt t_2 dauert. Vor der Beschleunigung messen Raumschiff und Erde eine bestimmte übereinstimmende Relativgeschwindigkeit. Nach Abschluss der Beschleunigungsphase messen sie eine erhöhte, aber ebenfalls übereinstimmende Relativgeschwindigkeit. Folglich gilt, dass Erde und Raumschiff für den Vorgang die gleiche Geschwindigkeitsänderung Δv=Δv' messen. Es gilt aber, dass aus Sicht der Erde die Uhren im Raumschiff um den Lorentzfaktor zu langsam gehen. Aus Sicht der Erde misst also das Raumschiff eine um den Lorentzfaktor zu kurze Zeitdauer für die Beschleunigungsphase und errechnet folglich eine um den Lorentzfaktor zu große Beschleunigungsintensität (a'). Damit gilt aus Sicht der Erde in jedem einzelnen Augenblick, abhängig von der Momentangeschwindigkeit:

$$a' = a \times \gamma \quad bzw. \quad a = \frac{a'}{\gamma}$$

Aus Sicht der Erde gilt grundsätzlich für eine Rakete, die bei $t_0=0$ mit $v_0=0$ startet:

$$v = a \times t$$

Jedoch ist a vorliegend nicht konstant, folglich können wir mit dieser Formel nicht die Geschwindigkeit berechnen. Für die weiteren Betrachtungen gehen wir von der realistischen Annahme aus, dass die Beschleunigung (a') aus Sicht des beschleunigenden Körpers über die gesamte Beschleunigungsdauer hinweg konstant bleibt. Denn eine Rakete, die über mehrere Jahre hinweg kontinuierlich beschleunigt, sollte so arbeiten, dass die Raumschiffinsassen dauerhaft eine Schwerkraft spüren, die nach Möglichkeit stets der Schwerkraft auf der Erde entspricht. In jedem einzelnen Augenblick gilt dann:

$$dv = a \times dt$$

Das kleine d vor v und t steht jeweils dafür, dass der proportionale Zusammenhang zwischen v und t eigentlich nur für eine unendlich kleine Zeitspanne gilt. Ersetzt man jedoch a durch a'/γ, so erhält man mathematisch eine Art konstante Beschleunigung:

$$v = \frac{a'}{\gamma} \times t = a' \times \sqrt{1 - \frac{v^2}{c^2}} \times t$$

Wir stellen nach v um. Zunächst quadrieren:

$$v^2 = a'^2 \times \left(1 - \frac{v^2}{c^2}\right) \times t^2$$

Division durch den Ausdruck in der Klammer:

$$\frac{v^2}{1 - \frac{v^2}{c^2}} = a'^2 t^2$$

Links Division durch v² im Zähler und Nenner:

$$\frac{1}{\frac{1}{v^2} - \frac{1}{c^2}} = a'^2 t^2$$

Den Kehrwert bilden:

$$\frac{1}{v^2} - \frac{1}{c^2} = \frac{1}{a'^2 t^2}$$

Plus 1/c²:

$$\frac{1}{v^2} = \frac{1}{a'^2 t^2} + \frac{1}{c^2}$$

Rechts auf einen Nenner bringen:

$$\frac{1}{v^2} = \frac{c^2 + a'^2 t^2}{a'^2 t^2 c^2}$$

Nochmals den Kehrwert bilden:

$$v^2 = \frac{a'^2 t^2 c^2}{c^2 + a'^2 t^2}$$

Rechts im Zähler und Nenner durch c² dividieren:

$$v^2 = \frac{a'^2 t^2}{1 + \frac{a'^2 t^2}{c^2}}$$

Ziehen der Wurzel ergibt schließlich:

$$v = \frac{a't}{\sqrt{1 + \frac{a'^2 t^2}{c^2}}}$$

Diese Formel beschreibt die erreichte Geschwindigkeit (v) aus Sicht der Erde in der Zeit t nach dem Start – mit t aus Sicht der Erde gerechnet. Lediglich die Beschleunigung (a') ist aus Sicht des Raumschiffes betrachtet. Angewendet auf unser Beispiel: Wie schnell ist die Rakete, die konstant mit irdischer Fallbeschleunigung beschleunigt, nach einem Jahr, aus Sicht der Erde gerechnet?

Um solche Aufgaben leichter lösen zu können, rechnen wir die Beschleunigung, die üblicherweise in m/s² angegeben wird, in eine andere Einheit um, nämlich Lichtjahre/Jahr². Die Fallbeschleunigung g mit 9,81 m/s² entspricht einer Beschleunigung von 1,03 Lichtjahren/Jahr², denn wir hatten am Anfang dieses Abschnitts festgestellt, dass eine derartig beschleunigte Rakete, wenn es die relativistischen Effekte nicht gäbe, nach einem Jahr eine (Überlicht-)Geschwindigkeit von 1,03c erreichen würde. Nun setzen wir ein:

$$v = \frac{1{,}03 \times 1}{\sqrt{1 + \frac{1{,}03^2 \times 1^2}{1^2}}} = \frac{1{,}03}{\sqrt{2{,}0609}} \approx 0{,}717c$$

Es zeigt sich, wie erwartet, dass die Rakete aus Sicht der Erde etwas schwächer beschleunigt hat als dies nach dem Eigenempfinden der Raumschiffbesatzung der Fall war. Mit zunehmender Dauer der Reise würde die Diskrepanz immer deutlicher werden.

Zeitbeziehungen bei gleichmäßiger Beschleunigung

Betrachten wir nun die seit dem Start insgesamt verstrichene Zeit. Wir wollen jetzt eine Beziehung zwischen der Zeitmessung an Bord und der Zeitmessung auf der Erde herstellen. Um zwischen Erdenzeit und Bordzeit umzurechnen, können wir nicht einfach die Formel über die Zeitdilatation verwenden, da sich Relativgeschwindigkeit und Lorentzfaktor permanent ändern. Dennoch kann man bei konstanter Beschleunigung (konstant aus Sicht der Raumschiffbesatzung) zwei einfache Umrechnungsformeln herstellen.

Die momentane „Geschwindigkeit" des Tickens der Borduhr beträgt in jedem beliebigen Augenblick $1/\gamma$:

$$t'_{momentan} = \sqrt{1 - \frac{v^2}{c^2}}$$

Bei konstanter Beschleunigung (konstant aus Sicht des Raumschiffs) ist die in einem bestimmten Moment erreichte Geschwindigkeit (v) eine Funktion der Zeit (s.o.), mit Zeit aus Sicht der Erde. Damit können wir für v die weiter oben ermittelte Formel einsetzen und erhalten:

$$t'_{momentan} = \sqrt{1 - \frac{\left(\frac{a't}{\sqrt{1 + \frac{a'^2 t^2}{c^2}}}\right)^2}{c^2}}$$

Durch Integration dieser Funktion über t erhält man eine Stammfunktion, die die seit dem Start *insgesamt* verstrichene Bordzeit, betrachtet aus Sicht der Erde, abbildet. Diese Stammfunktion lautet:

$$t'_{gesamt} = \int f(t) dt = F(t) + C = \frac{c}{a'} \times \sinh^{-1}\left(\frac{a' \times t}{c}\right) + C$$

(Anmerkung: $\sinh^{-1}$ ist der sogenannte „Areasinus Hyperbolicus".) Ist die Startzeit $t_0 = t'_0 = 0$, so ergibt die eben entwickelte Funktion als untere Grenze des Integrals den Wert null. Für die seit dem Start insgesamt verstrichene Zeit gilt somit:

$$\boxed{t' = \frac{c}{a'} \times \sinh^{-1}\left(\frac{a' \times t}{c}\right)}$$

In dieser Formel ist a' die konstante Beschleunigung aus Sicht der Rakete, t ist die Zeit aus Sicht der Erde (seit dem Start) und t' die seit dem Start verstrichene Bordzeit (aus Sicht der Astronauten). Wenden wir dies auf ein Zahlenbeispiel an: Gesucht ist die seit dem Start vor zehn Jahren bei konstant a'=g=1,03 Lichtjahre/Jahr² verstrichene Bordzeit:

$$t' = \frac{1}{1,03} \times \sinh^{-1}\left(\frac{1,03 \times 10}{1}\right) \approx 2,94 \, Jahre$$

Bereits nach einigen Jahren der Beschleunigung schlägt also die Zeitdilatation gnadenlos zu und bewirkt, dass die Zeit an Bord praktisch zum Erliegen kommt! Und dies bei ganz gewöhnlicher Beschleunigung mit irdischer Fallbeschleunigung. Es erstaunt doch, wie schnell das geht. (Diese Art der beschleunigungsinduzierten Zeitdilatation folgt übrigens allein aus der stetig zunehmenden Momentangeschwindigkeit des Raumschiffs und hat nichts mit einer Art gravitativer Zeitdilatation zu tun, die man u.U. aus dem Äquivalenzprinzip von Beschleunigung und Gravitation schlussfolgern könnte.)

Jetzt kehren wir die eben entwickelte Formel um, um von der Bordzeit in die Erdenzeit umzurechnen. Die Formel lautete:

$$t' = \frac{c}{a'} \times \sinh^{-1}\left(\frac{a' \times t}{c}\right)$$

Wir multiplizieren mit a' und dividieren durch c:

$$\frac{a' \times t'}{c} = \sinh^{-1}\left(\frac{a' \times t}{c}\right)$$

Anwendung des Sinus Hyperbolicus auf beiden Seiten der Gleichung, dadurch „verschwindet" rechts der Areasinus Hyperbolicus:

$$\sinh\left(\frac{a' \times t'}{c}\right) = \frac{a' \times t}{c}$$

Multiplizieren mit c, Dividieren durch a' und Vertauschen der Seiten ergibt schließlich:

$$\boxed{t = \frac{c}{a'} \times \sinh\left(\frac{a' \times t'}{c}\right)}$$

Mit dieser Formel errechnet man die auf der Erde verstrichene Zeit, wenn an Bord eine bestimmte Zeit seit dem Start vergangen ist. Beide Formeln sind identisch, nur mit dem Unterschied, dass man von der Bordzeit in die Erdenzeit mit dem Sinus Hyperbolicus umrechnet, während man von der Erdenzeit in die Bordzeit mit dem Areasinus Hyperbolicus umrechnet. Dieser Unterschied hat gewaltige Auswirkungen, wie das folgende Zahlenbeispiel zeigt: Gesucht ist die auf der Erde verstrichene Zeit, wenn bei konstant a'=g=1,03 Lichtjahre/Jahr^2 an Bord zehn Jahre vergangen sind:

$$t = \frac{1}{1{,}03} \times \sinh\left(\frac{1{,}03 \times 10}{1}\right) \approx 14.433 \, Jahre$$

Die Rechnung zeigt, dass die Astronauten wirklich in eine Art Winterschlaf fallen und die Zeit im Raumschiff fast zum Stillstand kommt. Dabei sei aber nochmals gesagt, dass dies nur relativistische Effekte sind! Die Astronauten bemerken selbstverständlich keine Verlangsamung ihrer Uhren. Für sie gehen vielmehr die Uhren auf der Erde langsamer als die Borduhren. Wie alle bisher entwickelten Formeln gelten auch die zuletzt entwickelten nur für den subjektiven Standpunkt eines Beobachters, in diesem Fall für einen Beobachter auf der Erde. Trotzdem sind die Umrechnungsformeln keine nutzlosen mathematischen Fingerübungen, wie sich gleich zeigen wird. Wenn nämlich das Raumschiff nach der Beschleunigung wieder abbremst (also wieder zu den Raum- und Zeitmaßstäben der Erde zurückkehrt), dann manifestieren sich die unterschiedlichen Zeitmaßstäbe endgültig. Legt man dann die Uhr des Raumschiffs nach dem Ende der Reise neben eine Uhr der Erde (bzw. des Zielorts), dann zeigt sich, dass im Raumschiff endgültig weniger Zeit vergangen ist als auf der Erde.

Beschleunigung und Raumkontraktion

Nun wollen wir uns gedanklich mit einer intergalaktischen Reise beschäftigen. Ein Raumschiff, das kontinuierlich mit irdischer Fallbeschleunigung beschleunigen kann, startet von der Erde aus. Wie lange dauert die Reise (inklusive Abbremsen) zur Andromeda-Galaxie (Entfernung 2,537 Millionen Lichtjahre) aus Sicht der Erde und aus Sicht der Besatzung?

Zunächst zur Betrachtung aus Sicht der Erde: Wir kennen bereits folgende Formel:

$$v = \frac{a't}{\sqrt{1 + \frac{a'^2 t^2}{c^2}}}$$

Hieraus lässt sich durch Integration die Stammfunktion für den zurückgelegten Weg s bilden:

$$s = \int f(t)dt = F(t) + C = \frac{c}{a'} \times \sqrt{a'^2 t^2 + c^2} + C$$

Der Wert für die untere Grenze $t_0=0$ beträgt c^2/a', daher lautet die Formel bei einem Start im Zeitpunkt $t_0=0$ und $s_0=0$:

$$s = \frac{c}{a'} \times \sqrt{a'^2 t^2 + c^2} - \frac{c^2}{a'}$$

bzw., wenn man c/a' vor eine Klammer zieht:

$$\boxed{s = \frac{c}{a'} \times \left(\sqrt{a'^2 t^2 + c^2} - c \right)}$$

Mit dieser Formel errechnen wir den zurückgelegten Weg s nach einer bestimmten Zeit t, beides aus Sicht der Erde, bei konstanter Beschleunigung a' (Beschleunigung konstant aus Sicht des Raumschiffs).

Zahlenbeispiel: Welche Entfernung wird bei einer Beschleunigung von 1,03 Lichtjahren/Jahr² innerhalb von zehn Jahren (Zeit aus Sicht der Erde) zurückgelegt?

$$s = \frac{1}{1,03} \times \left(\sqrt{1,03^2 \times 10^2 + 1^2} - 1 \right) \approx 9,08 \text{ Lichtjahre}$$

Allgemein gilt die Faustregel, dass bei konstanter Beschleunigung mit irdischer Fallbeschleunigung die Rakete nicht mehr als ungefähr ein Lichtjahr hinter einem Lichtstrahl zurückbleiben wird, der gleichzeitig mit dem Start ausgesandt wurde. Stellen wir diese Formel nach t um, um die Reisedauer zur Andromeda-Galaxie zu ermitteln. Zunächst Multiplikation mit a' und Division durch c:

$$\frac{sa'}{c} = \sqrt{a'^2 t^2 + c^2} - c$$

Jetzt Addition von c und Quadrieren:

$$\left(\frac{sa'}{c} + c\right)^2 = a'^2 t^2 + c^2$$

Die Anwendung der binomischen Formel ergibt:

$$\frac{s^2 a'^2}{c^2} + 2sa' + c^2 = a'^2 t^2 + c^2$$

c^2 können wir jetzt auf beiden Seiten weglassen:

$$\frac{s^2 a'^2}{c^2} + 2sa' = a'^2 t^2$$

Division durch a'^2 ergibt:

$$\frac{s^2}{c^2} + \frac{2s}{a'} = t^2$$

Ziehen der Wurzel und Vertauschen der Seiten ergibt:

$$t = \sqrt{\frac{s^2}{c^2} + \frac{2s}{a'}}$$

In dieser Formel ist t die seit dem Start bis zur Entfernung s benötigte Zeit, beides aus Sicht der Erde betrachtet (Beschleunigung a' selbstverständlich wieder konstant aus Sicht des Raumschiffs). Diese Formel können wir verwenden, um die Reisedauer zur Andromeda-Galaxie zu bestimmen. Für die Ermittlung der Reisedauer müssen wir allerdings beachten, dass die Rakete nicht bis zum Ziel beschleunigt, sondern nur bis zur Hälfte der Strecke, danach bremst sie wieder ab (mit ebenfalls –a'=g), denn sonst würde sie ja mit beinahe Lichtgeschwindigkeit am Zielort auftreffen. Die Hälfte der Strecke beträgt 1.268.500 Lichtjahre. Die Beschleunigungsphase bis zur Hälfte der Strecke und die anschließende Abbremsphase dauern gleich lang. Die gesamte Reisedauer zur Andromeda-Galaxie beträgt aus Sicht der Erde somit:

$$t = 2 \times \sqrt{\frac{1.268.500^2}{1^2} + \frac{2 \times 1.268.500}{1{,}03}} \approx 2.537.002 \, Jahre$$

Die Reise würde nur zwei Jahre länger dauern, als das Licht bis zur Andromeda-Galaxie braucht. Daraus können wir schlussfolgern, dass das Raumschiff den größten Teil der Reise mit nahezu Lichtgeschwindigkeit unterwegs wäre. Allgemein gilt, dass bei einer derartigen Reise mit einer konstanten Beschleunigung von 1g (die empfehlenswert wäre) die Reisedauer der Entfernung in Lichtjahren plus rund zwei Jahre entspricht.

2,5 Millionen Jahre sind natürlich für eine Reise viel zu lang. Das intergalaktische Raumschiff müsste, wenn die Astronauten die Reisedauer genauso lang spüren würden, zu einem vollkommen autarken Lebensraum für viele Generationen werden. Aber wegen der Zeitdilatation ist die Reise für die Astronauten viel kürzer. Dies wollen wir nun berechnen. Wir kennen bereits folgende Formel:

$$t' = \frac{c}{a'} \times \sinh^{-1}\left(\frac{a' \times t}{c}\right)$$

Mit dieser Formel können wir vom Zeitempfinden auf der Erde auf das Zeitempfinden im Raumschiff umrechnen. Bei einer Reise zur Andromeda-Galaxie gibt es erst die Beschleunigungsphase von 1.268.501 Jahren Dauer, bei der die Zeit im Raumschiff sukzessive zum Stillstand kommt, und dann gibt es die Abbremsphase, bei der die Zeit im Raumschiff langsam wieder in Gang kommt. Die Reisezeit aus Sicht der Astronauten beträgt das Doppelte einer der beiden Phasen (Achtung: es führt zu einem vollkommen falschen Ergebnis, wenn man stattdessen den Areasinus Hyperbolicus von 2,5 Millionen Jahren rechnen würde!). Angewendet auf das Zahlenbeispiel ergibt sich also:

$$t' = 2 \times \frac{1}{1{,}03} \times \sinh^{-1}\left(\frac{1{,}03 \times 1.268.501}{1}\right) \approx 28{,}69 \text{Jahre}$$

Ist es nicht verblüffend, auf welch geringe Dauer die Reise durch die SRT schrumpft? Aber: Die Reisedauer aus Sicht des „gemeinsamen Inertialsystems" Erde/Andromeda-Galaxie beträgt natürlich weiterhin rund 2,5 Millionen Jahre. Und da die Astronomen auf der Erde gegenwärtig nur das Licht der Andromeda-Galaxie von vor 2,5 Millionen Jahren empfangen und auswerten können, bedeutet dies zwingend, dass sich der Zielort bei der Ankunft der Astronauten inzwischen um fünf Millionen Jahre weiterentwickelt haben wird und es natürlich völlig unsicher ist, in welchem Zustand sich der anvisierte Planet befinden wird.

Durch die extreme Zeitdilatation bei Geschwindigkeiten sehr nahe der Lichtgeschwindigkeit könnten Astronauten innerhalb ihrer Lebensspanne sogar noch viel weiter kommen als bis zur Andromeda-Galaxie. Um dies abzuschätzen, entwickeln wir eine Beziehung zwischen der Zeit (t') aus Sicht der Besatzung und dem Weg (s) aus Sicht der Erde. Wir kennen diesbezüglich die beiden Formeln:

$$s = \frac{c}{a'} \times \left(\sqrt{a'^2 t^2 + c^2} - c\right) \quad \text{und} \quad t = \frac{c}{a'} \times \sinh\left(\frac{a't'}{c}\right)$$

Einsetzen der zweiten Formel in die erste führt zu:

$$s = \frac{c}{a'} \times \left(\sqrt{a'^2 \times \left(\frac{c}{a'} \times \sinh\left(\frac{a't'}{c}\right)\right)^2 + c^2} - c\right)$$

Diese Formel ist korrekt; sie lässt sich aber noch ein bisschen vereinfachen. Zunächst in der mittleren Klammer c/a' quadrieren und dann a'^2 wegkürzen:

$$s = \frac{c}{a'} \times \left(\sqrt{a'^2 \times \frac{c^2}{a'^2} \times \left(\sinh\left(\frac{a't'}{c}\right)\right)^2 + c^2} - c \right)$$

$$s = \frac{c}{a'} \times \left(\sqrt{c^2 \times \left(\sinh\left(\frac{a't'}{c}\right)\right)^2 + c^2} - c \right)$$

Der Ausdruck in der Wurzel kann wie folgt umgeformt werden:

$$s = \frac{c}{a'} \times \left(c \times \cosh\left(\frac{a't'}{c}\right) - c \right)$$

(Anmerkung: cosh ist der sogenannte „Kosinus Hyperbolicus".) Ausklammern von c aus der äußeren Klammer führt schließlich zu:

$$\boxed{s = \frac{c^2}{a'} \times \left(\cosh\left(\frac{a't'}{c}\right) - 1 \right)}$$

Dazu ein Zahlenbeispiel: Gesucht ist die Entfernung (aus Sicht der Erde), die eine Rakete innerhalb von 28 Jahren (Eigenzeit) bei kontinuierlicher Beschleunigung mit a'=g=1,03 erreicht:

$$s = \frac{1^2}{1,03} \times \left(\cosh\left(\frac{1,03 \times 28}{1}\right) - 1 \right) \approx 1,6 \; \textit{Billionen Lichtjahre}$$

Die Rechnung zeigt, dass es einen himmelweiten Unterschied macht, ob die Rakete kontinuierlich 28 Jahre beschleunigt, oder ob sie nach der Hälfte der Zeit beginnt wieder abzubremsen, auch wenn die Rakete in beiden Fällen fast die gesamte Zeit annähernd mit Lichtgeschwindigkeit unterwegs ist.

Stellen wir nun diese Formel nach t' um, um zu errechnen, welche Beschleunigungszeit (Bordzeit) für eine gegebene Entfernung s nötig ist. Zunächst Multiplikation mit a' und Division durch c^2:

$$\frac{sa'}{c^2} = \cosh\left(\frac{a't'}{c}\right) - 1$$

Plus 1 und Umkehrung des Kosinus Hyperbolicus durch den Areakosinus Hyperbolicus:

$$\cosh^{-1}\left(\frac{sa'}{c^2} + 1\right) = \frac{a't'}{c}$$

Multiplikation mit c, Division durch a' und Vertauschen der Seiten führt schließlich zu:

$$t' = \frac{c}{a} \times \cosh^{-1}\left(\frac{sa'}{c^2} + 1\right)$$

Wenden wir auch diese Formel auf ein Zahlenbeispiel an: Aktuelle Schätzungen gehen von einer Größe von 50 bis 100 Milliarden Lichtjahre für das gesamte sichtbare Universum aus. Bei kontinuierlicher Beschleunigung mit a'=g=1,03 würde eine Reise zu einem Punkt im All, der eine Entfernung von 100 Milliarden Lichtjahren von der Erde hat, inklusive Abbremsen ab der Hälfte des Weges etwa 100 Milliarden Jahre plus 2 Jahre dauern. Für die Astronauten wäre dies entsprechend der eben entwickelten Formel eine Bord-Reisezeit von lediglich:

$$t' = 2 \times \frac{1}{1{,}03} \times \cosh^{-1}\left(\frac{50.000.000.000 \times 1{,}03}{1^2} + 1\right) \approx 49{,}2 \, Jahre$$

Beschleunigte Bezugssysteme

Es wäre also theoretisch möglich, innerhalb eines Menschenlebens das gesamte sichtbare Universum zu durchqueren, was natürlich real bedeutet, dass man aus Sicht des „Inertialsystems Universum" viele Milliarden Jahre mit fast Lichtgeschwindigkeit leblos durch den Raum fliegt.

Auswirkungen der Beschleunigung auf Entfernungen und Winkel

Aus Sicht der Erde ist die Beschreibung einer Raumschiffreise zur Andromeda-Galaxie eine ziemlich langweilige Sache: Aus irdischer Sicht beschleunigt das Raumschiff innerhalb weniger Jahre auf nahezu Lichtgeschwindigkeit, bevor Besatzung und Passagiere dann rund 2,5 Millionen Jahre leblos durch den Raum fliegen. Erst kurz vor dem Ziel „tauen" dann alle Insassen wieder auf und das Raumschiff kommt innerhalb weniger Jahre zum Halt.

Aus Sicht der Raumschiffbesatzung und der Passagiere stellt sich das alles vollkommen anders dar. Hier ist es so, dass durch die kontinuierliche Beschleunigung nach dem Start die kosmischen Entfernungen schrumpfen (Längenkontraktion). Dies gilt auch für die Entfernung zum Startort. Aus diesem Grund entfernt sich das Raumschiff während der Beschleunigung aus Sicht der Besatzung nicht weiter als ein Lichtjahr vom Start. Das Raumschiff beschleunigt und beschleunigt über Jahre hinweg, und die (errechnete) Entfernung vom Startort bleibt trotzdem genau bei einem Lichtjahr.

Dafür tut sich nach vorn einiges: Die berechnete Entfernung zum Ziel schrumpft dramatisch, um viele tausend Lichtjahre pro Reisejahr. Ist das Ziel dann ein Lichtjahr (Entfernung unter Berücksichtigung der Längenkontraktion) entfernt, muss der Abbremsvorgang eingeleitet werden. Dann ist es so, dass das Ziel für mehrere Jahre kaum näher zu kommen scheint und immer genau ein Lichtjahr vor dem Raumschiff bleibt, während nunmehr rechnerisch die Entfernung zum Startort drastisch anwächst.

Im Zeitpunkt der höchsten Geschwindigkeit, in der Mitte der Reise, erscheinen Start- und Zielort nur je ein Lichtjahr entfernt.

An einem Gedankenspiel sollen die Auswirkungen der extrem hohen Geschwindigkeit während der Reise gezeigt werden: Stellen wir uns vor, das intergalaktische Raumschiff „Space Ship Fantasia" befindet sich in ferner Zukunft gerade auf der Rückreise zur Erde von einer Weltraum-Kreuzfahrt zur Andromeda-Galaxie. Das Raumschiff hat 14,3 Jahre lang beschleunigt und soll jetzt in den Abbremsmodus übergehen. Dazu wird es um 180 Grad gedreht, sodass die Haupttriebwerke nunmehr in Richtung Erde zeigen und die Triebwerke werden erneut gezündet, um jetzt einen kontinuierlichen negativen Schub zu erzeugen.

Da das Wendemanöver neben Start und Landung das wichtigste Manöver während der Kreuzfahrt ist, kommen die Offiziere auf der Kommandobrücke zusammen und der Kapitän lässt sich vom Ersten Offizier Bericht erstatten. Der Erste Offizier berichtet, dass seine Überprüfung ergeben hat, dass man das Wendemanöver wohl nicht ganz akkurat durchgeführt habe. Statt 180 Grad habe man das Raumschiff nur um 179,999 Grad gedreht. Außerdem habe man das Wendemanöver eine Minute zu spät eingeleitet. Dadurch werde man die Erde verfehlen. Er möchte sofort ein Korrekturmanöver durchführen.

Der Kapitän meint hierzu, man befinde sich ja nur noch in einer Entfernung von einem Lichtjahr zur Erde. Wenn man jetzt um 0,001 Grad vom Kurs abweiche, könne das doch nicht so dramatisch sein, denn es gelte ja:

$$\sin 0{,}001° \times 1 \, Lichtjahr \approx 0{,}000017 \, Lichtjahre \approx 8{,}9 \, Lichtmin.$$

Eine seitliche Abdrift von letztlich knapp 9 Lichtminuten könne doch nicht so bedeutend sein; das sei ja lediglich die Entfernung zwischen Erde und Sonne. Möglicherweise habe sich der Erste Offizier ja nur verrechnet. Er hält insoweit ein Korrekturmanöver nicht für erforderlich. Was das zu späte Wenden betrifft, so meint der Kapitän, der Abbremsprozess sei doch so berechnet, dass man schon einen Lichttag vor der Erde zum Stillstand kommen wird; man habe damit genügend Puffer, um das zu späte Wenden abzufedern.

Der Erste Offizier wendet ein, dass bei einer wirklichen Entfernung von über 1,2 Millionen Lichtjahren zur Erde am Ende die seitliche Abweichung 20 Lichtjahre betragen würde. Führt man die Korrektur erst am Ende durch, so würde dies 22 zusätzliche Jahre dauern.

Welcher der beiden Diskutanten hat Recht?

In gewisser Weise haben beide Recht, aber ein bisschen mehr der Kapitän. Die Entfernung zur Erde beträgt beim Wendemanöver tatsächlich mehr als 1,2 Millionen Lichtjahre und eine reale Kursabweichung von 0,001 Grad wäre wirklich dramatisch. Auf der anderen Seite hat die Längenkontraktion aber auch Auswirkungen auf die Berechnung von Winkeln. Wenn der Erste Offizier durch Peilung eine Kursabweichung von 0,001 Grad misst, so ist diese Abweichung durch den Lorentzfaktor zu dividieren. Im gewählten Beispiel beträgt die Geschwindigkeit zum Zeitpunkt des Wendemanövers:

$$v = \tanh\left(\frac{a' \times t'}{c}\right) \times c$$

$$v = \tanh\left(\frac{1{,}03 \times 14{,}3}{1}\right) \times 1 \approx 0{,}9999999999997c$$

Der Lorentzfaktor bei dieser Geschwindigkeit beträgt:

$$\gamma \approx \frac{1}{\sqrt{1 - \frac{0{,}9999999999997^2}{1^2}}} \approx 1{,}2 \; Millionen$$

Da der Lorentzfaktor bei über 1 Million liegt, beträgt also die wirkliche Kursabweichung nur:

$$\frac{0{,}001°}{1.200.000} \approx 0{,}000000001°$$

Während einer Reise mit knapp Lichtgeschwindigkeit ist es – aus Sicht der Erde gesehen – der Raumschiffbesatzung gar nicht möglich, den Kurs des Raumschiffs entscheidend zu ändern (siehe das Kapitel: Addition senkrechter Geschwindigkeiten). Es kann also erst einmal weiter abgebremst werden.

Im Hinblick auf die „Restgeschwindigkeit" ist der genaue Wendezeitpunkt jedoch entscheidend. Was die Raumschiffbesatzung als eine Minute zu spätes Wenden empfindet, ist für die Außenwelt infolge der Zeitdilatation eine Verspätung von rund 2,3 Jahren, während der das Raumschiff mit nahezu Lichtgeschwindigkeit unterwegs ist (und weiter beschleunigt)! Das Raumschiff würde letztendlich eine Strecke von rund 4,6 Lichtjahren zu viel zurücklegen, ehe es zum Stillstand kommt. Am berechneten Zielort Erde würde es mit fast Lichtgeschwindigkeit vorbeirasen. Die Bremsintensität muss also verstärkt werden, je eher, desto besser.

Beschleunigung und Doppler-Effekt

Die Aussage, dass während der Mitte der Reise zur Andromeda-Galaxie Start und Ziel nur je ein Lichtjahr entfernt erscheinen, darf nicht missverstanden werden. Es handelt sich nur um die unter Berücksichtigung der Raumkontraktion scheinbare Entfernung. Aus Sicht der Erde und der Andromeda-Galaxie ist das Raumschiff zu diesem Zeitpunkt mehr als 1,2 Millionen Lichtjahre entfernt. Ein Funkverkehr zwischen Erde, Raumschiff und Andromeda ist daher während der Reise nicht möglich.

Der Doppler-Effekt hätte auf die Kommunikation zwischen Bodenstation und Raumschiff extreme Auswirkungen. Kurz nach dem Start ist noch Funkkontakt zwischen Erde und Raumschiff möglich, doch schnell werden die Funklaufzeiten größer und eine Antwort lässt immer länger auf sich warten. Bei einer konstanten Beschleunigung von $a'=g$ wäre es dann so, dass ein Funksignal der Erde, das später als ein Jahr nach dem Start zum Raumschiff geschickt wird, dieses überhaupt nicht mehr erreicht. Das Raumschiff scheint sich quasi mit Lichtgeschwindigkeit zu entfernen.

Im Hinblick auf die Kommunikation mit dem Ankunftsort wäre es ähnlich. Das Licht der Andromeda-Galaxie während der Reise würde extrem blauverschoben wirken bzw. gar nicht mehr in den sichtbaren Bereich des elektromagnetischen Spektrums fallen. Eine Nachricht über den Start, die von der Bodenstation der Erde zur Andromeda gesandt würde, würde ihr Ziel erst zwei Jahre vor dem Raumschiff selbst erreichen. Alle Nachrichten der Raumschiffbesatzung über den Stand der Reise würden den Zielort erst kurz vor der Ankunft des Raumschiffs in extrem komprimierter Form erreichen. Dementsprechend würde auch die Raumschiffbesatzung eine Antwort des Kontrollzentrums in der Andromeda-Galaxie erst dann erhalten, wenn sie eigentlich schon so gut wie da ist.

Eine solche intergalaktische Mission wäre also vollkommen auf sich allein gestellt und könnte keinen Kontakt mit Start- und Zielort halten.

Beschleunigung und Zeitdilatation

Spielen wir noch ein weiteres Gedankenexperiment durch: Ein russischer Milliardär sei an einer derzeit unheilbaren Krankheit erkrankt. Er investiert sein ganzes Geld in die Raketenforschung, weil er sich davon seine Rettung verspricht: Er möchte eine so schnelle Reise durch den Orbit unternehmen, dass bei seiner Rückkehr auf die Erde 100 Jahre vergangen sind (siehe das Kapitel: Zwillingsparadoxon), weil er davon ausgeht, dass dann inzwischen ein Heilmittel für seine Krankheit gefunden wurde. Wenn seine Rakete kontinuierlich mit irdischer Fallbeschleunigung beschleunigen kann, wie lange muss dann die Reise dauern?

Wenn wir davon ausgehen, dass die Reise aus vier Phasen besteht (Beschleunigung Hinweg – Abbremsen Hinweg – Beschleunigung Rückweg – Abbremsen Rückweg), dann muss jede der vier Phase so lange dauern, dass dies auf der Erde 25 Jahren entspricht. Nun müssen wir nur noch ausrechnen, wie viel Zeit dies aus Sicht des erkrankten Milliardärs im Raumschiff ist.

Es gilt insoweit:

$$t' = \frac{c}{a'} \times \sinh^{-1}\left(\frac{a' \times t}{c}\right)$$

Eingesetzt ergibt sich:

$$t' = \frac{1}{1{,}03} \times \sinh^{-1}\left(\frac{1{,}03 \times 25}{1}\right) \approx 3{,}83 \, Jahre$$

In Bordzeit gerechnet dauert eine Phase knapp vier Jahre. Die gesamte Reise würde somit ziemlich genau 15 Jahre und 4 Monate dauern. Damit gibt es keine Hoffnung auf eine schnelle Heilung. Abkürzen kann man die benötigte Reisezeit nur, indem man stärker beschleunigt, aber diese Belastung wäre für eine erkrankte Person natürlich nicht zumutbar.

Das Treibstoffproblem

Die eben gemachten Ausführungen haben gezeigt, dass es theoretisch möglich ist, innerhalb der Lebensspanne eines Menschen jeden beliebigen Punkt im Universum zu erreichen. Die nötige Beschleunigung stellt kein Problem dar. Im Gegenteil: Die durch die Beschleunigung erzeugte Schwere hilft, der sogenannten Weltraumkrankheit (u.a. Übelkeit, Muskel- und Knochenabbau) vorzubeugen, an der heutige Astronauten regelmäßig leiden. Die nötige Beschleunigungsintensität von 1g (9,81 m/s^2) schaffen Raketen spielend. Die Reise würde den Astronauten daher sicherlich ruhig und angenehm vorkommen. Neben der Frage, wie man bei knapp Lichtgeschwindigkeit kosmische Partikel erkennt und ihnen ausweicht, wäre aber das Treibstoffproblem das größte Problem, das derartige Raummissionen verhindert.

Stellen wir uns vor, wir wollen als erstes interstellares Ziel den möglicherweise bewohnbaren Planeten „Gliese 667 Cc" besuchen, der sich in etwa 24 Lichtjahren Entfernung von der Erde in unserer Milchstraße befindet. Aus Sicht der Erde betrachtet würde die Reise bei konstanter Beschleunigung von a'=1g folgende Dauer haben (betrachtet werden wieder die zwei Phasen Beschleunigung und Abbremsen):

$$t = 2 \times \sqrt{\frac{\left(\frac{s}{2}\right)^2}{c^2} + \frac{s}{ca'}}$$

$$t = 2 \times \sqrt{\frac{12^2}{1^2} + \frac{24}{1 \times 1{,}03}} \approx 25{,}9 \, Jahre$$

Man erkennt wieder die Faustregel: Entfernung in Lichtjahren plus zwei Jahre. Die Reise dauert dann aus Sicht der Astronauten:

$$t' = 2 \times \frac{c}{a'} \times \cosh^{-1}\left(\frac{sa'}{2c^2} + 1\right)$$

$$t' = 2 \times \frac{1}{1{,}03} \times \cosh^{-1}\left(\frac{24 \times 1{,}03}{2 \times 1^2} + 1\right) \approx 6{,}4 \, Jahre$$

Es erscheint als – noch – machbar, eine Mission für rund sechseinhalb Jahre mit den benötigten Vorräten an Wasser, Lebensmitteln und Medikamenten auszustatten. Das Treibstoffproblem ist aber nach gegenwärtigem technischem Stand keinesfalls lösbar:

Für die Geschwindigkeit einer Rakete gilt die sogenannte Raketengrundgleichung, die der geniale russische Raumfahrtvisionär Konstantin Ziolkowski (1857 bis 1935) bereits 1903 veröffentlichte:

$$\frac{v}{v_g} = \ln\left(\frac{m_0}{m}\right)$$

Dabei ist m_0 die Gesamtmasse der Rakete vor der Beschleunigung, also inklusive Treibstoff, m ist die Masse der Rakete nach der Beschleunigung, also ohne den verbrannten und ausgestoßenen Treibstoff (Nutzlast und Hülle der Rakete) und v_g ist die Austrittsgeschwindigkeit des Treibstoffs (spezifischer Impuls). Je größer die Austrittsgeschwindigkeit, umso effektiver kann die Rakete beschleunigen. Nehmen wir an, dass die Austrittsgeschwindigkeit (relativ zur Rakete) 5.000 m/s betrage. Das ist mehr als die zehnfache Schallgeschwindigkeit und wäre für ein Raketentriebwerk äußerst leistungsfähig. Um im Weltraum eine Viertelstunde lang mit der Beschleunigung a'=g=9,81m/s² zu beschleunigen und damit rund 8,8 km/s zu erreichen, benötigt die Rakete folgende Treibstoffmenge (hierfür wird der Logarithmus *ln*(x) durch beidseitige Anwendung seiner Umkehrfunktion e^x aufgelöst):

$$e^{\ln\left(\frac{m_0}{m}\right)} = \frac{m_0}{m}$$

$$\frac{m_0}{m} = e^{\ln\left(\frac{m_0}{m}\right)} = e^{\left(\frac{v}{v_g}\right)} = e^{\left(\frac{9{,}81 \times 60 \times 15}{5.000}\right)} \approx 5{,}85$$

Für eine Viertelstunde Beschleunigung wird bereits knapp das Fünffache der Nutzlast als Treibstoff benötigt. Das ist ungefähr so, als würde ein Auto innerhalb einer Viertelstunde einen Tanklastzug voller Benzin verbrauchen. Mit dieser Geschwindigkeit kann die Rakete aber noch nicht einmal dem Schwerefeld der Erde entkommen (zweite kosmische Fluchtgeschwindigkeit rund 11,2 km/s). Das ist jedoch noch nicht einmal das Schlimmste: Der Verbrauch steigt, weil ja auch der Treibstoffvorrat mitbeschleunigt werden muss und das Gewicht erhöht, mit zunehmender Zeitdauer exponentiell an. Für vier Stunden konstanter Beschleunigung würde dann folglich bereits benötigt:

$$\frac{m_0}{m} = e^{\left(\frac{v}{v_g}\right)} = e^{\left(\frac{9{,}81 \times 3600 \times 4}{5.000}\right)} \approx e^{28{,}2528} \approx 1{,}86 \; Billionen$$

Um auch nur vier Stunden zu beschleunigen, würde also das 1,86 Billionenfache der Nutzlast als Treibstoff benötigt! Alle fossilen Energieressourcen der Erde reichen bei weitem nicht aus, um auch nur ein kleines Raumschiff nahe an die Lichtgeschwindigkeit zu bringen. Daran wird erkennbar, dass es völlig aussichtslos wäre, mithilfe von Raketenmotoren, die auf dem Rückstoß verbrannter Gase beruhen, eine relativistische Rakete konstruieren zu wollen. Die Vorstellung ist ungefähr so realistisch wie der Plan, ein Schiff über den Atlantik zu bewegen, indem man Steine nach hinten über Bord wirft. Für interstellare Missionen wären völlig neue Antriebe wie z.B. Kernfusionstriebwerke erforderlich.

Kollision bewegter Systeme – Impuls, Masse und Energie

Nach der Lektüre des vorangegangenen Abschnitts könnte man durchaus zu der Meinung gelangen, die SRT sei nur eine phantastische Spielerei ohne jeden Bezug zu unserer Lebenswirklichkeit. Doch ist dies nicht der Fall, wie der nun folgende Abschnitt zeigen wird.

Nachdem wir uns ausführlich mit allen möglichen interstellaren Geschwindigkeiten beschäftigt haben, wollen wir uns jetzt anschauen, welche Auswirkungen hohe Geschwindigkeiten auf Impuls, Masse und Energie von Körpern haben. Dazu stellen wir uns kollidierende Inertialsysteme vor (die dann natürlich keine Inertialsysteme mehr bleiben). Die Beschäftigung mit diesen Aspekten hat zu wichtigen praktischen Anwendungen der SRT geführt wie z.B. Kernkraftwerken. Auch Teilchenbeschleuniger wie der am CERN in Genf und die Forschungsarbeit an Fusionsreaktoren wie das ITER-Projekt im französischen Cadarache beruhen auf den Formeln, die schon kurze Zeit nach der „Entdeckung" der SRT zu Masse und Energie erarbeitet wurden.

Relativistischer Impuls

Betrachten wir zunächst den mechanischen Impuls. Um den Charakter dieser physikalischen Größe zu beschreiben, verlassen wir für einen Augenblick die Welt der hohen Geschwindigkeiten und betrachten einen Fall aus der Alltagswelt:

Nehmen wir an, zwei Pkw, die sich auf einer Landstraße entgegenkommen, stoßen frontal zusammen. Der eine Pkw möge ein Gewicht von 1.500 kg und eine Geschwindigkeit von 72 km/h (20 m/s) haben. Der andere Pkw möge ein Gewicht von nur 1.200 kg haben, aber eine Geschwindigkeit von 90 km/h (25 m/s). Welches Fahrzeug ist beim Zusammenstoß „stärker", das schwerere oder das schnellere? Für den Impuls p, den jedes der beiden Fahrzeuge vor der Kollision hatte, gilt in der klassischen Physik die Formel:

$$p = m \times v$$

Nach dem Zusammenstoß gilt für den Gesamtimpuls:

$$p_{gesamt} = p_1 + p_2$$

… wobei eine Impulskomponente ein negatives Vorzeichen haben muss, weil sich die Fahrzeuge ja entgegen kommen. Sei dies das leichtere Fahrzeug. Es gilt somit:

$$p_{gesamt} = m_1 \times v_1 - m_2 \times v_2$$

$$p_{gesamt} = 1.500 kg \times 20 m/s - 1.200 kg \times 25 m/s$$

$$p_{gesamt} = 30.000 kg \times m/s - 30.000 kg \times m/s = 0 kg \times m/s$$

Der Gesamtimpuls ist somit null, was bedeutet, dass bei dem Zusammenstoß nicht etwa ein Fahrzeug mit größerem Impuls das andere Fahrzeug mit geringerem Impuls von der Straße stößt, sondern beide Fahrzeuge werden am Unfallort gleichermaßen auf null abgebremst. Der Gesamtimpuls des Gesamtsystems ist vor und nach dem Zusammenstoß null. Allgemein gilt, dass sich der Gesamtimpuls eines solchen abgeschlossenen Systems nie ändert, sondern immer konstant bleibt (Impulserhaltungssatz). Der Impuls ist somit nützlich, um zu berechnen, welche Geschwindigkeiten beteiligte Körper nach Kollisionen haben (mithilfe der kinetischen Energie wäre diese Berechnung nicht möglich gewesen, denn die ist in vorliegendem Beispiel bei den Autos verschieden).

Jetzt übertragen wir dies auf bewegte Systeme, aber immer noch im geringen Geschwindigkeitsbereich. Stellen wir uns nun vor, zwei gleich schwere Personen seien in einem Zug, der eine Geschwindigkeit von 90 km/h habe, unterwegs. Sie mögen beide auf Rollschuhen stehen und sich nun so heftig voneinander wegstoßen, dass sie eine Relativgeschwindigkeit von 40 km/h zueinander haben. Auch in diesem Fall bleibt der Gesamtimpuls gleich. In Bezug auf die Außenwelt außerhalb des Zuges bedeutet dies, dass die nach hinten abgestoßene Person eine Geschwindigkeit von 70 km/h und die nach vorn abgestoßene Person eine Geschwindigkeit von 110 km/h hat.

Nun übertragen wir diesen Gedanken auf relativistische Geschwindigkeiten. Wir stellen uns also einen Zug vor, der mit 0,9c unterwegs ist und das Wegstoßen der beiden Personen möge so ablaufen, dass sie eine Relativgeschwindigkeit von 0,4c zueinander haben. Würde man jetzt analog dem eben gebildeten Beispiel verfahren, so müsste man dazu kommen, dass die nach hinten abgestoßene Person eine Geschwindigkeit von 0,7c und die nach vorn abgestoßene Person eine Geschwindigkeit von 1,1c hat. Das wäre Überlichtgeschwindigkeit und die ist selbstverständlich nicht möglich.

Die Geschwindigkeit eines Körpers muss stets unterhalb der Lichtgeschwindigkeit bleiben, gleich wie stark er angestoßen wird. Soll dies nun bedeuten, dass nicht nur die Geschwindigkeit, sondern auch der Impuls eines Körpers durch die Lichtgeschwindigkeit „gedeckelt" ist, etwa nach folgender Formel:

$$p_{max} = m \times c \quad ??$$

Für eine 75 kg schwere Person würde sich ergeben:

$$p_{max} = 75 kg \times 300.000.000 \frac{m}{s} = 22,5 \times 10^9 \frac{kg \times m}{s} \quad ??$$

Dies würde dem Postulat der Gleichberechtigung aller Inertialsysteme widersprechen: Stellen wir uns vor, eine Rakete mit 0,999c hat einen vollen Treibstofftank an Bord und beschleunigt. Sollte sie keinen Impuls mehr hinzugewinnen können; wie würde dann der Rückstoß der ausgestoßenen Verbrennungsgase physikalisch ausgeglichen werden? Soll für schnell bewegte Systeme der Impulserhaltungssatz nicht gelten? In diesem Fall würde ein neben der Rakete reisender Beobachter objektiv feststellen können, dass fast Lichtgeschwindigkeit erreicht ist (weil er registriert, dass die Rakete nicht weiter beschleunigen kann). Die Rakete im Weltall würde sich verhalten wie ein Auto auf der Autobahn, das objektiv keine Geschwindigkeit mehr hinzugewinnen kann, wenn es seine Höchstgeschwindigkeit erreicht hat und der Fahrtwind gegen das Auto drückt, obwohl der Fahrer weiter aufs Gaspedal tritt. Im Weltall gibt es aber keinen bremsenden Fahrtwind. Eine Rakete, die 0,999c erreicht hat, kann ebenso gut weiter beschleunigen wie eine Rakete, die ruht.

Die zutreffende Feststellung lautet daher: Den Impuls eines im Weltall fliegenden Körpers kann man durch Kraftstöße *beliebig weiter erhöhen*. Die Rate der dadurch bewirkten Geschwindigkeitsänderung nimmt aber mit zunehmender Geschwindigkeit immer mehr ab. Verdoppelt man den Impuls eines Körpers, so verdoppelt sich damit im relativistischen Geschwindigkeitsbereich nicht seine Geschwindigkeit. Wegen der bei ihm wirkenden Zeitdilatation bemerkt der bewegte Körper diesen Effekt allerdings bei sich nicht, er geht vielmehr von einer stärkeren Kontraktion des ihn umgebenden Raumes aus.

Der klassischen Formel über den Impuls ist daher ein kleiner Korrekturfaktor hinzuzufügen. Dies ist – wieder einmal – der Lorentzfaktor. Es gilt daher:

$$p = \gamma \times m_0 \times v = \frac{m_0 \times v}{\sqrt{1 - \frac{v^2}{c^2}}}$$

...wobei m_0 nunmehr die sogenannte Ruhemasse darstellt, die von der bewegten (relativistischen) Masse zu unterscheiden ist (dazu bald mehr). Warum wieder der Lorentzfaktor? Erinnern wir uns an das Kapitel über die Kombination senkrechter Geschwindigkeiten. Ein Körper, der in einer Richtung bereits 0,9c erreicht hat, kann seitlich maximal 0,436c hinzugewinnen, da andernfalls aus Sicht des äußeren Beobachters die Überschreitung der Lichtgeschwindigkeit droht. Nehmen wir an, wir (äußerer Beobachter) haben einem Körper einen Kraftstoß in Richtung x-Achse versetzt, die zu einer Geschwindigkeit von 0,6c geführt hat. Nun versetzt eine Person, die mit dem Körper reist, dem Körper den gleichen Kraftstoß in Richtung y-Achse. Wegen der Zeitdilatation läuft der zweite Vorgang aus Sicht des äußeren Beobachters langsamer ab, aber das Ergebnis (0,6c in Richtung y-Achse) sollte gleich sein, könnte man auf den ersten Blick meinen. Der Körper gewinnt in Richtung der y-Achse aber nur insgesamt 0,48c hinzu, da die bereits weiter vorn entwickelte Formel gilt:

$$w_y = u_y \times \sqrt{1 - \frac{v_x^2}{c^2}} = 0{,}6 \times \sqrt{1 - \frac{0{,}6^2}{1^2}} = 0{,}6 \times 0{,}8 = 0{,}48$$

Erster und zweiter Kraftstoß waren aus Sicht des äußeren Beobachters somit in ihrer Wirkung ungleich! Der Grund hierfür kann nur sein, dass der Körper nach dem ersten Kraftstoß einen höheren Impuls gespeichert hat als nach klassischer Physik angenommen und der zweite Kraftstoß daher eine geringere Wirkung entfaltet als der erste. Da der zweite Kraftstoß eine um den Lorentzfaktor verringerte Wirkung hat, muss dies bedeuten, dass der unmittelbar vor dem zweiten Kraftstoß schon gespeicherte Impuls um den Lorentzfaktor größer ist als nach klassischer Mechanik angenommen. Die Wirkung eines Kraftstoßes hängt also von der bereits vorhandenen Geschwindigkeit ab, bei hoher Geschwindigkeit ist ein um den Lorentzfaktor vergrößerter Impuls/Kraftstoß vonnöten, um einen gewünschten Effekt zu erzielen.

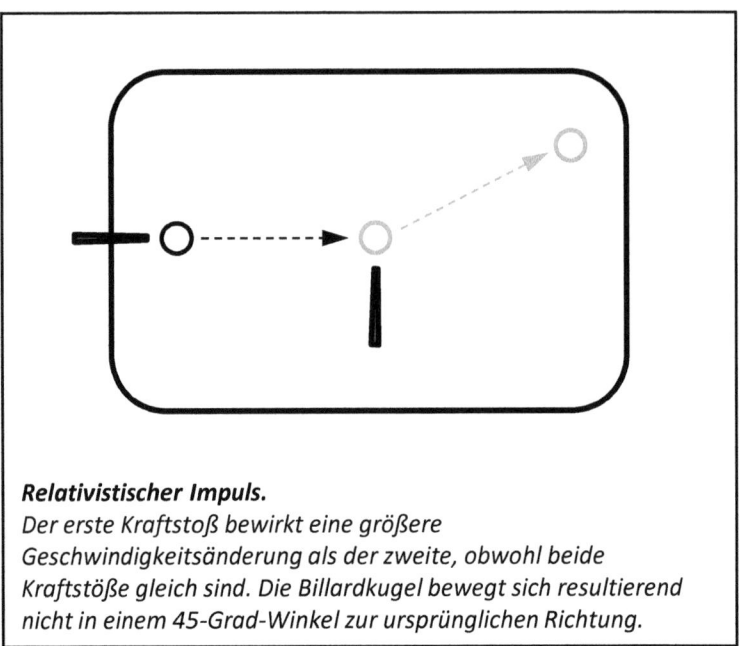

Relativistischer Impuls.
Der erste Kraftstoß bewirkt eine größere Geschwindigkeitsänderung als der zweite, obwohl beide Kraftstöße gleich sind. Die Billardkugel bewegt sich resultierend nicht in einem 45-Grad-Winkel zur ursprünglichen Richtung.

(Diese Darlegungen gelten selbstverständlich nicht nur bei seitlichen Stößen, lassen sich bei diesen aber anschaulicher erklären. Wird ein zweiter Kraftstoß in Bewegungsrichtung ausgeführt, so gilt zwar das Gleiche, ist aber weniger offenkundig. Es quadrieren sich dann nämlich die Auswirkungen des Lorentzfaktors: Zum einen hat der zweite Kraftstoß wegen des erhöhten Impulses des Körpers eine geringere Wirkung, zum anderen erscheint dem äußeren Beobachter dann auch noch die Wirkung des zweiten Kraftstoßes wegen der Längenkontraktion geringer. Das ist in Reinform dann schließlich auch nur bei unendlich kleinen Kraftstößen, bei denen sich der Lorentzfaktor während des Stoßes nicht ändert, zu beobachten. Bei 0,8c beträgt beispielsweise das Quadrat des Kehrwerts des Lorentzfaktors 0,36. Wird also einem Körper, der eine Geschwindigkeit von 0,8c hat, ein Kraftstoß zugefügt, der bei Ruhe des Körpers eine Wirkung von 0,01c hätte, so ist die resultierende Geschwindigkeit nunmehr nur rund: 0,8c + 0,01c × 0,36 = 0,8036c.)

Dazu ein Zahlenbeispiel: Gesucht ist der Impuls eines Körpers mit 1 kg Ruhemasse bei 0,6c.

$$p = \frac{1\,kg \times 180.000.000\,m/s}{\sqrt{1 - \frac{0{,}6^2}{1^1}}} = 225.000.000\,\frac{kg \times m}{s}$$

Welche Geschwindigkeit hätte dieser Körper bei doppeltem Impuls? Dazu stellen wir die Formel nach v um: Zunächst Multiplikation mit dem Kehrwert des Lorentzfaktors:

$$p = \frac{m_0 \times v}{\sqrt{1 - \frac{v^2}{c^2}}}$$

$$p \times \sqrt{1 - \frac{v^2}{c^2}} = m_0 \times v$$

Quadrieren:

$$p^2 \times \left(1 - \frac{v^2}{c^2}\right) = m_0^2 \times v^2$$

Wir lösen die Klammer auf:

$$p^2 - \frac{p^2 v^2}{c^2} = m_0^2 \times v^2$$

Addition mit dem Bruch und Vertauschen der Seiten:

$$\frac{p^2 v^2}{c^2} + m_0^2 \times v^2 = p^2$$

Wir ziehen das v² vor eine Klammer:

$$v^2 \left(\frac{p^2}{c^2} + m_0^2\right) = p^2$$

Kollision bewegter Systeme

Wir dividieren durch die Klammer:

$$v^2 = \frac{p^2}{\frac{p^2}{c^2} + m_0^2}$$

Rechts wie folgt erweitern:

$$v^2 = \frac{p^2}{\frac{p^2 + m_0^2 \times c^2}{c^2}} = \frac{p^2 c^2}{p^2 + m_0^2 \times c^2}$$

Rechts im Zähler und Nenner Division durch p²:

$$v^2 = \frac{c^2}{1 + \frac{m_0^2 \times c^2}{p^2}}$$

Ziehen der Wurzel führt schließlich zu:

$$v = \frac{c}{\sqrt{1 + \frac{m_0^2 \times c^2}{p^2}}}$$

Eingesetzt ergibt sich:

$$v = \frac{300.000.000 \frac{m}{s}}{\sqrt{1 + \frac{(1 kg)^2 \times \left(300.000.000 \frac{m}{s}\right)^2}{\left(450.000.000 \frac{kg \times m}{s}\right)^2}}}$$

$$v \approx 249.600.000 \frac{m}{s} \approx 0{,}832 c$$

Die Geschwindigkeit liegt damit selbstverständlich unter einer arithmetischen Verdoppelung der Ausgangsgeschwindigkeit von 0,6c – was ohnehin Überlichtgeschwindigkeit wäre –, aber auch unter der Geschwindigkeit, die sich bei einer relativistischen Addition der Geschwindigkeit ergäbe (dies wären rund 0,88c).

Relativistische kinetische Energie

Mit dem Impuls „verwandt" ist die kinetische Energie. Während aber der Impuls (in der klassischen Physik) proportional zur Geschwindigkeit ist, steigt die kinetische Energie quadratisch mit der Geschwindigkeit an. Es gilt in der klassischen Physik:

$$E_{kin} = \frac{1}{2} m \times v^2$$

Bei dreifacher Geschwindigkeit eines Autos (also z.B. 150 km/h statt 50 km/h) steigt der Impuls somit auf das Dreifache, die kinetische Energie jedoch auf das Neunfache der Ausgangswerte. Außerdem wird die kinetische Energie nicht als Vektor dargestellt, d.h. die Bewegung selbst hat zwar eine Richtung, für die kinetische Energie aber wird nur der Betrag angegeben. Fahren zwei gleich schwere Autos mit gleicher Geschwindigkeit aufeinander zu, so ist der Gesamtimpuls null, die kinetischen Energien werden aber nicht saldiert, sondern die gesamte kinetische Energie ist die Summe der beiden kinetischen Energien der Autos. Beim Zusammenstoß wird dann diese summierte kinetische Energie frei, d.h. in Verformungsenergie des Autoblechs und letztlich in Wärmeenergie und akustische Energie (die auch wieder zu Wärme wird) umgewandelt.

Überprüfen wir, ob die klassische Formel über die kinetische Energie auch in der relativistischen Welt Bestand hat. Dazu stellen wir uns wieder einen Billardtisch in einem Raumschiff vor, das mit 0,6c durch den Weltraum fliegt. Es möge nun so sein, dass zwei gleiche Billardkugeln auf dieser Billardplatte mit der unvorstellbaren Geschwindigkeit von je 0,6c (Geschwindigkeit aus Sicht des Billardspielers) seitlich aufeinander zurollen. „Seitlich" meint hier senkrecht zur Bewegungsrichtung der Billardplatte. Die resultierende Geschwindigkeit einer Kugel aus Sicht des äußeren Beobachters beträgt dann (Anwendung des „relativistischen Pythagoras", siehe das Kapitel über die Kombination senkrechter Geschwindigkeiten):

$$w = \sqrt{v^2 + u^2 - \frac{v^2 u^2}{c^2}}$$

v ist die Geschwindigkeit des Raumschiffs bzw. der Billardplatte aus Sicht des äußeren Beobachters, u ist die Geschwindigkeit der Billardkugel aus Sicht des Billardspielers. Die resultierende Geschwindigkeit w der Billardkugel aus Sicht des äußeren Beobachters soll im Folgenden mit w_{quer} bezeichnet werden. Eingesetzt ergibt sich:

$$w_{quer} = \sqrt{2 \times 0,6^2 - 0,36^2} \approx 0,76837c$$

Die Kugeln mögen sich nun (vollkommen elastisch) versetzt so anstoßen, dass die eine Kugel nach vorn (in Bewegungsrichtung des Billardtischs) und die andere Kugel zurück (gegen die Bewegungsrichtung des Billardtischs) läuft. Damit läuft die eine Kugel aus Sicht des Billardspielers nunmehr mit 0,6c nach vorn, die andere mit 0,6c nach hinten.

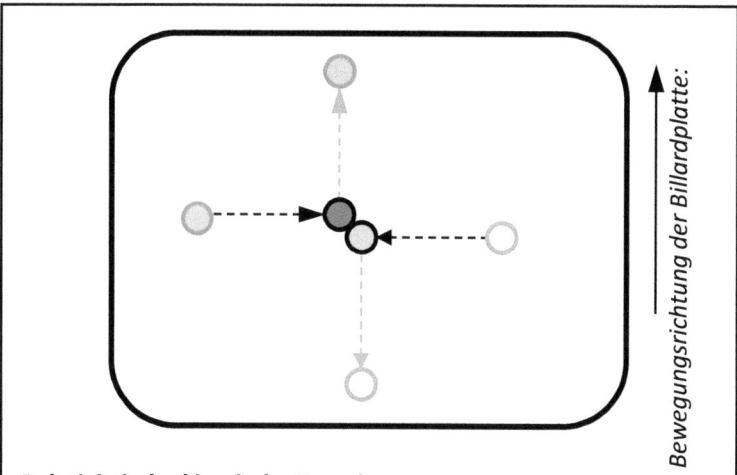

Relativistische kinetische Energie.
Zwei Billardkugeln laufen seitlich aufeinander zu und stoßen einander so an, dass eine Kugel mit der Bewegungsrichtung, die andere gegen die Bewegungsrichtung der Billardplatte läuft. Da keine Energie aufgenommen oder abgegeben wird, muss die kinetische Energie vor und nach dem Anstoß identisch sein.

Nunmehr liegen die Geschwindigkeiten v (Bewegung der Billardplatte) und u (Bewegung der Kugeln) in einer Bewegungsrichtung, daher gilt jetzt das relativistische Additionstheorem. Für den Billardspieler ändert sich an der Geschwindigkeit u der beiden Billardkugeln dabei aber nichts. Die Kugel, die nach vorn läuft, hat daher folgende Geschwindigkeit aus Sicht des äußeren Beobachters:

$$w_{\text{längs,vor}} = \frac{v+u}{1+\frac{vu}{c^2}} = \frac{0{,}6+0{,}6}{1+\frac{0{,}6 \times 0{,}6}{1^2}} \approx 0{,}88235c$$

Die andere Kugel, die zurückläuft, hat die Geschwindigkeit null:

$$w_{\text{längs,rück}} = \frac{v-u}{1-\frac{vu}{c^2}} = \frac{0{,}6-0{,}6}{1-\frac{0{,}6 \times 0{,}6}{1^2}} = 0c$$

Kollision bewegter Systeme

Nun kennen wir alle relevanten Geschwindigkeiten und wollen hieraus die kinetischen Energien der Billardkugeln berechnen. Da durch den – vollkommen elastischen – Anstoß weder Energie aufgenommen noch abgegeben wird, muss es nun so sein, dass die Summe der kinetischen Energien – sowohl aus Sicht des Billardspielers als auch aus Sicht des äußeren Beobachters – vor und nach dem Anstoßen die gleiche ist. Die Kugel, die nach dem Anstoßen nach vorn läuft, muss also die gleiche kinetische Energie haben wie beide Kugeln zusammen, als sie seitlich aufeinander zu liefen. Doch ist das nach klassischer Rechnung für den äußeren Beobachter nicht der Fall! Wir setzen zur Vereinfachung für das Gewicht (Ruhemasse) jeder der beiden Kugeln $m_0=1kg$ und berechnen die summierte kinetische Energie beider seitlich laufender Kugeln (zur Vereinfachung nicht in der üblichen Einheit Joule, sondern nur als Zahlenbeispiel dargestellt!):

$$E_{vor} \approx 2 \times \frac{1}{2} \times 1 \times 0{,}76837^2 \approx 0{,}59039$$

Nun berechnen wir die kinetische Energie der nach vorn laufenden Kugel nach dem Anstoß (die andere hat aus Sicht des äußeren Beobachters keine kinetische Energie):

$$E_{nach} \approx \frac{1}{2} \times 1 \times 0{,}88235^2 \approx 0{,}38927$$

Der zweite Wert ist erheblich geringer, was bedeutet, dass aus Sicht des äußeren Beobachters Energie „verschwunden" ist. Dies verstößt gegen den Energieerhaltungssatz. Offensichtlich führt die klassische Formel über die kinetische Energie bei dieser Konstellation zu widersprüchlichen Zahlenwerten und kann folglich für relativistische Geschwindigkeiten keinen Bestand haben.

Schauen wir, ob wir auch bei der kinetischen Energie ganz einfach weiterkommen, indem wir wie beim Impuls den Lorentzfaktor hinzufügen:

$$E_{vor} \approx 2 \times \frac{1}{2} \times 1 \times 0{,}76837^2 \times \frac{1}{\sqrt{1 - \frac{0{,}76837^2}{1^2}}} \approx 0{,}92249$$

$$E_{nach} \approx \frac{1}{2} \times 1 \times 0{,}88235^2 \times \frac{1}{\sqrt{1 - \frac{0{,}88235^2}{1^2}}} \approx 0{,}82720$$

Die Werte liegen nun deutlich näher beieinander, stimmen aber auch nicht überein. Von einem bloßen Rundungsfehler kann man bei dieser Abweichung nicht ausgehen. Mit dieser Überlegung sind wir jedoch schon auf einem guten Weg, wenngleich noch nicht am Ziel. Der Lorentzfaktor für die Geschwindigkeit vor dem Zusammenstoß (0,76837c) beträgt 1,5625, für die Geschwindigkeit der schnellen Kugel nach dem Zusammenstoß (0,88235c) beträgt er 2,125. Der Lorentzfaktor für die ruhende Kugel beträgt selbstverständlich 1. Mit ein bisschen Ausprobieren kommt man dann schnell auf folgenden Zusammenhang:

$$1{,}5625 + 1{,}5625 = 2{,}125 + 1$$

Man gelangt also zu übereinstimmenden Zahlenwerten, wenn man in vorliegender Konstellation einfach die Lorentzfaktoren addiert! Allerdings wird diese Harmonie gestört durch die Tatsache, dass dann auch die ruhende Kugel eine kinetische Energie von 1 haben soll. Wir eliminieren das Problem, indem wir einfach für jede Kugel die Zahl 1 abziehen:

$$1{,}5625 - 1 + 1{,}5625 - 1 = 2{,}125 - 1 + 1 - 1$$

Einfaches Umformen ergibt:

$$2 \times (1{,}5625 - 1) = 1 \times (2{,}125 - 1)$$

Die linke Seite steht für die kinetischen Energien beider Kugeln vor dem Zusammenstoß, die rechte Seite für die kinetische Energie der einen schnellen Kugel nach dem Zusammenstoß. Es könnte also hypothetisch in unserem Beispiel gelten:

$$E_{vor} \approx 2 \times (1{,}5625 - 1) \approx 1{,}125$$

$$E_{nach} \approx 1 \times (2{,}125 - 1) \approx 1{,}125$$

Beide Zahlen stimmen überein, wenn man in der Formel zur Berechnung der kinetischen Energie 1/2 und v^2 einfach weglässt und von γ eine eins abzieht. Wiederholt man diese Rechnung mit anderen Ausgangsgeschwindigkeiten, so kommt man stets auf übereinstimmende Ergebnisse. Es scheint also in unserem Billardbeispiel zu gelten:

$$E_{kin} = \gamma - 1$$

(Die Einheit dieser physikalischen Größe ist uns noch unbekannt.) Nun muss natürlich auch in der relativistischen Welt die kinetische Energie proportional zur Masse sein, denn eine doppelt so schwere Billardkugel hätte selbstverständlich die doppelte kinetische Energie (wir hatten oben zur Vereinfachung $m_0=1$ gesetzt). Nun haben wir folgende Hypothese:

$$E_{kin} = m_0 \times (\gamma - 1)$$

Rechnen wir das einmal an einem „alltäglichen" Beispiel durch, bei dem noch keine relativistischen Effekte sichtbar sein sollten. Nach klassischer Rechnung beträgt die kinetische Energie einer 1.000 kg schweren Raumsonde bei 30 km/s:

$$E_{kin,klassisch} = \frac{1}{2} \times 1.000 kg \times 30.000^2 \frac{m^2}{s^2} = 450.000.000.000 \, J$$

Diese Geschwindigkeit entspricht 0,0001c. Nach unserer neuen Rechnung beträgt die kinetische Energie:

$$E_{kin,neu} = 1.000 \times \left(\frac{1}{\sqrt{1 - \frac{0{,}0001^2}{1^2}}} - 1 \right) \approx 0{,}000005$$

Die Zahlen liegen meilenweit auseinander, was aber daran liegen könnte, dass wir noch gar nicht wissen, in welcher Einheit wir unsere neue kinetische Energie rechnen wollen. Wir könnten versuchen, mithilfe eines Umrechnungsfaktors unsere neue Energie in der gleichen Einheit darzustellen wie in der klassischen Physik. Wenn wir einen solchen Umrechnungsfaktor zwischen beiden Zahlen suchen, so ergibt der:

$$Faktor = \frac{E_{kin,klassisch}}{E_{kin,neu}} = \frac{450.000.000.000}{0{,}000005} = 9 \times 10^{16}$$

Da wir inzwischen mit großen Zahlen vertraut sind, fällt uns sofort auf:

$$9 \times 10^{16} = (3 \times 10^8)^2 = c^2$$

Der Umrechnungsfaktor ist also das Quadrat der Lichtgeschwindigkeit, und damit gilt:

$$E_{kin} = m_0 \times (\gamma - 1) \times c^2$$

Damit haben wir schon die richtige Formel gefunden. Wir stellen sie nur noch etwas um, um zu der allgemein üblichen Form zu gelangen. Zunächst Auflösen der Klammer:

$$E_{kin} = m_0 \times \gamma \times c^2 - m_0 \times c^2$$

Den Lorentzfaktor einsetzen und wir erhalten:

Kollision bewegter Systeme

$$E_{kin} = \frac{m_0 \times c^2}{\sqrt{1 - \frac{v^2}{c^2}}} - m_0 \times c^2$$

Hier ist also wieder der Lorentzfaktor im Einsatz. Bei kleinen Geschwindigkeiten ergibt die eben entwickelte Formel das gleiche Ergebnis wie die klassische. Bei Werten nahe der Lichtgeschwindigkeit strebt aber der Lorentzfaktor gegen unendlich und daher strebt dann auch die kinetische Energie gegen unendlich. Das bedeutet, dass auch vom Standpunkt der kinetischen Energie ein Überschreiten der Lichtgeschwindigkeit unmöglich ist.

An einem Beispiel soll veranschaulicht werden, mit welchen kinetischen Energien man es bei extrem hohen Geschwindigkeiten zu tun hat. Nehmen wir an, wir sind in einem intergalaktischen Raumschiff mit 0,9c unterwegs und steuern auf ein kleines ruhendes kosmisches Partikel mit einer Ruhemasse von nur 3 Gramm zu, vergleichbar einem Stückchen Würfelzucker. Könnte uns ein Zusammenstoß gefährlich werden?

Wir haben wegen unserer hohen Geschwindigkeit eine riesige kinetische Energie. Das bedeutet jedoch nicht, dass wir das Partikel problemlos aus dem Weg räumen können. Auch hier gilt wieder, dass wir uns als ruhendes Inertialsystem betrachten können bzw. in diesem Fall müssen. Aus unserer Sicht haben nicht wir kinetische Energie, sondern das Partikel. Das macht die Sache gefährlich, wie eine Berechnung der kinetischen Energie zeigt:

$$E_{kin} = \frac{0,003 kg \times \left(300.000.000 \frac{m}{s}\right)^2}{\sqrt{1 - \frac{0,9^2}{1^2}}} - 0,003 kg \times \left(300.000.000 \frac{m}{s}\right)^2$$

$$E_{kin} \approx 349.422.000.000.000 J$$

Die kinetische Aufprallenergie beträgt damit rund 350 Terajoule, das entspricht über 80 Kilotonnen TNT, etwa der 6,4-fachen Sprengkraft der Hiroshima-Atombombe! Dieses winzige Partikel, das einem Auto bei

Autobahngeschwindigkeit kaum etwas anhaben könnte, würde dem Raumschiff wegen der hohen Relativgeschwindigkeit extrem gefährlich werden. Nach klassischer Rechnung hätte die kinetische Energie übrigens weniger als ein Drittel des wirklichen Wertes betragen.

Darstellung der kinetischen Energie als Taylorreihe

Zur eben entwickelten Formel muss eine praktische Anmerkung gemacht werden: Die relativistische Formel ist zwar auch bei geringen Geschwindigkeiten korrekt und eigentlich sogar genauer als die klassische, aber man hat das praktische Problem, dass Taschenrechner und Tabellenkalkulationsprogramme dann unzuverlässig werden. Bei sehr geringen Geschwindigkeiten bis einigen Metern pro Sekunde werfen Rechner in der Regel für γ den Wert eins aus und ermöglichen somit gar keine Berechnung. Bei Geschwindigkeiten darüber wird zwar ein Wert angegeben, aber der ist meist nicht ganz zuverlässig, was sich bei Geschwindigkeiten bis etwa 10.000 m/s durchaus in der Weise bemerkbar machen kann, dass die relativistisch berechnete kinetische Energie kleiner ausfällt als die klassisch berechnete! Man kann die relativistische Formel daher bei geringen Geschwindigkeiten in der Regel leider nicht anwenden.

Grund ist der gegenwärtig angewandte Industriestandard IEEE 754, der vorsieht, dass Rechner Zahlen im Allgemeinen 15-stellig (zuzüglich Exponent) verarbeiten. Nun hat aber der Wert c^2, der im Lorentzfaktor vorkommt, bereits 17 Stellen (90.000.000.000.000.000 m^2/s^2). Zieht man von c^2 eine kleine Zahl wie v^2=1 m^2/s^2 ab, so ignoriert ein Rechner diese Subtraktion in der Regel komplett, weil er die letzten beiden Stellen bei c^2 gar nicht als signifikante Stellen verarbeiten und darstellen kann. Für die Relativitätstheorie reicht somit die übliche Computergenauigkeit häufig nicht aus und erzeugte Rechenergebnisse sind manchmal mit Vorsicht zu genießen.

Damit fällt es sehr schwer, beispielsweise exakt zu berechnen, um wieviel größer die kinetische Energie eines Passagierflugzeuges nach relativistischer Formel gegenüber der klassischen Formel ist. Hier soll diesbezüglich eine praktikable Lösung präsentiert werden. Das Problem liegt beim Lorentzfaktor, der in seiner Wurzel mit sehr großen (c^2) und eventuell sehr kleinen Zahlen (v^2) operiert. Um das Problem beherrschbar zu machen, stellen wir den Lorentzfaktor zunächst um:

$$\gamma = \frac{1}{\sqrt{1-\frac{v^2}{c^2}}} = \frac{1}{\sqrt{\frac{c^2-v^2}{c^2}}} = \frac{1}{\frac{\sqrt{c^2-v^2}}{\sqrt{c^2}}} = \frac{c}{\sqrt{c^2-v^2}}$$

Das Problem liegt am Nenner des so umgestellten Lorentzfaktors. Bildlich gesprochen, geht es mathematisch darum, von einer riesig großen quadratischen Fläche (c^2) eine sehr, sehr kleine Fläche (v^2) abzuschneiden, die Restfläche dann wieder zu einem Quadrat zu machen und die Seitenlänge dieses neuen Quadrats zu ermitteln. Bei sehr kleinen v rechnet der Taschenrechner fälschlicherweise:

$$\sqrt{c^2-v^2} = c \quad ??$$

…obwohl das natürlich nicht korrekt ist. Um zu einem besseren Ergebnis zu kommen, kann man – wiederum bildlich gesprochen – die zu subtrahierende Fläche v^2 in einen Streifen mit der Länge 2c auslegen und über Eck auf das Quadrat c^2 legen. Dieser Streifen hat dann logischerweise die Breite $v^2/2c$, da gilt: Fläche = Länge mal Breite = 2c × v^2/2c = v^2.

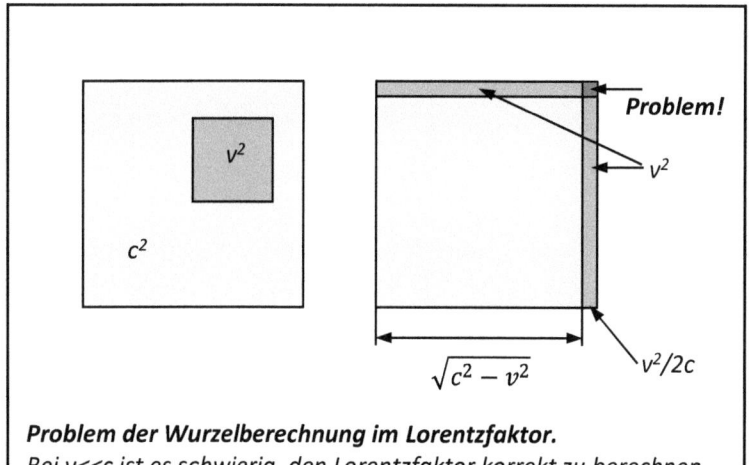

Problem der Wurzelberechnung im Lorentzfaktor.
Bei v<<c ist es schwierig, den Lorentzfaktor korrekt zu berechnen. Eine praktikable Option ist es, die Fläche v^2 zu einem Streifen der Länge 2c auszulegen. Der Term c/(c-v^2/2c) ist jedoch nur eine Annäherung. Es verbleibt eine kleine unberücksichtigte Fläche (in der Grafik oben rechts).

Man kann somit näherungsweise rechnen:

$$\sqrt{c^2 - v^2} \approx c - \frac{v^2}{2c} \quad \text{für } v \ll c$$

Dies ist übrigens auch die Berechnungsart, mit der die klassische Formel für die kinetische Energie operiert, wie wir gleich sehen werden. Man übersieht dabei aber eine kleine Ecke im Quadrat c^2, in der der Streifen mit der Fläche v^2 doppelt gelegt ist (siehe Grafik). Diese kleine Restfläche hat die Größe $v^4/4c^2$. Um diesbezüglich zu einem deutlich besseren Ergebnis zu gelangen, kann man diese Restfläche auch noch einmal zu einem Streifen der Länge 2c „auswalzen" und die Breite dieses zweiten Streifens ebenfalls von c abziehen:

$$\sqrt{c^2 - v^2} \approx c - \frac{v^2}{2c} - \frac{v^4}{8c^3} \quad \text{für } v \ll c$$

Damit begeht man zwar auch eine gewisse Ungenauigkeit, aber die Genauigkeit ist jetzt schon um Längen besser geworden. Der Lorentzfaktor sieht jetzt so aus:

$$\gamma \approx \frac{c}{c - \frac{v^2}{2c} - \frac{v^4}{8c^3}} \quad für\ v \ll c$$

Jetzt begehen wir eine weitere Ungenauigkeit, indem wir die Subtrahenden im Nenner einfach zu Summanden im Zähler machen. Das ist zwar auch nicht ganz astrein, aber in den Fällen, in denen v sehr viel kleiner als c ist, durchaus vertretbar. Der Lorentzfaktor sieht jetzt so aus:

$$\gamma \approx \frac{c + \frac{v^2}{2c} + \frac{v^4}{8c^3}}{c} \quad für\ v \ll c$$

Um die Folgen dieser zuletzt begangenen Ungenauigkeit zu minimieren, fügen wir einen weiteren Korrektursummanden hinzu. Dabei machen wir uns folgende Näherung zunutze:

$$\frac{c}{c - x} \approx \frac{c + x + \frac{x^2}{c}}{c} \quad für\ x \ll c$$

Die Wirkung dieser Korrektur soll an einem willkürlich gewählten Zahlenbeispiel veranschaulicht werden (c=10; x=2):

$$\frac{10}{10 - 2} = 1{,}25 \quad \approx \quad \frac{10 + 2 + \frac{2^2}{10}}{10} = 1{,}24$$

Ohne die Korrektur wäre das Ergebnis von 1,25 auf 1,2 verfälscht worden, mit Korrektur wird es nur auf 1,24 verfälscht.

Wir machen diese Korrektur nur mit dem ersten wichtigen Summanden $v^2/2c$, weil die Rechnung sonst unpraktikabel würde. Das gewünschte Ergebnis einer deutlichen Verbesserung erreichen wir damit auf jeden

Fall. Wir quadrieren also v²/2c und teilen das Ergebnis nochmals durch c. Diesen neuen Term (v⁴/4c³) addieren wir. Nun haben wir eine sehr genaue Näherung für den Lorentzfaktor:

$$\gamma \approx \frac{c + \frac{v^2}{2c} + \frac{v^4}{8c^3} + \frac{v^4}{4c^3}}{c} \quad für\ v \ll c$$

Wir können vereinfachen, indem wir im Zähler und Nenner durch c teilen:

$$\gamma \approx 1 + \frac{v^2}{2c^2} + \frac{v^4}{8c^4} + \frac{v^4}{4c^4} \quad für\ v \ll c$$

Weiteres Vereinfachen ergibt:

$$\gamma \approx 1 + \frac{v^2}{2c^2} + \frac{3v^4}{8c^4} \quad für\ v \ll c$$

Jetzt setzen wir diesen „Lorentzfaktor" in die Formel für die relativistische kinetische Energie ein:

$$E_{kin} = m_0 \times (\gamma - 1) \times c^2$$

$$E_{kin} \approx m_0 \times \left(1 + \frac{v^2}{2c^2} + \frac{3v^4}{8c^4} - 1\right) \times c^2$$

Wir können die beiden Einsen herauskürzen und multiplizieren m_0 und c^2 in der Klammer aus. Damit ergibt sich:

$$\boxed{E_{kin} \approx \frac{1}{2}m_0 v^2 + \frac{3}{8}m_0 \frac{v^4}{c^2} \quad für\ v \ll c}$$

Der erste Teil dieser Formel ist die altbekannte klassische kinetische Energie und rechts davon steht ein Korrektursummand, der die Formel bei kleinen und mittleren Geschwindigkeiten erheblich genauer macht als die klassische und zudem von Rechnern sehr genau ermittelt werden kann. Bei sehr hohen Werten von v machen sich natürlich in dieser Formel die oben begangenen Ungenauigkeiten bemerkbar, aber für diese Fälle können wir ja die „echte" relativistische Formel sehr gut verwenden. Die eben entwickelte Formel empfiehlt sich nur für Geschwindigkeiten bis etwa 10.000 m/s.

Jetzt können wir berechnen, um wieviel die kinetische Energie eines Verkehrsflugzeuges während des Fluges in Wahrheit höher ist als nach der klassischen Formel angenommen. Sei die momentane Masse während des Fluges 100 Tonnen (dies entspricht einem mittelgroßen Passagierjet) und die Reisegeschwindigkeit 250 m/s. Die kinetische Energie beträgt dann:

$$E_{kin} = \frac{100.000 kg \times \left(250 \frac{m}{s}\right)^2}{2} + \frac{3 \times 100.000 kg \times \left(250 \frac{m}{s}\right)^4}{8 \times \left(300.000.000 \frac{m}{s}\right)^2}$$

$$E_{kin} \approx 3{,}125 \times 10^9 J + 0{,}00163 J$$

$$E_{kin} \approx 3.125.000.000{,}00163 J$$

Die kinetische Energie beträgt rund 3,125 Milliarden Joule; der „relativistische Anteil" beträgt davon aber nur 0,00163 Joule, ist also verschwindend gering. In diesem sehr niedrigen Geschwindigkeitsbereich kann somit bedenkenlos die klassische Formel angewendet werden.

Übrigens: Setzt man in der eben entwickelten, gegenüber der klassischen Formel stark verbesserten Formel die Lichtgeschwindigkeit mit unendlich an, so geht der Korrektursummand gegen null und das Ergebnis entspricht vollumfänglich der klassischen Berechnung. Die klassische Formel ist daher nicht wirklich falsch, sondern nur die Berechnung der kinetischen Energie unter der irrigen Annahme, die Lichtgeschwindigkeit sei unendlich (dies zur Ehrenrettung der klassischen Physiker). Einstein hat somit mit seiner Relativitätstheorie nicht wirklich Newton „vom

Thron gestoßen" und dessen Gesetze für komplett falsch erklärt, wie dies häufig dargestellt wird, sondern er hat einfach Newtons sehr gute Annäherung an die Wirklichkeit noch weiter verbessert.

Die eben entwickelte Formel nennt man Entwicklung einer Taylorreihe, benannt nach dem britischen Mathematiker Brook Taylor (1685 bis 1731), der ihre Regeln erstmals beschrieb. Die Genauigkeit dieser Reihe ließe sich durch Weiterentwicklung beliebig steigern:

$$E_{kin} = \frac{1}{2}m_0 v^2 + \frac{3}{8}m_0 \frac{v^4}{c^2} + \frac{5}{16}m_0 \frac{v^6}{c^4} + \frac{35}{128}m_0 \frac{v^8}{c^6} \dots$$

Die weiteren Summanden haben aber bei geringen Geschwindigkeiten praktisch keinen signifikanten Einfluss auf das Ergebnis (bei 250 m/s deckt z.B. der 3/8-Summand bereits über 99,9999999999 Prozent des relativistischen Energiezuwachses ab).

Äquivalenz von Masse und Energie (E = m × c²)

Im Rahmen der eben geschilderten Zusammenhänge ergab sich, dass der Impuls eines Körpers nicht streng proportional mit der Geschwindigkeit, sondern vergrößert um den Lorentzfaktor ansteigt. Dies lässt sich auch so interpretieren, dass zwar der Impuls an sich streng proportional zur Geschwindigkeit ist, dass aber die Masse eines Körpers mit zunehmender Geschwindigkeit ansteigt. Folgende umgestellte Formel drückt dies plastisch aus:

$$\frac{p_{rel}}{v} = m_0 \times \gamma = m_{rel}$$

Es gibt somit zwei verschiedene Massebegriffe: eine Ruhemasse (m_0) sowie eine bewegte Masse ($m_{rel} = m_0 \times \gamma$), die größer ist. Dabei sei aber noch einmal gesagt, dass dies nur relativistische Effekte sind! Der Körper gewinnt durch die Beschleunigung kein einziges Atom hinzu (und sein Volumen schrumpft sogar aus Sicht des Beobachters, siehe das Kapitel:

Relativistische Dichte und relativistisches Volumen). Der aus unserer Sicht bewegte Körper empfindet sich selbst als ruhend und er kann bei sich auch keine Massenzunahme feststellen.

Gleichwohl lässt sich aus dieser Überlegung *die* fundamentale Erkenntnis der modernen Physik ableiten. Sie wurde als erstes von Albert Einstein 1905 formuliert. Dazu schauen wir uns noch einmal die weiter oben dargestellt Formel über die relativistische kinetische Energie an:

$$E_{kin} = m_0 \times (\gamma - 1) \times c^2$$

Wenn wir m_0 in die Klammer ziehen, erhalten wir:

$$E_{kin} = (m_0 \times \gamma - m_0) \times c^2$$

Der Teil in der Klammer entspricht dem relativistischen Massenzuwachs ($\Delta m = m - m_0$), der aus der Geschwindigkeit erwächst:

$$E_{kin} = \Delta m \times c^2$$

Division durch c^2 und Vertauschen der Seiten ergibt:

$$\Delta m = E_{kin} \times \frac{1}{c^2}$$

Die kinetische Energie, die ein Körper aufnimmt, während er eine bestimmte Geschwindigkeit erreicht, wird also quasi umgewandelt in eine Massenzunahme des Körpers. Der Umwandlungsfaktor ist der Kehrwert des Quadrats der Lichtgeschwindigkeit. Gibt ein Körper kinetische Energie ab, so verliert er wieder Masse, bis er beim Stillstand nur noch seine Ruhemasse hat. Die Massenzunahme ist streng proportional zur kinetischen Energie, da $1/c^2$ eine Konstante ist.

Das Revolutionäre an diese Einsicht ist, dass sich die eben entwickelte Formel auch auf andere Energiearten übertragen lässt! Eine Energieform kann ja theoretisch ohne Verlust in eine andere und wieder zurück umgewandelt werden. Dies bedeutet: Wenn ein Auto beschleunigt wird, dann wird es schwerer, weil es kinetische Energie hinzugewinnt (der Benzinverbrauch sei vernachlässigt). Wenn ihm thermische Energie zugeführt wird, muss das Gleiche gelten, denn die thermische Energie könnte ja jederzeit in kinetische Energie umgewandelt werden. Ein fahrendes Auto ist also schwerer als ein stehendes. Bremst das fahrende Auto dann ab, ist es immer noch schwerer – aber jetzt, weil die Bremsen heiß sind!

Jede andere Annahme würde zu kuriosen Ergebnissen führen: Stellen wir uns eine thermisch isolierte Black Box vor, in der sich ein schnell rotierender Kreisel befindet, auf einer Waage vor. Wegen der Rotationsenergie hat der Kreisel eine Massenzunahme und folglich auch die Black Box. Würde der Kreisel nun abgebremst und dabei leichter, so würde die Black Box ohne von außen ersichtlichen Grund leichter. Solch eine Black Box könnte damit, ohne dass ihr Masse oder Energie zugeführt oder entnommen wird, beliebig schwerer oder leichter werden. Dies würde eklatant dem Masseerhaltungssatz widersprechen. Es muss also so sein, dass auch die Wärmeenergie, die beim Abbremsen des Kreisels entsteht, zur Masse der Black Box beiträgt. Letztlich ist thermische Energie ja auch nichts anderes als die kinetische Energie im Teilchen.

Daher nimmt auch ein Körper, der Lichtenergie absorbiert und dabei masselose Photonen aufnimmt, an Masse zu. Und sogar ein Liter bzw. Kilogramm Wasser, der im Kochtopf auf dem Herd zum Sieden gebracht wird, wird dadurch um eine Winzigkeit schwerer (sofern man das Verdunsten verhindern kann):

$$\Delta m = \frac{\Delta E_{therm}}{c^2}$$

Die spezifische Wärmekapazität von Wasser beträgt 4,186 KJ pro kg und Kelvin. Daher ergibt sich folgende Massenzunahme bei einem Erhitzen von 20 Grad Celsius auf 100 Grad Celsius:

$$\Delta m = \frac{1kg \times 80K \times 4{,}186 \frac{kJ}{kg \times K}}{\left(\frac{300.000.000m}{s}\right)^2} \approx 0{,}000004 Nanogramm$$

Zugeführte Energie wird also stets in Masse umgewandelt – oder besser: zugeführte Energie *ist* zugeführte Masse. Masse ist nicht ohne Energie, Energie nicht ohne Masse denkbar. Dass man diesen grundlegenden Zusammenhang zwischen Massenzunahme und Energiezuführung nicht schon eher entdeckt hatte, mag vielleicht damit zusammenhängen, dass wir bei der Energie eigentlich mit viel zu großen, bei der Masse hingegen eigentlich mit viel zu kleinen Zahlen rechnen. So ist die Energieeinheit Joule im Internationalen Einheitensystem (SI) definiert durch Kilogramm mal Quadratmeter durch Quadratsekunde. Zum Zeitpunkt der Festlegung des Joule im SI-System war die fundamentale Bedeutung der Lichtgeschwindigkeit noch nicht bekannt. Hätte man damals bereits gewusst, welche Bedeutung die Lichtgeschwindigkeit einmal für Masse und Energie haben würde, so hätte man statt „Meter" vielleicht „Lichtsekunde" gewählt. In diesem Fall würden wir heute die Energie in winzig kleinen Zahlen rechnen. Und die Einheit der Energie wäre dann Kilogramm mal Quadratlichtsekunde durch Quadratsekunde, gekürzt Kilogramm mal „Lichtquadrat", also ein in Licht ausgedrücktes Kilogramm – und damit wäre der Zusammenhang zwischen Masse und Energie eigentlich offensichtlich.

Nachdem man diese Zusammenhänge erkannt hatte, stellte sich natürlich die Frage, ob nicht auch die Ruhemasse eines Körpers eine gewisse Art von Energie ist, seine Basisenergie gewissermaßen. Könnte man nicht sogar einem kalten und ruhenden Stein Energie entlocken, wenn man ihn irgendwie leichter machen könnte? Zunächst sah man keine Möglichkeit, dieser These experimentell nachzugehen. Doch etwa zeitgleich mit der Veröffentlichung der Einstein'schen Formel wurde die Radioaktivität und wenig später die Kernspaltung entdeckt. Radioaktive Stoffe schienen aus dem Nichts heraus gewaltige Mengen Energie zu produzieren, ohne dass die Quelle dieser Energie ersichtlich war. Man konnte aber messen, dass die Spaltprodukte leichter als die Ausgangsprodukte waren, und der gemessene Massendefekt bestätigte exakt den vorhergesagten Zusammenhang zwischen Masse und Energie. Es gilt somit für die Ruhemasse m_0 und die Ruheenergie E_0:

$$E_0 = m_0 \times c^2$$

Damit gilt für die Gesamtenergie E:

$$E = E_0 + E_{kin}$$

$$E = (m_0 + \Delta m) \times c^2$$

Und dies führt schließlich zur berühmtesten Formel der gesamten Naturwissenschaften:

$$\boxed{E = m \times c^2}$$

E stellt in dieser Formel die Gesamtenergie dar und m die relativistische Gesamtmasse (unter Berücksichtigung der Bewegung des Körpers). Die Ruhemasse besitzt eine Ruheenergie und eine übertragene Energie entspricht einer übertragenen Masse.

Der untrennbare Zusammenhang zwischen Masse und Energie ist eine fundamentale Erkenntnis der modernen Physik. Energie kann in Masse umgewandelt werden und Masse in Energie. Masse ist quasi Energie in kondensierter Form. In einer abgeschlossenen Black Box, in die weder Energie noch Masse hinein oder heraus können, bleiben daher nicht zwingend sowohl Masse als auch Energie konstant, wohl aber die Summe aus Masse und Energie. Der klassische Masseerhaltungssatz und der klassische Energieerhaltungssatz gehen also in einem Masse-Energie-Erhaltungssatz auf.

Um es noch deutlicher zu formulieren: Der Zusammenhang $E = mc^2$ besagt, dass z.B. ein Kilogramm Wasser absolut *exakt* (!) die gleiche Energiemenge enthält wie ein Kilogramm Superbenzin oder gar ein Kilogramm Plutonium – und dieses Energiepotenzial ist unfassbar groß. Es kommt in der Praxis natürlich darauf an, ob dieses Energiepotenzial „gehoben" werden kann. Beim Superbenzin besteht die Möglichkeit, durch Verbrennen wenigstens einen winzigen Teil dieses Energiepotenzials zu mobilisieren. Beim Wasser besteht diese Möglichkeit natürlich nicht, doch das theoretische Energiepotenzial eines Kilogramms Wasser beträgt gleichwohl:

$$E = 1kg \times \left(3 \times 10^8 \frac{m}{s}\right)^2 = 1kg \times 9 \times 10^{16} \frac{m^2}{s^2}$$

$$E = 9 \times 10^{16} J = 90 \, Petajoule$$

Zum Vergleich: Der Heizwert eines Kilogramms Benzin beträgt rund 45 bis 50 Megajoule. Durch das Verbrennen wird also nicht einmal der milliardste Teil der Ruheenergie frei. Dementsprechend ist auch der Massenverlust kaum messbar. Würde es gelingen, die gesamte Masse eines Kilogramms Wasser in reine Energie umzuwandeln, so könnte man damit so viel Energie erzeugen wie durch das Verbrennen von zwei Millionen Tonnen Benzin! Der gesamte jährliche Energieverbrauch Deutschlands könnte bereits mit dem Regen gedeckt werden, der durchschnittlich auf einen einzigen Quadratmeter in Deutschland fällt.

Inspiriert von diesen theoretischen Rechenspielen suchten die Physiker nach möglichen Kernumwandlungen und deren Massendefekten. Es stellte sich heraus, dass besonders die radioaktiven Stoffe wie Uran oder Plutonium relativ gesehen schwer sind. Bei ihrem Zerfall (Kernspaltung) wird Masse bzw. Energie frei. Wasserstoff setzt bei der Fusion (Verschmelzung) zu Helium noch mehr Energie frei, weil das Fusionsprodukt deutlich leichter ist (nicht pro Atom gesehen, sondern auf das Verhältnis zwischen Gesamtmasse vor und nach dem Fusionsprozess bezogen). Die Kernfusion des Wasserstoffs ist die Energiequelle der Sonne. Am leichtesten (relativ gesehen) ist Eisen. Es kann nicht unter Energiefreisetzung in einen anderen Atomkern umgewandelt werden. Viele ausgebrannte Sterne bestehen überwiegend aus Eisen (sogenannte „Fe-Weiße Zwerge").

Aber leider wäre es nicht einmal mit der Kernfusion möglich, das gesamte Energiepotenzial des im Wasser enthaltenen Wasserstoffs zu nutzen (genau genommen wird dabei nur knapp ein Prozent der Energie/Masse frei). Diese Überlegungen leiten bereits über zu den praktischen Anwendungsmöglichkeiten der SRT, von denen einige im übernächsten Abschnitt kurz besprochen werden sollen.

Impulserhaltungs- und Energieerhaltungssatz

Nun ein kurzer Blick auf wichtige Erhaltungssätze. Für ein abgeschlossenes System, in das weder Impuls/Energie/Masse hinein oder heraus können, gilt, dass der Gesamtimpuls (die Summe aller Impulse) und die Gesamtenergie erhalten bleiben. Dies soll an einem Beispiel dargestellt werden:

Stellen wir uns wieder zwei kosmische Billardkugeln vor. Eine Billardkugel mit der Masse 2kg möge mit 0,6c auf eine andere, ruhende Billardkugel mit der Masse 1kg zufliegen. In diesem Fall hat aus unserer Sicht nur die erste Billardkugel vor dem Stoß Impuls und kinetische Energie, und zwar wie folgt:

$$p_{vor} = \frac{2kg \times 180.000.000 \frac{m}{s}}{\sqrt{1 - \frac{0,6^2}{1^2}}} = 450 \times 10^6 \frac{kg \times m}{s}$$

$$E_{kin,v} = 2kg \times \left(\frac{1}{\sqrt{1 - \frac{0,6^2}{1^2}}} - 1\right) \times \left(300.000.000 \frac{m}{s}\right)^2 = 4,5 \times 10^{16} J$$

Nun mögen diese beiden Kugeln vollkommen elastisch zentral aufeinanderstoßen. In diesem Fall hätte die schwerere Kugel danach noch eine Geschwindigkeit von rund 0,22c (66.000.000m/s) und die leichtere eine Geschwindigkeit von 0,724c (217.200.000m/s). Der Gesamtimpuls wäre damit nach dem Stoß:

$$p_{nach} \approx \frac{2kg \times 66.000.000\frac{m}{s}}{\sqrt{1-\frac{0,22^2}{1^2}}} + \frac{1kg \times 217.200.000\frac{m}{s}}{\sqrt{1-\frac{0,724^2}{1^2}}}$$

$$p_{nach} \approx 135 \times 10^6 \frac{kg \times m}{s} + 314,9 \times 10^6 \frac{kg \times m}{s}$$

$$p_{nach} \approx 450 \times 10^6 \frac{kg \times m}{s}$$

Und auch die kinetische Energie bliebe erhalten:

$$E_{k,A} \approx 2kg \times \left(\frac{1}{\sqrt{1-\frac{0,22^2}{1^2}}} - 1\right) \times \left(300.000.000\frac{m}{s}\right)^2 \approx 0,5 \times 10^{16} J$$

$$E_{k,B} \approx 1kg \times \left(\frac{1}{\sqrt{1-\frac{0,724^2}{1^2}}} - 1\right) \times \left(300.000.000\frac{m}{s}\right)^2 \approx 4,0 \times 10^{16} J$$

$$E_{kin,gesamt} \approx 4,5 \times 10^{16} J$$

Schließlich bliebe auch die Relativgeschwindigkeit w mit 0,6c zwischen beiden Körpern erhalten, da gilt:

$$w_{nach} = \frac{v-u}{1-\frac{vu}{c^2}} = \frac{0,724 - 0,22}{1 - \frac{0,724 \times 0,22}{1^2}} \approx \frac{0,504}{0,841} \approx 0,6$$

Diese Erhaltungssätze gelten, gleich von welchem Bezugssystem aus man den Vorgang betrachtet (bei anderen Bezugssystemen natürlich mit anderen Impuls- und Energiewerten).

Dies war natürlich nur ein theoretisches Rechenbeispiel. In der Realität würde ein solcher Stoß selbstverständlich unelastisch ablaufen. Beide

Körper würden komplett zertrümmert, ein erheblicher Teil der Masse würde dabei in Energie umgewandelt und in den Weltraum als Strahlung abgegeben.

Energie-Impuls-Beziehung

Abschließend soll hier zur Abrundung noch eine letzte Formel entwickelt werden, die in der Teilchenphysik eine wichtige Rolle spielt: die sogenannte Energie-Impuls-Beziehung. Für die Herleitung gehen wir davon aus, dass der Lorentzfaktor die prozentuale Massenzunahme repräsentiert, also das Verhältnis Gesamtmasse zu Ruhemasse:

$$\frac{m}{m_0} = \frac{1}{\sqrt{1 - \frac{v^2}{c^2}}}$$

Wir bilden den Kehrwert:

$$\frac{m_0}{m} = \sqrt{1 - \frac{v^2}{c^2}}$$

Quadrieren:

$$\frac{m_0^2}{m^2} = 1 - \frac{v^2}{c^2}$$

Umstellen ergibt:

$$\frac{v^2}{c^2} = 1 - \frac{m_0^2}{m^2}$$

Multiplizieren mit c^4 und m^2 ergibt:

$$m^2 v^2 c^2 = m^2 c^4 - m_0^2 c^4$$

Die relativistische Masse (m), multipliziert mit der Geschwindigkeit (v) ist der relativistische Impuls:

$$p^2 \times c^2 = m^2 c^4 - m_0^2 c^4$$

Rechts weiter umformen:

$$p^2 \times c^2 = (mc^2)^2 - (m_0 c^2)^2$$

Nun ist zu sehen, dass die zwei eingeklammerten Terme rechts die Gesamtenergie und die Ruheenergie darstellen. Es gilt also folgende Beziehung zwischen Impuls und Energie:

$$\boxed{p^2 \times c^2 = E^2 - E_0^2}$$

Stellen wir die Formel weiter nach der Ruheenergie um:

$$E_0^2 + p^2 \times c^2 = E^2$$

$$E_0^2 = E^2 - p^2 \times c^2$$

Die Ruhemasse eines Körpers ist aus Sicht jedes Bezugssystems identisch, folglich sind auch Ruheenergie und das Quadrat der Ruheenergie aus Sicht jedes Beobachters identisch. Es gilt damit:

$$\boxed{E_0^2 = E^2 - (pc)^2 = invariant}$$

Die Differenz aus der Gesamtenergie zum Quadrat abzüglich Impuls mal Lichtgeschwindigkeit zum Quadrat ist somit aus Sicht jedes Beobachters gleich, auch wenn dieser eine Relativgeschwindigkeit haben mag; man sagt, dieser Ausdruck ist „bezüglich Transformation invariant". Dies ist nützlich, um schnelle Stoßvorgänge, etwa in Teilchenbeschleunigern, energetisch zu berechnen.

Die eben hergeleitete Formel sieht nicht zufällig aus wie der Satz des Pythagoras, man kann sich den Zusammenhang daher gut über das sogenannte „Energie-Impuls-Dreieck" merken:

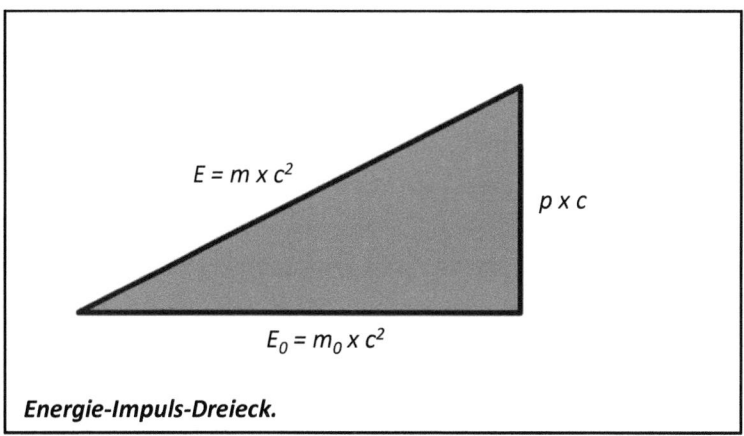

Energie-Impuls-Dreieck.

Setzt man c=1, so gilt:

$$m_0 = \sqrt{E^2 - p^2}$$

Aus der Messung von Energie und Impuls eines Teilchens im Teilchenbeschleuniger kann man somit auf seine Ruhemasse schließen und darauf, um welche Art von Teilchen es sich bei dem detektierten Teilchen handelt.

Photonen (Lichtteilchen) haben keine Ruhemasse, aber natürlich Energie. Für Licht gilt somit:

$$E^2 - (pc)^2 = 0 \qquad für\ Licht\ (m_0 = 0)$$

Ein Umstellen dieser Formel ergibt:

$$(pc)^2 = E^2 \qquad für\ Licht\ (m_0 = 0)$$

Ziehen der Wurzel:

$$p \times c = E \qquad für\ Licht\ (m_0 = 0)$$

Division durch c ergibt schließlich:

$$\boldsymbol{p = \frac{E}{c} \qquad für\ Licht\ (m_0 = 0)}$$

Dieser Zusammenhang war schon vor der SRT experimentell beobachtet worden und laut Einsteins eigenen Erinnerungen für ihn der Ansatz, aus dem heraus er die Energie-Masse-Äquivalenz entwickelte. Licht hat keine Ruhemasse, aber einen Impuls. Licht kann zumindest eine relativistische (bewegte) Masse zugeordnet werden. Wird eine Person mit einer Taschenlampe angestrahlt, so übt dies einen Impuls auf die Person aus (man nennt dies „Strahlungsdruck") und die Person mit der Taschenlampe in der Hand „spürt" einen Rückstoß. Natürlich ist dies – wegen c im Nenner des Bruchs – bei einer Taschenlampe nur ein winzig kleiner Wert. Jedoch wäre ein Photonentriebwerk durchaus eine mögliche Alternative als Antrieb für ein interstellares Raumschiff.

Damit haben Sie es geschafft und fürs Erste genug Formelwissen angehäuft. Der eher theoretische Teil dieses Buches ist an dieser Stelle beendet und wir beschäftigen uns nun nach einem kurzen Ausflug zur ART mit den praktischen Anwendungen der SRT.

Kurze Anmerkungen zur Allgemeinen Relativitätstheorie (ART)

Bevor im nächsten Abschnitt auf die Auswirkungen und Anwendungen der SRT in der Praxis eingegangen wird, sollen an dieser Stelle einige kurze Anmerkungen zur Allgemeinen Relativitätstheorie (ART) erfolgen, da dies unumgänglich erscheint. Die SRT hat den „Nachteil", dass in ihren Formeln die Auswirkungen von Beschleunigung und Gravitation auf die inneren Verhältnisse des betrachteten Körpers nicht berücksichtigt werden. Es werden im Wesentlichen Inertialsysteme (oder allenfalls punktförmige beschleunigte Systeme) betrachtet. Das bedeutet jedoch nicht, dass die SRT nur für antriebslose Raumschiffe gilt und auf der Erde keine Gültigkeit hat. Wie z.B. die Energie-Masse-Äquivalenz gezeigt hat, gilt die SRT sehr wohl auch auf der Erde und in beschleunigten Systemen. Nur wird in derartigen Systemen die SRT von der ART gleichsam überlagert, d.h. es sind sowohl die Effekte der SRT als auch die Effekte der ART zu berücksichtigen.

Albert Einstein begann schon kurz nach der Veröffentlichung der SRT im Jahr 1905 an der ART zu arbeiten. Wie er selbst bemerkte, stellte sich diese Arbeit als weit schwieriger heraus als die Ausarbeitung der Formeln der SRT. Nach ersten Erfolgen geriet er schnell in eine Sackgasse. Er benötigte zehn Jahre Arbeit, verwarf immer wieder seine Ansätze (darunter auch die richtige Lösung), ruinierte fast seine Gesundheit und verzweifelte nahezu, ehe er Ende 1915 endlich seine Ergebnisse präsentieren konnte (dabei musste er sich mit der Veröffentlichung auch noch sehr beeilen, da ihm beinahe der deutsche Mathematiker David Hilbert [1862 bis 1943], mit dem er sich wegen der schwierigen mathematischen Probleme fachlich austauschte, zuvorgekommen wäre). Einstein verdankt die schlussendlich gelungene Lösung des Problems der ART zu einem großen Teil seinem Freund Marcel Grossmann (1878 bis 1936), der ihn mit der komplizierten Mathematik gekrümmter Räume Bernhard Riemanns (1826 bis 1866) vertraut machte. Da die Formeln der ART sehr schwierig zu verstehen sind, sollen an dieser Stelle nur die grundsätzlichen Ansätze der ART ein wenig beschrieben werden.

Um den Einfluss der Gravitation näher zu ergründen, stellte Einstein wieder Gedankenexperimente an. Er stellte sich dazu eine Person in einem geschlossenen Fahrstuhl im Weltraum vor. Im Fahrstuhl möge eine Lichtuhr angebracht sein. Das Licht laufe in dieser Lichtuhr immer wieder von links nach rechts und wieder zurück zum Ausgangspunkt. Wenn nun aber der Fahrstuhl nach oben beschleunigt wird, dann bewegen sich Lampe, Spiegel und Experimentator nach oben, während das Licht weiter zur Seite hin- und herläuft und die Beschleunigung nicht mitmacht. Denn warum sollte das Licht mit nach oben beschleunigen? Die Kraft der Beschleunigung überträgt sich ja nicht auf „Objekte", die nicht fest mit dem Fahrstuhl verbunden sind. Aus Sicht der Person im Fahrstuhl sieht es nun aber so aus, als würde sich das Licht nach unten beschleunigen. Es sieht so aus, als würde das Licht nach unten „fallen".

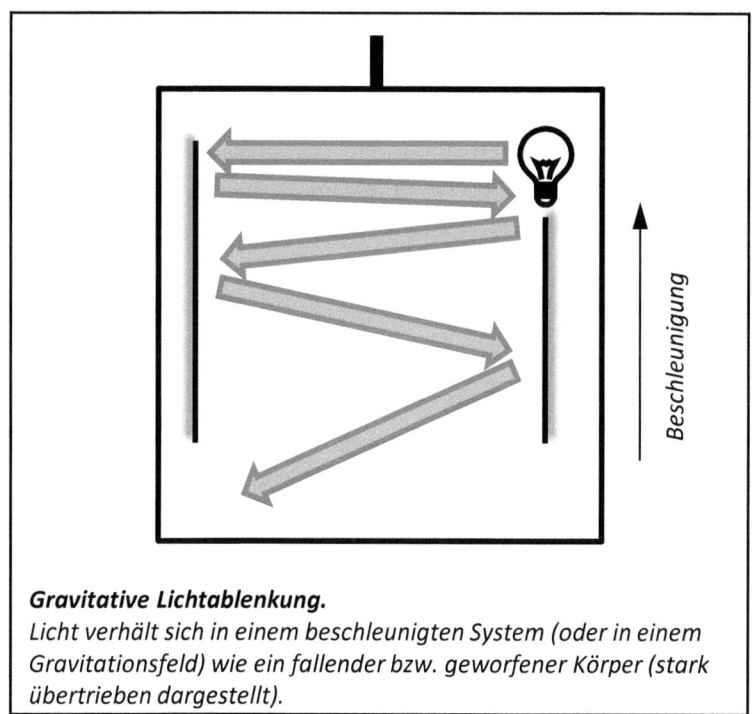

Gravitative Lichtablenkung.
Licht verhält sich in einem beschleunigten System (oder in einem Gravitationsfeld) wie ein fallender bzw. geworfener Körper (stark übertrieben dargestellt).

Albert Einsteins Hypothese war nun, dass die Person im geschlossenen Fahrstuhl nicht wissen kann, ob sie sich in einem Fahrstuhl befindet, der schwerelos im Weltraum schwebt, oder ob sie sich in einem Fahrstuhl auf der Erde befindet, der gerade abstürzt. Beide Male empfindet sie – zumindest vorläufig – Schwerelosigkeit. Demnach kann die Person auch nicht erkennen, ob sie sich in einem geschlossenen Fahrstuhl befindet, der im Weltraum beschleunigt wird, oder ob sie sich in einem Fahrstuhl auf der Erde befindet, der *nicht* abstürzt. Das bloße Sitzen auf dem Stuhl auf der Erde ist äquivalent mit einer fortdauernden Beschleunigung im Weltall (Äquivalenz von Gravitation und Beschleunigung). Und wenn in einem beschleunigten Fahrstuhl im Weltall das Licht scheinbar „fällt", dann tut es das auch auf der Erde bzw. bei jedem anderen massereichen kosmischen Objekt.

Einstein sagte somit eine gravitative Lichtablenkung voraus, zu überprüfen durch Beobachtung des Randes der Sonne während einer vollständigen Sonnenfinsternis. Allerdings sagte er zunächst nur den halben wirklichen Ablenkungswinkel voraus, da das eben dargestellte Äquivalenzprinzip nicht ausreicht, um die gravitative Lichtablenkung vollständig zu erklären. Zu seinem Glück konnte er seinen Irrtum aufklären, noch bevor sich die Gelegenheit ergab, die Vorhersage zu überprüfen. Tatsächlich wurde die gravitative Lichtablenkung dann bei einer Sonnenfinsternis am 29. Mai 1919 beobachtet. Zwei Teams unter Expeditionsleiter Arthur Eddington (1882 bis 1944) waren hierfür eigens auf die Insel Príncipe vor Afrika bzw. nach Sobral in Brasilien gereist. „Beobachtung der Lichtablenkung" ist dabei eigentlich nicht der treffendste Ausdruck, da die Sonne das Licht hinter ihr befindlicher Sterne nur um maximal 1,75 Bogensekunden (Winkelsekunden) ablenkt, vergleichbar mit der Dicke eines Haares in knapp zehn Metern Entfernung. Die Sonnenfinsternis wurde daher mit Teleskopen auf Fotoplatten fotografiert und diese wurden dann später genau vermessen (Messung der Abstände der Sterne zueinander). Die auf den Fotoplatten sichtbare Verschiebung der Sterne von der Sonne weg betrug weniger als ein Zehntel Millimeter, lag damit aber im Rahmen der Einsteinschen Vorhersage.

Bei sehr massereichen kosmischen Objekten, die sehr weit entfernt sind, kann man heute mit verbesserten Teleskopen sogar beobachten, wie das Licht dahinter befindlicher Objekte vierfach um das Objekt läuft oder sogar als Ring um das Objekt zu sehen ist (Einstein-Kreuz bzw. Einstein-Ring).

Für das Verhältnis zwischen SRT und ART bedeutsamer ist ein weiterer Effekt, der sich aus dem Äquivalenzprinzip ergibt: die gravitative Zeitdilatation. Schauen wir dazu gedanklich in das Innere einer ewig beschleunigenden Rakete. Da die Rakete immer schneller wird, braucht Licht, das vom Raketenboden zur Raketenspitze gesendet wird, mit der Zeit immer länger bis zum Ziel. Umgekehrt braucht Licht, das von der Raketenspitze zum Raketenboden gesendet wird, sukzessive immer weniger Zeit für die Übertragung. Dies beobachten auch die Raumschiffinsassen, d.h. ein Raumschiffinsasse, der sich im unteren Teil der Rakete befindet, hat den Eindruck, dass eine weiter oben befindliche Uhr schneller geht als eine unten angebrachte Uhr. Dieser Befund ist nicht relativ! Ein oben in der Rakete befindlicher Raumschiffinsasse kommt nämlich zu der dazu passenden Beobachtung, dass für ihn die unten angebrachte Uhr zu langsam geht. Dieser scheinbare Gangunterschied der beiden Uhren bleibt über die Zeit konstant; er ist lediglich abhängig vom Abstand der beiden Uhren und der Beschleunigungsintensität.

Da das Äquivalenzprinzip fordert, dass physikalische Vorgänge in einem Gravitationsfeld ebenso ablaufen wie in einem beschleunigten System, folgerte Einstein somit, dass es auf der Erde bzw. in jedem anderen Gravitationsfeld eine gravitative Zeitdilatation bzw. gravitative Rotverschiebung geben müsse. Experimentell nachgewiesen werden konnte die gravitative Rotverschiebung durch das Pound-Rebka-Experiment 1960, die gravitative Zeitdilatation durch das Maryland-Experiment 1975/1976 (das zuvor 1971 durchgeführte Hafele-Keating-Experiment hatte seinen Fokus eher auf die Zeitdilatation nach der SRT gelegt).

Die gravitative Zeitdilatation bewirkt, dass Uhren auf der Erde auf einem hohen Berg, wo das Gravitationspotential höher ist (d.h. die Uhr weniger ins Gravitationsfeld der Erde eingetaucht ist), nach der ART etwas *schneller* gehen als im Tal. Zugleich ist es jedoch so, dass Uhren auf einem hohen Berg nach der SRT *langsamer* gehen müssen als Uhren im Tal, weil sie sich weiter weg vom Erdmittelpunkt befinden und sich im Hinblick auf die Erdrotation schneller bewegen (siehe das Kapitel: Zwillingsparadoxon). Die SRT sorgt also für einen verlangsamenden Effekt, während die ART für den gegenteiligen Effekt sorgt. Beide Effekte sind real und zu saldieren, damit man den in der Wirklichkeit zu beobachtenden Effekt auf die Ganggeschwindigkeit einer Uhr berechnen kann.

Dies soll an dieser Stelle als Einführung genügen. Es sollte deutlich geworden sein, dass man bei der Anwendung der SRT in der Realität auf der Erde immer die ART mitbedenken muss, was z.B. bei der exakten Kalibrierung der Uhren für die GPS-Satelliten von Bedeutung war. Beschränkt man sich bei Anwendungen auf der Erde oder im erdnahen Feld darauf, die eintretenden Effekte allein nach der SRT zu berechnen, so kann es sein, dass man letztlich zu falschen Aussagen gelangt.

Die SRT in der Praxis

Radioaktivität und Kernforschung

Die Kernaussagen der SRT – Zeitdilatation und Längenkontraktion – spielen in der Praxis der bemannten Raumfahrt noch keine Rolle. Dazu sind die derzeit erreichten Geschwindigkeiten der Raumschiffe und -sonden viel zu gering. Diese Aussagen konnte somit noch kein Astronaut mit einem Experiment überprüfen. Dennoch spielt die SRT in der Praxis eine wichtige Rolle.

Die ersten Anwendungen ergaben sich aus der Energie-Masse-Äquivalenz. Kurz vor der Entwicklung der SRT waren von Henri Becquerel (1852 bis 1908) sowie Marie Curie (1867 bis 1934) und Pierre Curie (1859 bis 1906) die Kernstrahlung und die natürliche Radioaktivität entdeckt worden. Mithilfe der SRT konnten diese Vorgänge energetisch erklärt werden. So zerfällt z.B. Radium-226 spontan zu Radium-222. Dabei entsteht α-Strahlung (Aussendung eines doppelt positiv geladenen Heliumkerns). Die SRT kann aus dem Massendefekt des Radiumkerns die dabei frei werdende Energie sowie den Impuls des ausgesendeten Teilchens ermitteln.

Trotz ihrer Gefährlichkeit werden radioaktive Stoffe heute vielfältig eingesetzt. In der Medizin werden beispielsweise leicht radioaktive Stoffe als Marker eingesetzt, die sich im Körper an bestimmten Stellen (z.B. Tumoren) anreichern, wodurch diese leichter erkannt werden können. Die Strahlentherapie ist ein wichtiger Baustein der Tumorbehandlung. Folien werden durch radioaktive Strahlung reißfester, Lebensmittel wie z.B. Kartoffeln und Zwiebeln durch Bestrahlung haltbarer gemacht.

In der Kernforschung spielt die SRT eine äußerst wichtige Rolle. Durch Beschuss von Elementarteilchen mit anderen Elementarteilchen in Teilchenbeschleunigern (bei nahezu Lichtgeschwindigkeit) werden diese zertrümmert und in den gewonnenen Messwerten über den Vorgang wird nach Spuren von noch unbekannten Teilchen gesucht. Die SRT ist dabei ein wichtiges Instrument, um Geschwindigkeit, kinetische Energie, Impuls und Masse der beteiligten Elementarteilchen zu berechnen.

Kernspaltung

Unter Kernspaltung versteht man den Zerfall eines schweren Atomkerns in leichtere Atomkerne (anderer chemischer Elemente), wobei Energie frei wird. So kann z.B. Uran-235 in Krypton und Barium zerfallen. Die Kernspaltung wurde 1938 von Otto Hahn (1879 bis 1968), Fritz Strassmann (1902 bis 1980) und Lise Meitner (1878 bis 1968) entdeckt. Für eine energetische Betrachtung des Spaltvorgangs können die Atommassen der beteiligten Stoffe einem Tabellenwerk entnommen werden. Die Summe der Atommassen der Spaltprodukte ist geringer als die Masse des Ausgangsatoms. Mithilfe der Energie-Masse-Äquivalenz kann dann berechnet werden, welche Energie bei dem Spaltvorgang frei wird.

Uran-235 benötigt für den Zerfall zu Krypton und Barium den Beschuss mit einem Neutron. Bei der Spaltung werden jedoch drei neue Neutronen frei. Sind genügend Uran-235-Kerne in der Nähe, auf die die freigesetzten Neutronen treffen können, so kann sich der Spaltprozess von selbst fortsetzen (Kettenreaktion). Wird eine „kritische Masse" an Uran-235 überschritten, so steigt die Zerfallsrate binnen kürzester Zeit exponentiell an. Durch die Anwendung der Energie-Masse-Äquivalenz konnte gezeigt werden, dass dabei enorme Mengen Energie frei werden müssen. Die SRT lieferte damit die theoretische Basis für die Entwicklung von Atomwaffen und zivilen Kernkraftwerken.

Die USA begannen 1942 während des Zweiten Weltkriegs mit dem äußerst geheimen Atomwaffen-Forschungsprojekt „Manhattan-Projekt", nachdem den USA die diesbezüglichen Forschungsanstrengungen der deutschen Nationalsozialisten bekannt wurden. Geleitet wurde das Vorhaben von dem US-amerikanischen Physiker J. Robert Oppenheimer (1904 bis 1967). In der Wüste New Mexicos wurde bei Los Alamos eine provisorische Forschungsstadt errichtet, in der zeitweise mehr als 100.000 Menschen arbeiteten. Das Projekt kostete etwa zwei Milliarden US-Dollar. Am 16. Juli 1945 fand die erste Testzündung einer Atombombe statt. Zu diesem Zeitpunkt hatte Deutschland bereits kapituliert. Die USA setzten dann im August 1945 zwei Atombomben gegen den verbliebenen Kriegsgegner Japan ein (Bombenabwürfe auf Hiroshima und Nagasaki), woraufhin Japan am 2. September 1945 kapitulierte.

Im Kalten Krieg zwischen den USA und der Sowjetunion kam es nach dem Zweiten Weltkrieg zu einer erheblichen Aufrüstung beider Supermächte mit Atomwaffen; die Bestände sind noch zu einem großen Teil vorhanden. Weitere erklärte Atommächte sind derzeit Großbritannien, Frankreich, China, Indien, Nordkorea und Pakistan. Kernwaffen wurden seit 1945 nicht wieder eingesetzt.

Das erste zivile Kernkraftwerk ging 1954 in der damaligen Sowjetunion in Betrieb. In Deutschland ging 1962 das Kernkraftwerk Kahl (Karlstein am Main, Bayern) ans Netz, nachdem bereits 1957 der Forschungsreaktor München in Betrieb gegangen war. In der DDR ging nach dem ersten Versuchsreaktor Dresden-Rossendorf (1957) in Rheinsberg (heutiges Bundesland Brandenburg) 1966 das erste Kernkraftwerk in Betrieb. Die Schweiz nahm ihr erstes kommerzielles Kernkraftwerk 1969 in Betrieb (Kernkraftwerk Beznau in Döttingen, Kanton Argau). In Österreich verhinderte 1978 eine Volksabstimmung die Inbetriebnahme des ersten und einzigen (bereits fertig gebauten) Kernkraftwerks.

Kernkraftwerke liefern seit Jahrzehnten einen erheblichen Beitrag zur Energieversorgung in Deutschland. In zivilen Kernkraftwerken wird im Prinzip der gleiche Spaltprozess genutzt wie in Kernwaffen. Eine unkontrollierte Kettenreaktion wird durch sogenannte Steuerstäbe verhindert, die kontrolliert in die kritische Masse der Kernbrennstoffe eingeführt werden und die überschüssigen Neutronen absorbieren. Trotzdem kam es in zivilen Kernkraftwerken schon häufiger zu katastrophalen Störfällen. Am 28. März 1979 kam es im Kernkraftwerk Three Mile Island

(Pennsylvania, USA) zur Kernschmelze. Am 26. April 1986 ereignete sich im Kernkraftwerk Tschernobyl (Ukraine) ein Super-GAU (mehr als „größter anzunehmender Unfall"), bei dem erhebliche Mengen radioaktiver Stoffe freigesetzt wurden, die sich mit dem Wind auch nach Mitteleuropa ausbreiteten. Bis heute ist es in bestimmten Teilen Deutschlands, hauptsächlich in Bayern, erforderlich, gejagte Wildtiere auf radioaktive Verstrahlung zu untersuchen, und bei überhöhten Werten ist der Verzehr nicht zulässig.

Für Deutschland gingen Abschätzungen davon aus, dass die Wahrscheinlichkeit eines vergleichbaren Unfalls mit Tausenden Toten und einer erheblichen Verstrahlung weiter Landstriche bei einer 40-jährigen Laufzeit der in Deutschland betriebenen AKWs bei über 1 zu 100 liegt; dieses Risiko wurde damals toleriert. Hiergegen formierte sich in den 1970er Jahren die Anti-Atomkraft-Bewegung. Den Grünen gelang 1983 mit ihrem Kampf gegen die Atomkraft erstmalig der Einzug in den Bundestag und 1998 der Sprung in die Bundesregierung, die im Jahr 2000 mit der Industrie den ersten Atomkonsens zum schrittweisen Ausstieg aus der Kernkraft aushandelte. Dies wurde durch die Nachfolgeregierung unter Kanzlerin Merkel zunächst rückgängig gemacht. Nach der Nuklearkatastrophe von Fukushima (Japan) im Jahr 2011 beschloss Deutschland jedoch den endgültigen Ausstieg aus der Atomenergie bis 2022, da sich gezeigt hatte, dass die Risiken der Atomenergie deutlich größer sind als bisher angenommen. Die Schweiz wird voraussichtlich bis zum Jahr 2034 aus der Kernkraftnutzung aussteigen, da neue Kernkraftwerke in der Schweiz nicht mehr genehmigt werden dürfen.

Durch die Nutzung der Atomenergie sind in Deutschland wie in den anderen die Kernkraft nutzenden Ländern bereits großen Mengen radioaktiven Abfalls entstanden, die eine erhebliche Strahlung abgeben und dauerhaft (d.h. bis zu eine Million Jahre) sicher gelagert werden müssen. Ein sicheres Endlager wurde bis heute jedoch noch nicht gefunden, sodass alle radioaktiven Abfälle unter großem Aufwand seit vielen Jahren in Zwischenlagern deponiert werden.

Kernfusion

Bekannt ist, dass bei der Verschmelzung leichter Atomkerne zu schwereren Kernen noch weit größere Energiemengen frei werden als bei der Kernspaltung. In der Sonne werden in jeder Sekunde 564 Millionen Tonnen Wasserstoff zu 560 Millionen Tonnen Helium fusioniert. Die Sonne verliert also pro Sekunde rund 4 Millionen Tonnen Masse, die nach der Formel $E = m \times c^2$ als Strahlungsenergie ans All abgegeben wird. Die Energieausbeute von knapp 1 Prozent der Masse bei einer solchen Fusion ist etwa 10 Millionen Mal ergiebiger als die Energie, die beim Verbrennen fossiler Rohstoffe wie Kohle, Erdöl oder Erdgas pro Kilogramm frei wird.

Diese Erkenntnis führte zunächst zur Entwicklung von Wasserstoffbomben, die eine noch viel größere Sprengkraft als Kernspaltungs-Bomben aufweisen. Bei einer Wasserstoff- oder Kernfusionsbombe erfolgt zunächst die Zündung einer Kernspaltungsbombe, die so hohen Druck und Temperaturen erzeugt, dass dadurch der Fusionsprozess von Wasserstoff in Gang gesetzt wird. Die erste Zündung einer Wasserstoffbombe fand am 1. November 1952 durch die USA (Codename Ivy Mike) auf der Insel Elugelab im Pazifik statt; derartige Waffen wurden bisher nicht militärisch eingesetzt.

Seit vielen Jahren laufen zudem Forschungsprojekte zur Entwicklung eines zivilen Fusionsreaktors. Ein mit viel Aufwand vorangetriebenes Bauvorhaben ist das Projekt ITER (Bautyp Tokamak) im südfranzösischen Cadarache, das als Gemeinschaftsprojekt von Europa, den USA, Russland, China, Japan, Südkorea und Indien finanziert wird. Weitere Versuchsanlagen gibt es u.a. in England (Culham), China (Hefei), Japan (Naka) und den USA (Livermore, Kalifornien). In Deutschland wird derzeit am „Wendelstein 7-X" (Bautyp Stellarator) in Greifswald gebaut. Allerdings ist die Fusionsforschung extrem teuer, zeitaufwändig und von vielen Rückschlägen begleitet. Es ist bis heute noch nicht einmal klar, welche Technologie (Tokamak oder Stellarator) Erfolg versprechender sein wird. Es gilt insoweit die scherzhaft gemeinte sogenannte „30-Jahres-Regel": Wann immer man einen Fusionsforscher fragt, wann der erste

Fusionsreaktor einsatzbereit sein wird, lautet die Antwort: „Voraussichtlich in 30 Jahren." Dementsprechend gehen auch die momentanen Schätzungen von einer erstmaligen kommerziellen Inbetriebnahme eines Fusionskraftwerks um das Jahr 2050 aus. Pessimistische Stimmen sagen, dass das erste Fusionskraftwerk genau dann betriebsbereit sein wird, wenn man es (wegen der Nutzung der erneuerbaren Energien) nicht mehr braucht.

Die Kernfusion in einem Reaktor setzt extrem hohe Temperaturen voraus; nur dann können die Wasserstoffkerne in einem Plasma fusionieren. Dieser Prozess wird noch nicht technisch sicher beherrscht; das Plasma kühlt sich zu schnell wieder ab. Als Energieträger genügen für ein Fusions-Großkraftwerk wenige Kilogramm Wasserstoff pro Jahr (entweder als gewöhnlicher „leichter" Wasserstoff – Protium – oder als Mischung der beiden „schweren" Wasserstoffe Deuterium und Tritium). Bei der Kernfusion entstehen nur sehr geringe Mengen radioaktiver Stoffe im Mantel des Reaktors, die in etwa 100 Jahren abklingen. Eine unkontrollierte Kettenreaktion in einem Fusionsreaktor erscheint als technisch ausgeschlossen; Fusionskraftwerke wären somit sichere und umweltfreundliche Energieerzeuger.

Kosmische Fluchtgeschwindigkeit

1929 entdeckte der US-amerikanische Astronom Edwin Powell Hubble (1889 bis 1953), dass die Spektren von beobachteten Galaxien eine Rotverschiebung aufweisen. Ursache hierfür ist im Wesentlichen der Doppler-Effekt. Die Verschiebung deutet darauf hin, dass sich die Galaxien von unserer Galaxie (der Milchstraße) entfernen. Seit dem Urknall vor rund 13,8 Milliarden Jahren dehnt sich das Universum immer mehr aus, sodass sich die Abstände zwischen den Galaxien vergrößern.

Geht man davon aus, dass sich die andere Galaxie geradlinig (longitudinal) von uns entfernt, so kann man aus der Rotverschiebung ihre Fluchtgeschwindigkeit berechnen. Dazu wendet man zunächst die allgemeine Formel über den Doppler-Effekt bezüglich der Frequenz an:

$$f_{Empfänger} = \frac{f_{Sender}}{1 + \frac{v}{c}}$$

Bezüglich der Senderfrequenz muss aber zusätzlich in Betracht gezogen werden, dass infolge der relativistischen Zeitdilatation aus unserer Sicht die Zeit beim Sender langsamer vergeht und somit auch die Frequenz relativistisch verringert ist. Die Senderfrequenz ist somit noch durch den Lorentzfaktor zu dividieren. Damit erhält man folgende Formel:

$$f_{Empfänger} = f_{Sender} \times \frac{\sqrt{1 - \frac{v^2}{c^2}}}{1 + \frac{v}{c}}$$

Diese Formel wird – inhaltlich gleichlautend – üblicherweise in der folgenden Form geschrieben:

$$f_{Empfänger} = f_{Sender} \times \frac{\sqrt{1 - \frac{v}{c}}}{\sqrt{1 + \frac{v}{c}}}$$

Um hieraus die Fluchtgeschwindigkeit zu berechnen, ist die Formel nach v umzustellen, woraus sich folgende Formel ergibt:

$$v = \frac{\left(\frac{\Delta\lambda}{\lambda_{Sender}} + 1\right)^2 - 1}{\left(\frac{\Delta\lambda}{\lambda_{Sender}} + 1\right)^2 + 1} \times c$$

Hierbei ist Lambda die Wellenlänge ($\lambda \times f = c$). Beträgt $\Delta\lambda/\lambda_{Sender}$ beispielsweise 0,7, so ergibt sich damit folgende Fluchtgeschwindigkeit:

$$v = \frac{(0{,}7+1)^2 - 1}{(0{,}7+1)^2 + 1} \times c = \frac{2{,}89 - 1}{2{,}89 + 1} \times c = \frac{1{,}89}{3{,}89} \times c \approx 0{,}486c$$

Man würde aus der Verschiebung des Spektrums somit auf eine Fluchtgeschwindigkeit der beobachteten Galaxie von knapp der halben Lichtgeschwindigkeit schließen.

Tests der SRT

Es wurde bereits oft versucht, die SRT einem Test zu unterziehen, z.B. die Zeitdilatation experimentell nachzuweisen. Wegen der benötigten sehr hohen Geschwindigkeiten und nur geringen Zeitabweichungen bei den momentan erreichbaren Geschwindigkeiten sind solche Experimente allerdings sehr schwierig durchzuführen. Zudem hat die ART starke Einflüsse, die man herausrechnen muss.

Ein bekanntes derartiges Experiment war das sogenannte Hafele-Keating-Experiment, benannt nach Joseph C. Hafele und Richard E. Keating. Sie brachten 1971 vier Caesium-Atomuhren an Bord eines Linienflugzeugs und flogen zweimal um die Welt, einmal ostwärts und danach westwärts. Danach verglichen sie die Borduhren mit den Uhren des United States Naval Observatory. Das Experiment konnte u.a. die Voraussagen der SRT zur Zeitdilatation (Zwillingsparadoxon) experimentell bestätigen: Beim Flug ostwärts, also mit der Erddrehung, gingen die Uhren messbar langsamer als beim Flug westwärts gegen die Erddrehung.

Global Positioning System (GPS) und SRT

Das GPS, das zur Navigation verwendet wird, beruht darauf, dass mehrere Satelliten, die die Erde auf einer erdnahen Umlaufbahn umkreisen, beständig Zeitsignale zur Erde senden. Die Positionsbestimmung ist möglich, wenn der GPS-Empfänger das Signal von mindestens drei GPS-Satelliten zugleich empfängt. Da sich diese drei GPS-Satelliten, deren Signal empfangen wird, in unterschiedlichem Abstand zum Empfänger befinden, treffen die Signale wegen der Endlichkeit der Lichtgeschwindigkeit zu unterschiedlichen Zeitpunkten beim Empfänger ein. Aus der Laufzeitdifferenz der empfangenen Zeitsignale kann der Standort des Empfängers genau berechnet werden.

Das GPS benötigt sehr genaue Uhren in den GPS-Satelliten, da die Berechnung des Standorts von winzigen Laufzeitdifferenzen abhängt. Um diese Uhren korrekt zu eichen, müssen die Formeln der SRT u.a. über die Zeitdilatation mitberücksichtigt werden (siehe hierzu das Kapitel: Satelliten in der Erdumlaufbahn). Ohne die Erkenntnisse der SRT gäbe es somit kein GPS und keine Navigationssysteme.

Lebensdauer von Myonen

Myonen sind Elementarteilchen, die in der oberen Atmosphäre durch das Auftreffen der kosmischen Strahlung entstehen und normalerweise nur eine sehr geringe Lebensdauer von 2,2 Mikrosekunden haben. Allerdings bewegen sie sich mit annähernd Lichtgeschwindigkeit relativ zur Erde. Wegen der Zeitdilatation erscheint daher die Lebensdauer des Myons aus Sicht der Erde gedehnt. Dadurch wird es möglich, dass ein Myon, das eigentlich schon in der Atmosphäre zerfallen sein müsste, die Erdoberfläche erreicht und hier detektiert werden kann. Angenommen, für ein Myon werde eine Lebensdauer von 69 Mikrosekunden gemessen. Welche Geschwindigkeit hat das Myon?

Anzuwenden ist die Formel über die Zeitdilatation:

$$t = t' \times \frac{1}{\sqrt{1 - \frac{v^2}{c^2}}}$$

Stellt man diese Formel nach v um, so erhält man folgende Formel (die Darstellung der einzelnen Umformungsschritte erspare ich mir, da an dieser Stelle keine neue Erkenntnis über die SRT hergeleitet werden soll):

$$v = \sqrt{c^2 - \frac{t'^2 \times c^2}{t^2}}$$

Nun können wir die Zahlenangaben einsetzen:

$$v = \sqrt{1c^2 - \frac{(2{,}2\mu s)^2 \times 1c^2}{(69\mu s)^2}} \approx \sqrt{0{,}99898c^2} \approx 0{,}9995c$$

Das Myon hat somit eine Geschwindigkeit von 99,95 Prozent der Lichtgeschwindigkeit und seine Alterung ist erheblich verlangsamt.

Relativistische Masse und Energie im Teilchenbeschleuniger

Ein Teilchenbeschleuniger ist zumeist ein großer Ringtunnel unter der Erde, in dem kleine Teilchen (z.B. Protonen) durch elektromagnetische Kräfte in einer Kreisbahn auf nahezu Lichtgeschwindigkeit beschleunigt werden können (Ringbeschleuniger). Daneben gibt es auch Linearbeschleuniger; die größten Beschleuniger mit z.T. mehreren Kilometern Ringlänge sind jedoch die großen Ringbeschleuniger. Nach der Beschleunigung lässt man die beschleunigten Teilchen aufeinander prallen und analysiert die Trümmerteilchen. Daraus erhofft man sich neue Erkenntnisse über die Welt der subatomaren Teilchen (Suche nach dem Higgs-Boson u.ä.).

Der größte Teilchenbeschleuniger der Welt befindet sich in der Schweiz unter Genf beim CERN (der sogenannte LHC – Large Hadron Collider) mit einer Ringlänge von 27 km. Zu den Hadronen, die im LHC zur Kollision gebracht werden, zählen u.a. die Protonen und Neutronen. Weitere derartige Anlagen gibt es u.a. in Deutschland am Forschungszentrum Jülich und in Hamburg.

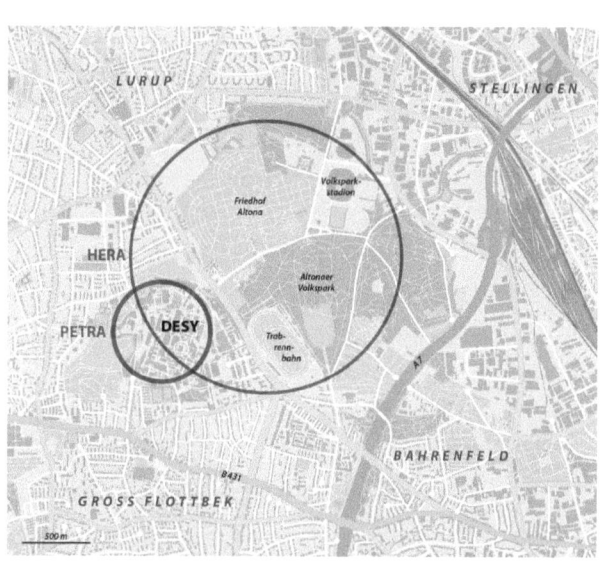

Große Ringbeschleuniger.
Lage der zwei Ringbeschleuniger HERA und PETRA des Deutschen Elektronen-Synchroton (DESY) in Hamburg-Altona.
(Bildquelle: NordNordWest auf de.wikipedia.org)

Um die Teilchen auf nahezu Lichtgeschwindigkeit beschleunigen zu können, sind sehr starke Elektromagneten erforderlich, die einen Stromverbrauch entsprechend der Leistung eines ganzen Kraftwerks haben können. Bei der Auslegung der Elektromagneten sind nicht nur die Fliehkräfte (Radialkräfte) der Teilchen zu berücksichtigen, sondern es ist auch zu berücksichtigen, dass die Masse der beschleunigten Teilchen relativistisch ansteigt (relativistische Massenzunahme). Dadurch steigt auch die Fliehkraft (Radialkraft) des Teilchens relativistisch weiter an und dementsprechend muss die Auslegung des Teilchenbeschleunigers noch größer gewählt werden, als dies nach der einfachen Formel über die Fliehkraft (Radialkraft) der Fall wäre. Aus diesem Grund werden Teilchenbeschleuniger mit so großem Durchmesser wie möglich gebaut, um die Radialbeschleunigung möglichst gering zu halten.

Soll z.B. ein Teilchen im Beschleuniger auf 0,99c beschleunigt werden, so steigt seine relativistische Masse circa auf das Siebenfache. Der ohnehin hohe Energiebedarf des Teilchenbeschleunigers steigt somit wegen der SRT nochmals um den Faktor sieben an.

In der Praxis sind die Werte sogar noch deutlich höher. Im LHC unter Genf werden Teilchen (Protonen) auf eine Geschwindigkeit von 99,99999991 Prozent der Lichtgeschwindigkeit gebracht, wodurch deren relativistische Masse um mehr als das Zehntausendfache ansteigt. Der LHC hat einen Stromverbrauch von 120 Megawatt. Dies entspricht dem Stromverbrauch aller Haushalte des Kantons Genf und verursacht Stromkosten von rund 20 Millionen Euro pro Jahr. Und all dieser Aufwand wird betrieben, nur um weiter nach so winzigen Teilchen wie dem „Gottesteilchen" genannten Higgs-Boson zu fahnden (das Higgs-Boson, benannt nach Peter Hicks, der es vorhersagte, gilt durch die Messdaten des CERN mittlerweile als sicher nachgewiesen, es war aber jahrzehntelang so schwer zu finden, dass es inoffiziell bereits „gottverdammtes Teilchen" genannt wurde).

Paradoxa der SRT

Beschäftigt man sich näher mit der SRT, so kann es leicht passieren, dass man sich gedanklich verheddert und in Widersprüche verstrickt. Die SRT erscheint dann paradox. Zur SRT gibt es eine ganze Reihe von Paradoxa, deren richtige Erklärung teilweise umstritten ist. Es handelt sich dabei um theoretische Vorhersagen, die aus der SRT abgeleitet werden und die als widersprüchlich erscheinen. Die Beschäftigung mit den Paradoxa der SRT ist eine wesentliche Quelle für tiefere Einsichten. Schließlich erwuchs auch die Entwicklung der gesamten SRT aus zunächst paradoxen Fragestellungen wie der Frage, wie eigentlich ein Lichtstrahl aussehen würde, wenn man mit Lichtgeschwindigkeit neben ihm her reist.

Das bekannteste Beispiel für ein derartiges Paradoxon ist das sogenannten „Zwillingsparadoxon", also das unterschiedliche Altern von Zwillingen, wenn ein Zwilling eine Reise mit nahezu Lichtgeschwindigkeit unternimmt. Dabei bedeutet „Paradoxon" nicht lediglich, dass es erstaunlich ist, dass die Zwillinge unterschiedlich altern können – das ist vielmehr ein ganz normaler Vorgang aus Sicht der SRT (Zeitdilatation). Paradox ist vielmehr, dass möglicherweise beide Zwillinge nach dem Ende der Reise übereinstimmend feststellen, welcher Zwilling von beiden schneller gealtert ist, weil gerade diese objektive Bestimmung der Zeitdilatation ja nach der SRT eigentlich nicht möglich sein soll (Relativität der Zeitdilatation). Einige dieser Denkaufgaben sollen an dieser Stelle vorgestellt und Anstöße für eine mögliche Behandlung des jeweiligen Paradoxons gegeben werden.

Drei-Brüder-Ansatz

Als Unterfall des Zwillingsparadoxons gilt der sogenannte Drei-Brüder-Ansatz, obwohl er relativ leicht lösbar ist und wohl noch kein Paradoxon der SRT im eigentlichen Sinne darstellt, sondern nur eine schöne Veranschaulichung der Phänomene Zeitdilatation und Relativität der Gleichzeitigkeit ist. Der Drei-Brüder-Ansatz wurde von Lord Halsbury und anderen eingeführt. Sein Inhalt lautet wie folgt:

Nehmen wir an, drei Brüder (nennen wir sie Anton, Bert und Carl) sind fasziniert von der Raumfahrt und der Relativitätstheorie. Sie wollen einen Versuch unternehmen, um die vorhergesagte Zeitdilatation experimentell zu überprüfen. Anton soll mit einer genauen Uhr auf der Erde verbleiben. Bert, ebenfalls mit genauer Uhr ausgestattet, soll mit einem Raumschiff Schwung holen und dann mit einer Relativgeschwindigkeit von 60 Prozent der Lichtgeschwindigkeit nah an der Erde vorbei fliegen. Im Moment der größten Annäherung wollen beide Brüder jeweils ihre Uhr starten (das gemeinsame Startsignal geben sie durch Funkverkehr). Dann soll das Raumschiff von Bert mit 0,6c zu einem vereinbarten entfernten Punkt im Orbit fliegen, der (aus Sicht der Erde) drei Lichtjahre entfernt sein möge. Dort soll bereits Carl in einem anderen Raumschiff warten. Er soll ebenfalls Schwung holen und dann, wenn Bert dort angekommen ist, mit 0,6c zurück in Richtung Erde fliegen. Dabei soll Bert Carl per Funk mitteilen, wie viel Zeit auf seiner Uhr seit dem Start des Hinflugs verstrichen ist. Carl notiert also die für den Hinflug vergangene Zeit und misst, wie viel Zeit zusätzlich noch für den Rückflug vergeht. Wenn dann Carl wieder auf der Erde ankommt, vergleichen Anton und Carl ihre Uhren.

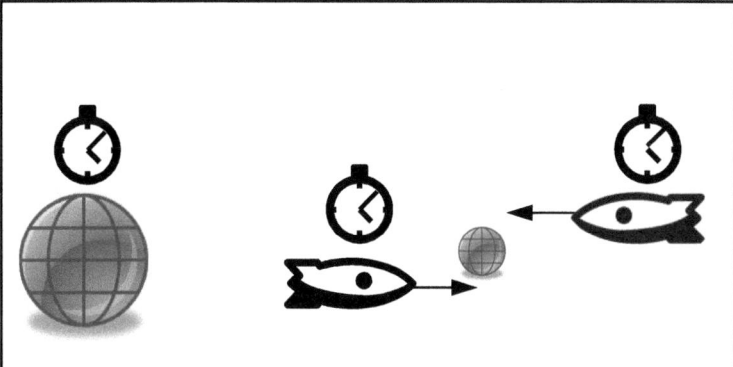

Drei-Brüder-Ansatz zur Überprüfung der Zeitdilatation.
Ein Bruder verbleibt auf der Erde und misst die Gesamtzeit, der zweite Bruder fliegt von der Erde weg und misst die Zeit für den Hinflug bis zum vereinbarten Treffpunkt, und der dritte Bruder fliegt auf die Erde zu und misst die Zeit für den Rückflug.

Welche Messungen wären nach der SRT zu erwarten? Da der entfernte Punkt genau drei Lichtjahre entfernt ist, würde Anton, der auf der Erde geblieben ist, erwarten, dass der Hinflug genau fünf Jahre dauert:

$$t = \frac{s}{v} = \frac{3Lj}{0{,}6c} = 5\,Jahre$$

Nach fünf Jahren (aus Sicht der Erde) würden sich die Raumschiffe somit begegnen. Da das zweite Raumschiff mit Carl den Rückflug ebenfalls mit 0,6c absolviert, würde Anton erwarten, dass auch der Rückflug genau fünf Jahre dauert. Anton würde somit erwarten, dass Carl genau zehn Jahre nach dem Start des Experiments auf der Erde eintrifft.

Dies geschieht auch so.

Welche Zeit messen nun die Brüder in den beiden Raumschiffen? Bei einer Geschwindigkeit von 0,6c verkürzt sich aus Sicht eines Raumschiffinsassen die Entfernung zum vereinbarten Treffpunkt im Orbit um den Faktor 1 / γ = 0,8:

$$\frac{1}{\gamma} = \sqrt{1 - \frac{v^2}{c^2}} = \sqrt{1 - \frac{0,6^2}{1^2}} = \sqrt{0,64} = 0,8$$

Nach der Beschleunigung des Raumschiffs auf 0,6c erscheint der Treffpunkt somit nur noch 3 Lichtjahre × 0,8 = 2,4 Lichtjahre entfernt. Bei einer Geschwindigkeit des Raumschiffs von 0,6c (die sich nicht relativistisch verändert) gilt somit folgende Reisezeit aus Sicht des Raumschiffs:

$$t' = \frac{s'}{v} = \frac{2,4 Lj}{0,6c} = 4\, Jahre$$

Bert würde den vereinbarten Treffpunkt im Orbit daher nach einer Eigenzeit von vier Jahren erreichen. Er würde Carl also eine verstrichene Zeit von vier Jahren per Funk übermitteln.

Für Carl gilt das Gleiche wie für Bert. Auch für ihn schrumpft die Entfernung zur Erde auf 2,4 Lichtjahre und er benötigt für den Rückflug nach seinem Zeitempfinden nur vier Jahre. Nach der Ankunft würde Carl somit eine Gesamtreisezeit von insgesamt acht Jahren ermittelt haben, während für Anton bereits eine Zeit von zehn Jahren vergangen ist.

Paradox hieran ist, dass ja die beiden Raumschiffinsassen während des Fluges annehmen, dass die Uhr auf der Erde langsamer geht als ihre Uhr im Raumschiff. Wenn also die Uhr im Raumschiff um ein Jahr weiterläuft, würden die Raumschiffinsassen annehmen, dass in dieser Zeit die Uhr auf der Erde nur um 0,8 Jahre weitergelaufen ist. Insgesamt hätten Bert und Carl also annehmen können, dass die Uhr auf der Erde eine gesamte Reisezeit von 8 Jahre × 0,8 = 6,4 Jahre anzeigt. Was ist nun richtig und warum?

Zu lösen ist das Paradoxon über die zusätzliche Berücksichtigung der Relativgeschwindigkeit zwischen Bert und Carl. Carl kann nicht einfach die ihm von Bert mitgeteilte Reisezeit für den Hinweg ungeprüft übernehmen.

Wenn Bert mit 0,6c den Hinweg absolviert und Carl mit 0,6c den Rückweg, dann messen die beiden Brüder eine Relativgeschwindigkeit von rund 0,88c zueinander:

$$w = \frac{u+v}{1+\frac{uv}{c^2}} = \frac{0{,}6+0{,}6}{1+\frac{0{,}6 \times 0{,}6}{1^2}} = \frac{1{,}2}{1{,}36} \approx 0{,}8824c$$

Bei einer derartigen Relativgeschwindigkeit (die genau genommen 15/17c beträgt) gilt folgender Faktor der Zeitdilatation:

$$\gamma = \frac{1}{\sqrt{1-\frac{v^2}{c^2}}} = \frac{1}{\sqrt{1-\left(\frac{15}{17}\right)^2}} = 2{,}125$$

Carl müsste also geltend machen, dass Bert ihm die benötigte Zeit für den Hinflug falsch mitgeteilt hat, weil Berts Uhr dabei viel zu langsam lief. Wenn Bert für den Hinweg eine Zeit von vier Jahren angegeben habe, so hat er aus Carls Sicht in Wahrheit folgende Reisezeit benötigt:

$$t'' = t' \times 2{,}125 = 4\, Jahre \times 2{,}125 = 8{,}5\, Jahre$$

Zusammen mit der Zeit für die Rückreise von vier Jahren ergibt sich aus Sicht Carls somit eine Gesamtreisezeit von 12,5 Jahren. Und somit würde Carl zu dem Ergebnis kommen, dass während der gesamten Reise in Wahrheit auf der Erde die Zeit langsamer vergangen ist (Relativität der Zeitdilatation). Da eine Zeitdehnung von 10 auf 12,5 Jahren einem Lorentzfaktor von 1,25 entspricht und ein Lorentzfaktor von 1,25 einer Relativgeschwindigkeit von 0,6c, ergibt sich für Carl, dass aus seiner Sicht korrekterweise nach den Regeln der SRT eine Zeitdehnung auf der Erde eingetreten ist.

Bert würde dem natürlich widersprechen. Aus seiner Sicht dauerte der Hinweg vier Jahre und der Rückweg 8,5 Jahre. Insgesamt kommt aber auch er zu dem Ergebnis, dass die Uhr auf der Erde gegenüber seiner Uhr langsamer lief.

Anton seinerseits bleibt bei seiner Meinung, dass das Experiment zehn Jahre dauerte und nur die Uhren in den Raumschiffen langsamer gingen.

Das Drei-Brüder-Experiment kommt somit zu dem Ergebnis, dass jeder der drei Brüder seine Sichtweise bestätigt sieht. Für den Drei-Brüder-Ansatz gilt tatsächlich: Alles ist relativ!

Drei-Brüder-Ansatz mit Uhr im Treffpunkt

Um zu versuchen, ihren Widerspruch aufzuklären, wiederholen die drei Brüder nun das Experiment. Bei diesem erneuten Experiment platzieren sie zuvor eine weitere Uhr bei dem vereinbarten Treffpunkt im All, die sie vor der Durchführung des Experiments mit der Uhr auf der Erde synchronisieren:

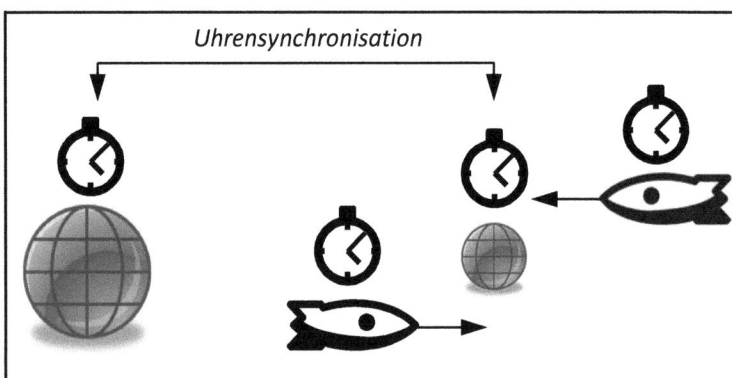

Drei-Brüder-Ansatz zur Überprüfung der Zeitdilatation (Abwandlung).
Beim vereinbarten Treffpunkt wird vor dem Experiment eine Uhr platziert, die mit der Erde synchronisiert wird. Auf diese Weise soll ermittelt werden, ob die Zeiten für Hin- und Rückflug nur jeweils 4, 5 oder aber 8,5 Jahre betragen.

Welches Ergebnis wäre nunmehr zu erwarten? Da die Uhr im Treffpunkt mit der Uhr auf der Erde synchronisiert ist und sich Erde und Treffpunkt relativ zueinander nicht bewegen, bilden sie nunmehr ein einheitliches Inertialsystem. Da der Hinflug aus Sicht des Inertialsystems Erde/Treffpunkt fünf Jahre dauert, wäre zu erwarten, dass Bert den vereinbarten Treffpunkt erreicht, wenn die dortige Uhr eine vergangene Zeit von fünf Jahren anzeigt. Dieses Ergebnis tritt auch tatsächlich ein, d.h. auch Bert und Carl stellen übereinstimmend fest, dass die Uhr im Treffpunkt eine verstrichene Zeit von fünf Jahren anzeigt, wenn sich die beiden Brüder dort begegnen. Anton und Bert haben zudem festgestellt, dass die Uhr auf der Erde den Zeitpunkt null angezeigt hat, als Bert losgeflogen ist; und Anton und Carl haben schließlich festgestellt, dass die Uhr auf der Erde eine verstrichene Zeit von zehn Jahren angezeigt hat, als Carl nach der Rückreise auf der Erde eingetroffen ist.

Würden nun Bert und Carl aufgeben und Antons Sichtweise teilen? Muss sich das Relativitätsprinzip also geschlagen geben? Nein, denn nun kommt die Relativität der Gleichzeitigkeit ins Spiel! Nachdem Bert sein Raumschiff beschleunigt hat, teilt er die Auffassung Antons, dass beide stationären Uhren synchronisiert sind, nicht mehr. Für ihn ist die Uhr im Treffpunkt jetzt eine hintere Uhr eines bewegten Inertialsystems, die wie folgt vorgeht:

$$\Delta t' = \Delta x' \times \frac{v}{c^2}$$

$$\Delta t' = 3\ Lj \times \frac{0{,}6}{1^2} = 1{,}8\ Jahre$$

Bert würde somit – jedenfalls während des Hinflugs – geltend machen, dass die Uhr am fernen Treffpunkt um 1,8 Jahre gegenüber der Uhr auf der Erde vorgeht. Bert würde also geltend machen, dass die dortige Uhr, die bei seiner Ankunft unstrittig eine verstrichene Zeit von fünf Jahren angezeigt hat, zu diesem Zeitpunkt eigentlich eine verstrichene Zeit von 3,2 Jahren hätte anzeigen müsste. Zudem geht die Uhr aus Sicht von Bert um den Lorentzfaktor zu langsam. Da der Lorentzfaktor bei einer Relativgeschwindigkeit von 0,6c genau 1,25 beträgt, würde Bert also geltend machen, dass die Uhr eigentlich eine verstrichene Zeit seit dem Start des Experiments von 3,2 × 1,25 = 4 Jahre anzeigen müsste. Damit würde Bert nach wie vor geltend machen, dass seine Sichtweise, wonach er für den

Hinflug genau vier Jahre gebraucht hat, korrekt ist. Er bleibt dabei, dass der Rückflug 8,5 Jahre gedauert hat und die Gesamtreisezeit somit 12,5 Jahre.

Auch aus Carls Sicht gehen die beiden stationären Uhren nicht synchron. Für ihn ist die Uhr im Treffpunkt eine vordere Uhr des anderen Inertialsystems und geht nach. Für ihn geht die Uhr im Treffpunkt gegenüber der Uhr auf der Erde folglich um 1,8 Jahre nach. Als sie 5 Jahre seit dem Start des Experiments angezeigt hat, hat folglich die Uhr auf der Erde nach seiner Berechnung 6,8 Jahre angezeigt. Und da die beiden stationären Uhren aus Carls Sicht um den Lorenzfaktor zu langsam gehen, bedeutet dies für Carl, dass das Treffen im All 6,8 Jahre × 1,25 = 8,5 Jahre nach dem Start des Experiments stattfand. Er bleibt dabei, dass der Hinflug Berts 8,5 Jahre gedauert hat und zusammen mit Carls 4 Jahren für den Rückflug das gesamte Experiment 12,5 Jahre.

(Wie kommt Carl eigentlich zu der Annahme, dass der Hinflug 8,5 Jahre gedauert hat? Aus seiner Sicht kommt ihm die Erde mit 0,6c entgegen; Bert mit rund 0,8824c. Bert legt also aus seiner Sicht die Strecke Erde/Treffpunkt, die eine Länge von 2,4 Lichtjahren hat, mit einer Relativgeschwindigkeit von rund 0,2824c zurück. Es ergibt sich: 2,4 / 0,2824 = 8,5.)

Mit dem Drei-Brüder-Ansatz lässt sich somit auch unter Zuhilfenahme einer Uhr im Treffpunkt keine objektive Aussage darüber treffen, ob bewegte Uhren im Verhältnis zu ruhenden Uhren langsamer gehen oder nicht. Vielmehr kann sich jeder Beteiligte in seiner Sichtweise bestätigt fühlen.

Maßstabsparadoxon

Ein weiteres leicht zu lösendes Paradoxon ist das sogenannte Maßstabsparadoxon. Beim Maßstabsparadoxon stellt man sich vor, dass ein Zylinder oder Stab auf eine Scheibe mit einem Loch zufliegt. Der Zylinder und das Loch mögen in Ruhe gleich lang sein. Bewegen sich Zylinder und Scheibe jedoch mit hoher Relativgeschwindigkeit aufeinander zu, so würde die relativistische Längenkontraktion greifen. Aus Sicht des Systems Zylinders würde sich das Loch verkürzen, sodass der Zylinder nicht mehr hindurchpasst; aus Sicht des Systems Scheibe würde sich hingegen der Zylinder verkürzen, sodass er nunmehr spielend durch das Loch passt:

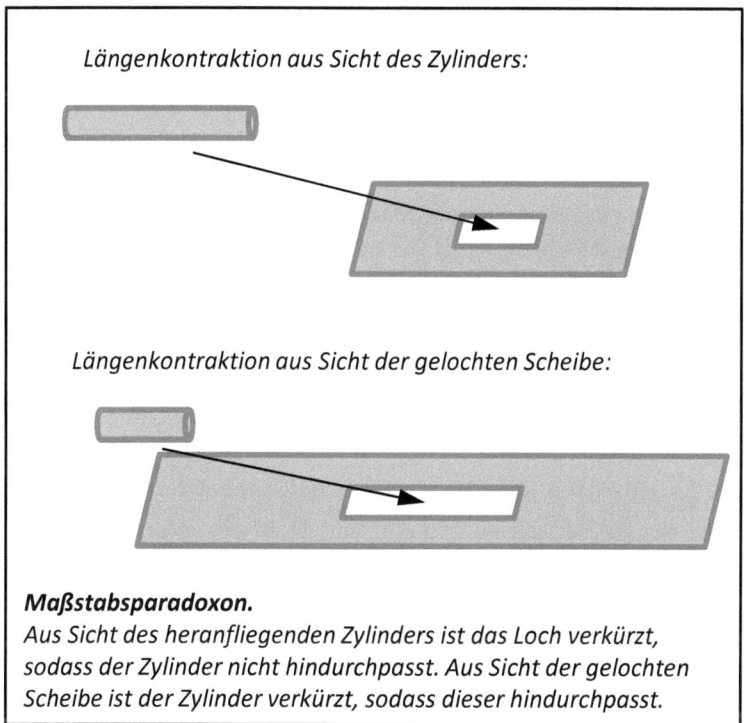

Längenkontraktion aus Sicht des Zylinders:

Längenkontraktion aus Sicht der gelochten Scheibe:

Maßstabsparadoxon.
Aus Sicht des heranfliegenden Zylinders ist das Loch verkürzt, sodass der Zylinder nicht hindurchpasst. Aus Sicht der gelochten Scheibe ist der Zylinder verkürzt, sodass dieser hindurchpasst.

Es kann nur eines von beiden richtig sein: Entweder der Zylinder fliegt ungehindert durch das Loch oder er prallt an der Scheibe ab. Es ist denklogisch unmöglich, dass zugleich aus Sicht der Scheibe das Passieren stattfindet und aus Sicht des Zylinders das Passieren nicht stattfindet.

Auf Wikipedia findet man eine relativ komplizierte Erklärung für dieses Paradoxon, wonach durch die Lorentz Transformation und die Relativität der Gleichzeitigkeit bei hoher Geschwindigkeit die Scheibe kippt, sich also querstellt. Dies soll dazu führen, dass der Stab in jedem Fall hindurchpasst:

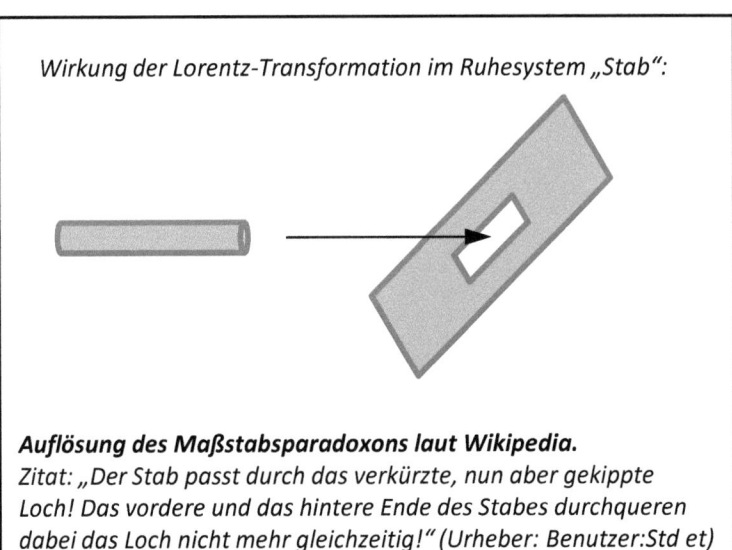

Wirkung der Lorentz-Transformation im Ruhesystem „Stab":

Auflösung des Maßstabsparadoxons laut Wikipedia.
Zitat: „Der Stab passt durch das verkürzte, nun aber gekippte Loch! Das vordere und das hintere Ende des Stabes durchqueren dabei das Loch nicht mehr gleichzeitig!" (Urheber: Benutzer:Std et)

Die Erklärung mag im Ergebnis richtig sein, erscheint aber zumindest unglücklich gezeichnet und verwirrt eher. Außerdem wird die heranfliegende Scheibe nach der SRT nicht *gekippt*, sondern *gestaucht*. Gleichwohl ist das Paradoxon leicht auflösbar: Es ist zu berücksichtigen, dass beim Maßstabsparadoxon beide, Zylinder und Scheibe, leicht schräg aufeinander zufliegen müssen, sonst würde der Stab die Scheibe ohnehin gänzlich verfehlen. Dabei tritt zwar eine relativistische Längenkontraktion ein, entweder beim Zylinder oder bei der Scheibe (je nach Sichtweise), aber die Längenkontraktion betrifft *nur* die Ausdehnungen längs der Flugrichtung. Diese sind aber für die Frage, ob der Zylinder durch das Loch passt, *völlig irrelevant!* Entscheidend ist nur die vertikale Komponente quer zur Flugrichtung, und die bleibt nach der SRT immer unverändert:

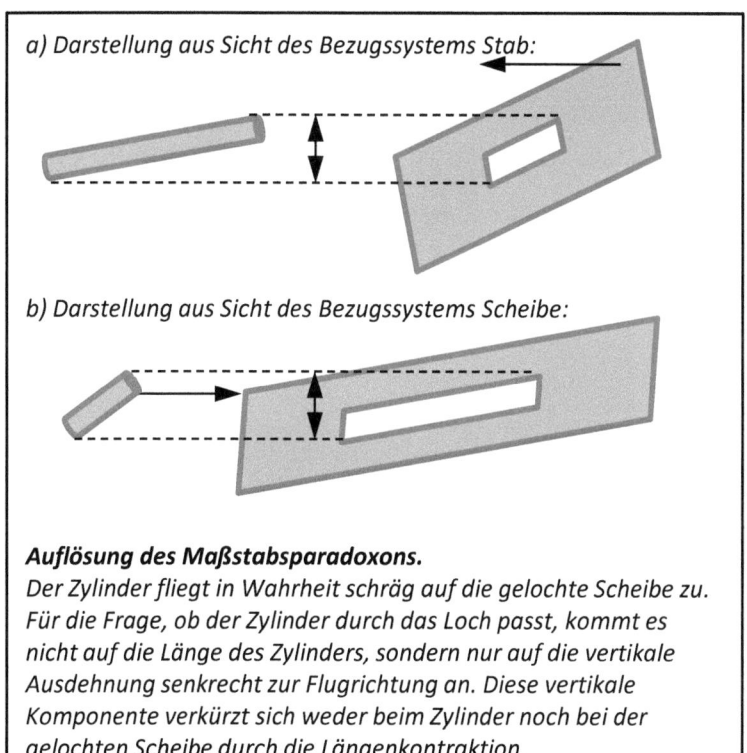

Auflösung des Maßstabsparadoxons.
Der Zylinder fliegt in Wahrheit schräg auf die gelochte Scheibe zu. Für die Frage, ob der Zylinder durch das Loch passt, kommt es nicht auf die Länge des Zylinders, sondern nur auf die vertikale Ausdehnung senkrecht zur Flugrichtung an. Diese vertikale Komponente verkürzt sich weder beim Zylinder noch bei der gelochten Scheibe durch die Längenkontraktion.

Das ist wie bei einem Zug und einem Tunnel: Entscheidend ist nicht, wie viele Waggons der Zug hat, sondern ausschließlich die Frage, ob die Zughöhe größer als die Tunnelöffnung ist oder nicht. Und diese Frage ist sowohl bei geringen als auch bei hohen Geschwindigkeiten gleich zu beantworten: Entweder der Zug ist höher als die Tunnelöffnung, dann passt er nicht hindurch, oder die Tunnelöffnung ist größer als der Zug, dann passt der Zug durch den Tunnel, egal wie schnell er fährt. In gleicher Weise ist auch beim Maßstabsparadoxon die Relativgeschwindigkeit irrelevant, weil sie keine Auswirkungen auf die Maßstäbe quer zur Flugrichtung hat. Das Maßstabsparadoxon lässt sich somit leicht auflösen.

Leiterparadoxon

Auch das Leiterparadoxon ist ein recht einfach auflösbares Paradoxon. Dazu stellen wir uns zunächst einen Geräteschuppen vor, der links und rechts ein Tor haben möge. Die Tore des Schuppens mögen so aufeinander abgestimmt sein, dass immer nur ein Tor offen sein kann, d.h. sobald sich ein Tor öffnet, schließt das andere Tor. Zunächst möge das linke Tor offen und das rechte Tor geschlossen sein. Des Weiteren stellen wir uns noch eine Leiter vor, die (in Ruhe) etwas länger als der Schuppen ist. Bewegt sich nun die Leiter mit langsamer Geschwindigkeit von links in den Schuppen hinein, so würde sie mit der Spitze gegen das rechte Tor stoßen, bevor sich das linke Ende der Leiter im Schuppen befindet. Das linke Tor könnte nicht geschlossen werden und das rechte Tor könnte sich folglich nicht öffnen. Die Leiter könnte den Schuppen nicht auf der rechten Seite verlassen.

Nun stellen wir uns aber vor, dass die Leiter mit nahezu Lichtgeschwindigkeit von links auf den Schuppen zufliegt. Aus Sicht des Schuppens würde jetzt die Längenkontraktion greifen, d.h. die Leiter würde mit zunehmender Geschwindigkeit immer kürzer werden. Bei genügend hoher Geschwindigkeit wäre die Leiter so kurz, dass sie mit ihrer ganzen Länge in den Schuppen passt. Das linke Tor könnte hinter der Leiter geschlossen werden, das rechte Tor könnte sich öffnen und die Leiter könnte den Schuppen rechts verlassen. Aus Sicht des Systems Schuppen ist es also möglich, dass eine Leiter, die in Ruhe länger als der Schuppen ist, nun durch den Schuppen hindurchfliegen kann.

Aus Sicht der Leiter greift die Längenkontraktion jedoch umgekehrt. Von diesem Standpunkt aus betrachtet ruht die Leiter und der Schuppen bewegt sich von rechts auf die Leiter zu. Der Schuppen wäre nun aus Sicht der Leiter noch kürzer, die Leiter würde erst recht nicht in den Schuppen passen, das linke Tor könnte nicht geschlossen werden und das rechte Tor könnte sich nicht öffnen.

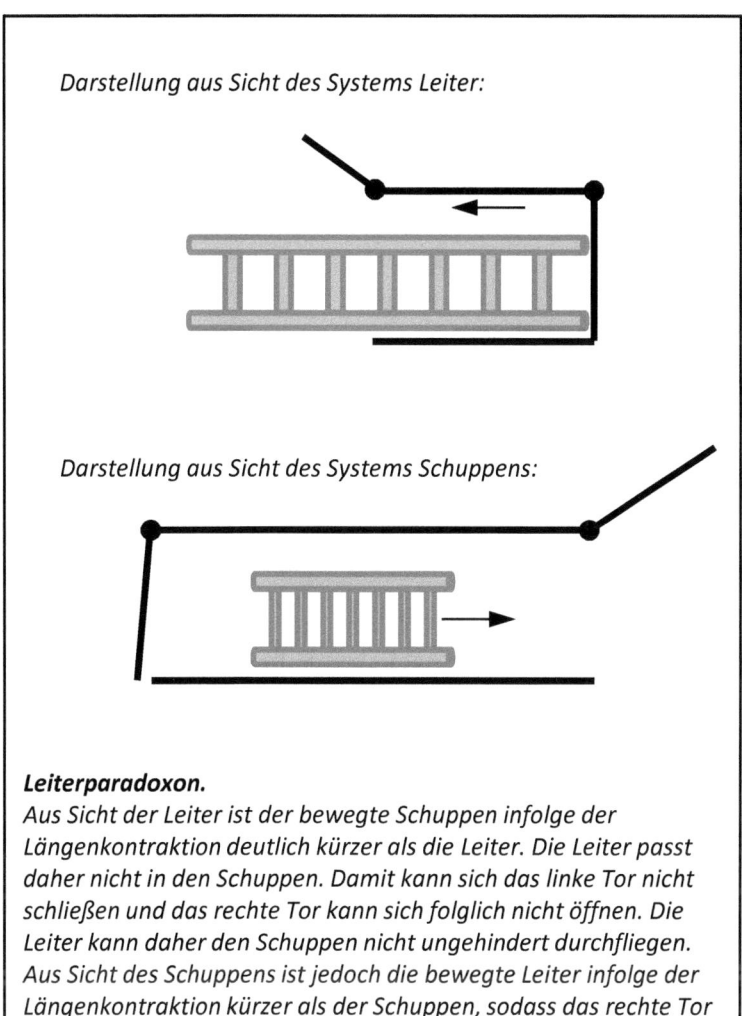

Leiterparadoxon.
Aus Sicht der Leiter ist der bewegte Schuppen infolge der Längenkontraktion deutlich kürzer als die Leiter. Die Leiter passt daher nicht in den Schuppen. Damit kann sich das linke Tor nicht schließen und das rechte Tor kann sich folglich nicht öffnen. Die Leiter kann daher den Schuppen nicht ungehindert durchfliegen. Aus Sicht des Schuppens ist jedoch die bewegte Leiter infolge der Längenkontraktion kürzer als der Schuppen, sodass das rechte Tor geöffnet werden kann und das Durchfliegen möglich erscheint.

Wenn sich dieses Paradoxon nicht auflösen ließe, würde dies bedeuten, dass die beiden Inertialsysteme nicht gleichberechtigt sind. Man könnte bewegtes und ruhendes Inertialsystem objektiv unterscheiden. Kommt die Leiter rechts aus dem Schuppen heraus, so war die Leiter in Bewegung und der Schuppen war in Ruhe. Kommt die Leiter hingegen nicht rechts aus dem Schuppen heraus, so war die Leiter in Ruhe und der

Schuppen war in Bewegung. Dies würde gegen das Einsteinsche Postulat der Gleichberechtigung aller Inertialsysteme verstoßen.

Das Leiterparadoxon muss vor allem unter Berücksichtigung der Relativität der Gleichzeitigkeit betrachtet werden. Nehmen wir dazu an, die Leiter möge eine Eigenlänge von 10 Meter messen und der Schuppen möge eine Eigenlänge von 8 Meter messen. Beträgt die Relativgeschwindigkeit zwischen Schuppen und Leiter 0,8c, so hat die Leiter aus Sicht des Schuppens folgende Länge:

$$l = l' \times \sqrt{1 - \frac{v^2}{c^2}} = 10m \times \sqrt{1 - \frac{0{,}8^2}{1^2}} = 10m \times \sqrt{1 - 0{,}64} = 6m$$

Die 6 Meter lange Leiter passt problemlos in den Schuppen. Die Leiter kann durch den Schuppen hindurchfliegen, wenn zum richtigen Zeitpunkt das linke Tor geschlossen und das rechte Tor geöffnet wird. Dabei bedeutet „gleichzeitig" jedoch nicht, dass das linke Tor ein Funksignal aussendet, sobald es geschlossen ist und das rechte Tor mit dem Empfang des Funksignals geöffnet wird. Das Funksignal würde mit Lichtgeschwindigkeit vom linken zum rechten Tor übermittelt werden und daher gäbe es eine winzige Zeitverzögerung. Wenn man relativistische Geschwindigkeiten betrachtet, darf diese Signallaufzeit nicht vernachlässigt werden.

Das Synchronisieren der beiden Tore muss daher so vonstattengehen, dass vom System Schuppen anhand der beobachteten Flugbahn der Leiter *vorausberechnet* wird, wann sich die Leiter vollständig im Schuppen befinden wird und dass dann genau zu diesem Zeitpunkt beide Tore unabhängig voneinander betätigt werden. Auf diese Weise wäre es möglich, das Betätigen der Tore so zu synchronisieren, dass das Hindurchfliegen der Leiter tatsächlich ermöglicht wird.

Wie sieht die Sache nun aus Sicht der Leiter aus? Aus ihrer Sicht beträgt die Länge des Schuppens nun:

$$l = l' \times \sqrt{1 - \frac{v^2}{c^2}} = 8m \times \sqrt{1 - \frac{0{,}8^2}{1^2}} = 8m \times \sqrt{1 - 0{,}64} = 4{,}8m$$

Da die Leiter für sich weiterhin eine Eigenlänge von 10 Metern beansprucht, passt sie keinesfalls im Ganzen in den Schuppen hinein. Wegen der Relativität der Gleichzeitigkeit ist aber zu beachten, dass das, was für den Schuppen „gleichzeitig" stattfindet, für die Leiter eben nicht gleichzeitig stattfindet. Eine hintere Uhr im Schuppen geht aus Sicht der Leiter vor, und wenn der Schuppen das linke und das rechte Tor so synchronisiert hat, dass sie beide betätigt werden, wenn ihre Uhren exakt die gleiche Zeit anzeigen, dann bedeutet dies für die Leiter, dass das rechte Tor eher betätigt wird als das linke.

Welche Formel ist nun für die Berechnung dieser Ungleichzeitigkeit anzuwenden? Zu beachten ist, dass es nicht um die Frage geht, welche Zeitdifferenz beide Uhren anzeigen, sondern um die Frage, mit welchem Zeitversatz (aus Sicht der Leiter) beide Uhren synchronisiert wurden. Anzuwenden ist somit nicht die Formel über die Relativität der Gleichzeitigkeit, sondern die bereits zuvor entwickelte Formel über den Zeitversatz bei der Uhrensynchronisation:

$$\Delta t = \Delta x \times \frac{v}{c^2 - v^2}$$

Eingesetzt ergibt sich:

$$\Delta t = 4{,}8m \times \frac{240.000.000\,\frac{m}{s}}{\left(300.000.00\,\frac{m}{s}\right)^2 - \left(240.000.000\,\frac{m}{s}\right)^2} \approx 35{,}6ns$$

Das rechte Tor würde sich somit aus Sicht der Leiter um rund 35,6 Nanosekunden eher öffnen, als sich das linke Tor schließt. Ein winzige Zeitspanne, jedoch: Diese 35,6 Nanosekunden genügen für das Hindurchfliegen. Nehmen wir an, das rechte Tor öffnet genau dann, wenn die Spitze der Leiter anstößt. Dann hat das hintere Ende der Leiter noch 35,6 Nanosekunden Zeit, um in den Schuppen zu gelangen. In diesen 35,6 Nanosekunden legt die Leiter relativ zum Schuppen oder der Schuppen relativ zur Leiter folgende Wegstrecke zurück:

$$s = v \times t \approx 240.000.000 \frac{m}{s} \times 35{,}6 ns \approx 8{,}54 m$$

Oben wurde bereits errechnet, dass aus Sicht des Systems Leiter der Schuppen um 5,2 Meter kürzer ist als die Leiter. Die Leiter schafft es nun also, mit ihrem hinteren Ende in den Schuppen zu kommen, bevor sich das linke Tor schließt; es bleiben sogar mehr als drei Meter Reserve.

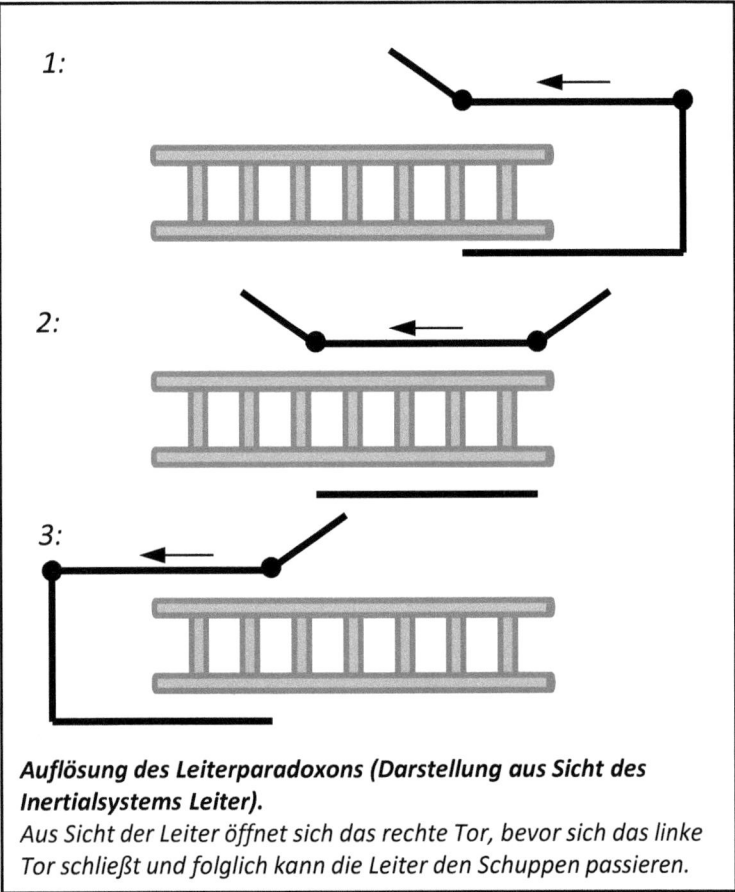

Auflösung des Leiterparadoxons (Darstellung aus Sicht des Inertialsystems Leiter).
Aus Sicht der Leiter öffnet sich das rechte Tor, bevor sich das linke Tor schließt und folglich kann die Leiter den Schuppen passieren.

Damit ist also auch aus Sicht der Leiter das ungehinderte Hindurchfliegen durch den Schuppen möglich und das Leiterparadoxon ist nicht mehr paradox, weil beide Standpunkte zum gleichen Ergebnis kommen.

Panzerparadoxon

Ein recht schwieriges Paradoxon stellt das sogenannte Panzerparadoxon dar, welches 1961 von dem US-amerikanischen Physiker österreichischer Abstammung Wolfgang Rindler (geboren 1924 in Wien) entwickelt wurde. Dabei stelle man sich vor, dass ein zehn Meter langer Panzer mit nahezu Lichtgeschwindigkeit auf einen Soldaten zufährt, der zu seiner Verteidigung vor sich einen Graben von zehn Metern Breite bzw. Länge (gemessen in Bewegungsrichtung des Panzers) ausgehoben hat. Das Kalkül des Soldaten ist, dass durch die Längenkontraktion der Panzer so kurz wird, dass er – weil er für einen Moment frei über dem Graben schwebt – den Graben nicht mehr überwinden kann, sondern in den Graben stürzt. Aus Sicht des Panzerfahrers ist es jedoch so, dass durch die Längenkontraktion nicht der Panzer, sondern der Graben kürzer wird, sodass der Panzer den Graben bei genügend hoher Geschwindigkeit spielend überwinden kann:

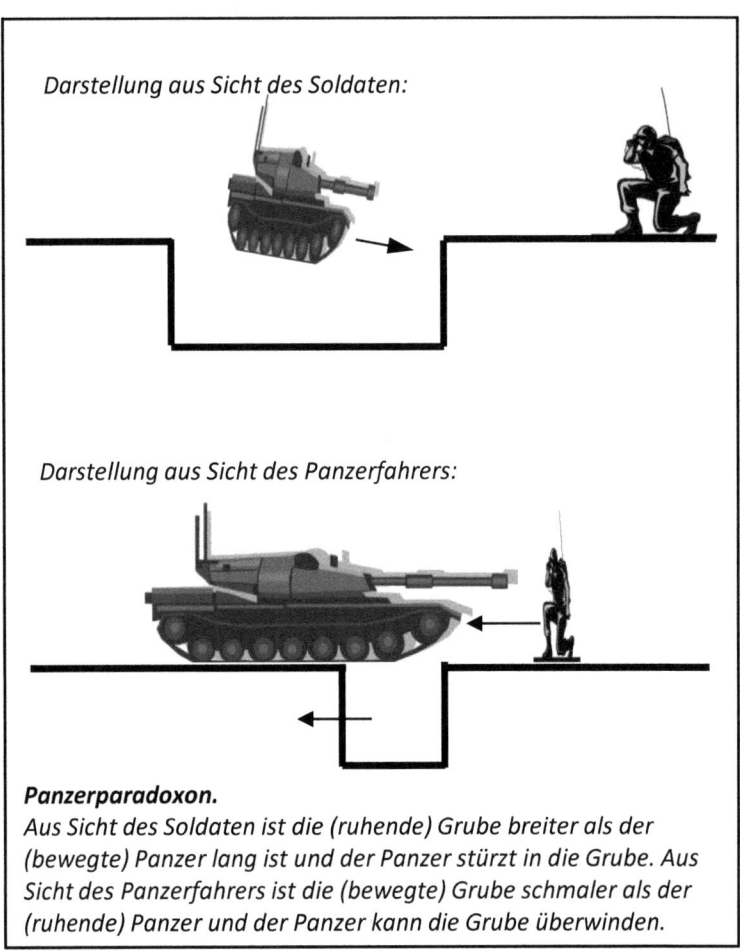

Panzerparadoxon.
Aus Sicht des Soldaten ist die (ruhende) Grube breiter als der (bewegte) Panzer lang ist und der Panzer stürzt in die Grube. Aus Sicht des Panzerfahrers ist die (bewegte) Grube schmaler als der (ruhende) Panzer und der Panzer kann die Grube überwinden.

Selbstverständlich geht es auch bei diesem Paradoxon nicht um die Frage, was in der Realität passieren würde: In der Realität wäre es sonnenklar, dass der Panzer so schnell wäre, dass der Panzerfahrer den Graben nicht einmal bemerken würde. Weder Panzerfahrer noch Soldat könnten einander vor dem Zusammenstoß erkennen und der Aufprall wäre so stark, dass er den Soldaten und den Panzer förmlich pulverisieren würde. Es handelt sich bei dem Paradoxon ausschließlich um die bildliche Veranschaulichung einer theoretischen Fragestellung.

Das Panzerparadoxon wird allgemein so gedeutet, dass darauf abgestellt wird, dass es nach der SRT keine „starren Körper" geben kann.

Dieses Konzept der nicht-starren Körper in der SRT geht auf den deutschen Physiker Max von Laue (1879 bis 1960) zurück, der dieses Phänomen anhand eines rotierenden Zylinders beschrieb, der folgerichtig seitdem „Laues Zylinder" genannt wird:

Rotierender Zylinder in Ruhe oder langsamer Bewegung:

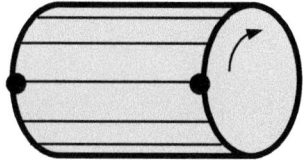

Rotierender Zylinder in schneller Bewegung nach rechts:

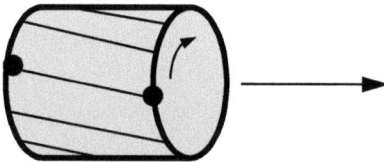

Laues Zylinder.
Obwohl der rotierende Zylinder aus einem starren Material besteht, erscheint er bei schneller Bewegung verdrillt. Ursache ist die Relativität der Gleichzeitigkeit, wonach ein vorderer Punkt aus Sicht des äußeren Beobachters erst später den gleichen Drehwinkel erreicht wie ein hinterer Punkt.

Übertragen auf das Panzerparadoxon bedeutet diese Annahme, dass in dem Zeitpunkt, in dem der vordere Teil des Panzers frei über dem Graben schwebt, die Schwerkraft beginnen würde, den vorderen Teil des Panzers nach unten zu ziehen, während das stützende Gegengewicht (also der hintere Teil des Panzers, der noch festen Boden unter sich hat), seine ausgleichende Wirkung nur mit geringerer als Lichtgeschwindigkeit nach vorn übertragen kann. Der Panzer würde somit beginnen zu „zerfließen", d.h. sein vorderer Teil würde leicht nach unten abkippen und somit würde der Panzer in jedem Fall im Graben landen.

Dies ist eine eher theoretische Deutung, die für das vorliegende Problem unbefriedigend ist. Es gibt beim Panzerparadoxon drei zu berücksichtigende Aspekte, die ein Sich-Absenken des Panzers bewirken:

1. die Krümmung des Raumes nach der ART, da sich der Panzer in einem Gravitationsfeld bewegt;
2. das Absenken der Panzerspitze infolge der Biegsamkeit des Materials;
3. das Abkippen des Panzers, sobald der Schwerpunkt des Panzers das hintere Ende des Grabens überschritten hat.

Die ersten beiden Aspekte sind vorliegend jedoch irrelevant. Zunächst zur Raumkrümmung: Selbstverständlich ist, wenn sich der Panzer auf der Erdoberfläche bewegt, der Raum infolge der Gravitation gekrümmt. Was aus Sicht des Panzerfahrers eine Ebene ist, ist aus Sicht eines äußeren Beobachters eine gekrümmte Bahn. Jedoch bewirkt dies nicht, dass der Panzer den Graben nicht überwinden kann, denn die Raumkrümmung betrifft ja auch den Graben. Die Bahn des Panzers ist nicht stärker gekrümmt als die Erdoberfläche und die Oberkante der ausgehobenen Grube. Die ART kann also vernachlässigt werden.

Ebenso kann das Konzept der nicht-starren Körper vernachlässigt werden. Laues Zylinder bewirkt nur ein Verdrillen des Körpers, nicht eine stärkere Auslenkung zur Seite. An einem Beispiel: Angenommen, eine leicht elastische Brücke sei 100 Meter lang und biege sich in der Mitte genau 1 Meter durch. Wenn nun ein Beobachter mit nahezu Lichtgeschwindigkeit über die Brücke fährt bzw. fliegt, dann ist für ihn die Brücke infolge der Längenkontraktion kürzer. Das Maß des Durchbiegens misst aber auch der fliegende Beobachter mit 1 Meter, da es weder eine Breitenkontraktion noch -dilation gibt. In gleicher Weise sind sich auch beim Panzerparadoxon Panzerfahrer und Soldat darüber einig, wie weit sich der Panzer nach unten verbiegen kann. Die Geschwindigkeit des

Panzers ist dabei irrelevant. Wenn also das vertikale Durchbiegen von angenommen 1 Millimeter bei 20 km/h nicht ausreichend, dass die Grubenwand den Panzer stoppen kann, dann tut sie es auch nicht bei 200.000 km/s. Wäre dies anders, so wären beide Systeme keine gleichberechtigten Inertialsysteme und die SRT wäre widerlegt.

Es kann also beim Panzerparadoxon nur um den dritten Aspekt, das mögliche Abkippen, gehen. Gegenstand des Panzerparadoxons kann nur die Frage sein, ob es tatsächlich einen Augenblick gibt, in dem der Panzer mit allen seinen Teilen frei über dem Graben schwebt oder ob es diesen Augenblick nicht gibt. Aus Sicht des Soldaten würde es diesen Augenblick geben, aus Sicht des Panzerfahrers hingegen nicht, wie die Zeichnung auf Seite 272 unschwer zeigt. Dennoch lässt sich das Panzerparadoxon über die Relativität der Gleichzeitigkeit auflösen. Der Schlüssel zur Lösung ist wieder die Frage: Was ist gleichzeitig? Aus Sicht des Soldaten befindet sich der Panzer zu einem bestimmten Zeitpunkt ohne Bodenkontakt frei über dem Graben, d.h. in einem bestimmten Augenblick verlässt das hintere Ende des Panzers den Boden, während das vordere Ende des Panzers noch nicht wieder festen Boden unter sich hat. Aus Sicht des Panzerfahrers gibt es jedoch diesen entscheidenden Augenblick gar nicht, weil er eine andere Meinung darüber hat, was „gleichzeitig" stattfindet. Zwei Uhren auf dem Panzer würden dies zeigen: Eine an der Spitze des Panzers angebrachte Uhr würde aus Sicht des Soldaten im Vergleich zu einer Uhr am Heck nachgehen, was bedeutet, dass die vordere Uhr erst dann den Zeitpunkt anzeigt, zu dem das hintere Ende den Bodenkontakt verloren hat, wenn das vordere Ende bereits wieder Bodenkontakt gefunden hat.

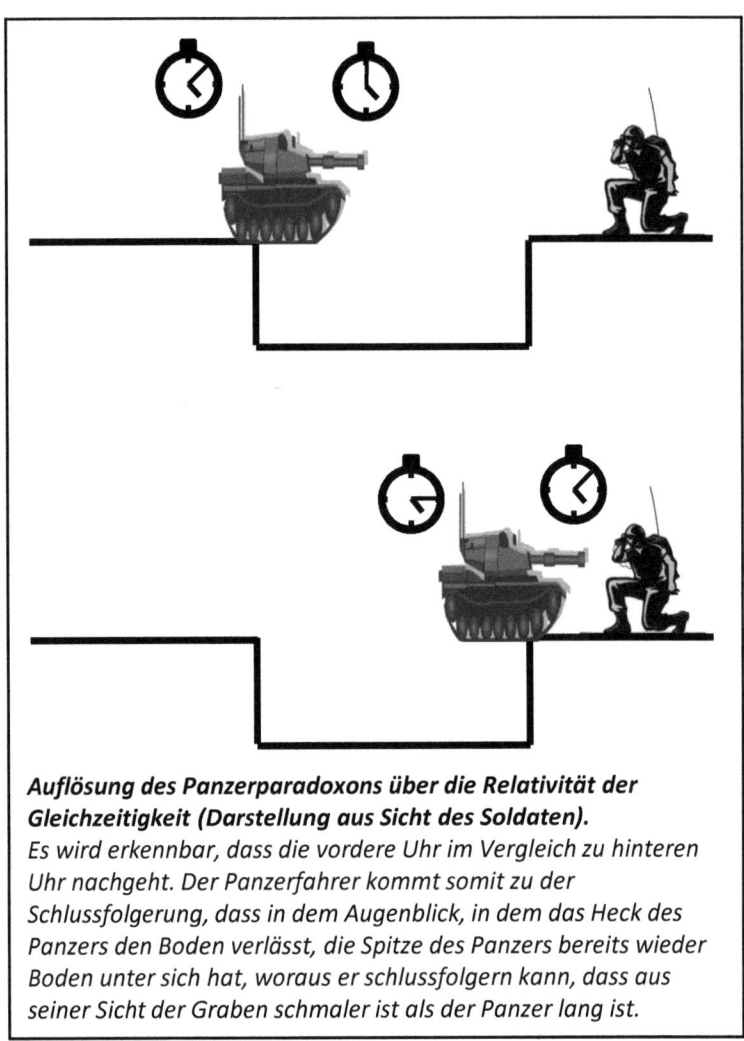

Auflösung des Panzerparadoxons über die Relativität der Gleichzeitigkeit (Darstellung aus Sicht des Soldaten).
Es wird erkennbar, dass die vordere Uhr im Vergleich zu hinteren Uhr nachgeht. Der Panzerfahrer kommt somit zu der Schlussfolgerung, dass in dem Augenblick, in dem das Heck des Panzers den Boden verlässt, die Spitze des Panzers bereits wieder Boden unter sich hat, woraus er schlussfolgern kann, dass aus seiner Sicht der Graben schmaler ist als der Panzer lang ist.

Beide Betrachter sind und bleiben uneins darüber, ob der Panzer nun in einem bestimmten Augenblick über dem Graben schwebt oder ob es diesen Augenblick nicht gibt. Dennoch muss auch der Soldat bei gründlicher Überlegung zu der Schlussfolgerung gelangen, dass ihn das Ausheben der Grube nicht rettet: Für die Deutung des Panzerparadoxons ist entscheidend, dass die Richtungsänderung durch den Panzer erfolgt, d.h. der Panzer bewegt sich durch die Erdanziehung nach unten und nicht der Graben nach oben. Hier sind die gravitativen und stützenden Kräfte zu berücksichtigen, die permanent durch den Panzer laufen. Wenn sich der vordere Teil des Panzers frei über dem Graben befindet, dann wirkt das dortige Gravitationsfeld *sofort* auf den Panzer und zieht das Vorderteil nach unten. Das Gravitationsfeld wirkt deshalb sofort (d.h. in jedem Zeitpunkt), weil das Gravitationsfeld schon die ganze Zeit dort vorhanden war. Sobald also sich das Vorderteil des Panzers dem Gravitationsfeld über dem Graben aussetzt, wird es nach unten gezogen.

Dagegen können die stützenden Kräfte (die Steifigkeit des Metalls, die den Halt des Bodens von hinten nach vorn überträgt) nur mit endlicher Geschwindigkeit durch den Panzer laufen. Doch bedeutet dies *nicht*, dass der Panzer zu „zerfließen" beginnt, weil die Gravitationskraft schon am Vorderteil wirkt, während die stützenden Kräfte noch nicht von hinten nach vorn gekommen sind. Denn vielmehr ist es so, dass sich auch das *Abreißen* der stützenden Kräfte nur mit endlicher Geschwindigkeit durch den Panzer ausbreiten kann. Folgende Überlegung zeigt dies genauer:

Stellen wir uns vor, wir befinden uns in einem riesigen gleichmäßigen Gravitationsfeld und halten in der Hand eine 300.000 km lange Stange waagerecht nach vorn. Die Stange erhält zu jedem Zeitpunkt und an jeder Stelle die stützenden Kräfte der Hand. Nur so kann sie beständig in der Waagerechten bleiben. Lässt man nun die Stange los, so kann das vordere Stangenende nicht *sofort* beginnen zu sinken, denn dann würde sich die Information „Loslassen" mit Überlichtgeschwindigkeit durch die Stange ausbreiten. Es kann aber keine Information mit Überlichtgeschwindigkeit übertragen werden. Folglich verharrt das vordere Ende der Stange noch ein wenig in der ursprünglichen Lage und beginnt frühestens (!) eine Sekunde nach dem Loslassen zu sinken. Die Stange verhält sich also für einen Augenblick nach dem Loslassen noch so, als würde sie weiter gestützt.

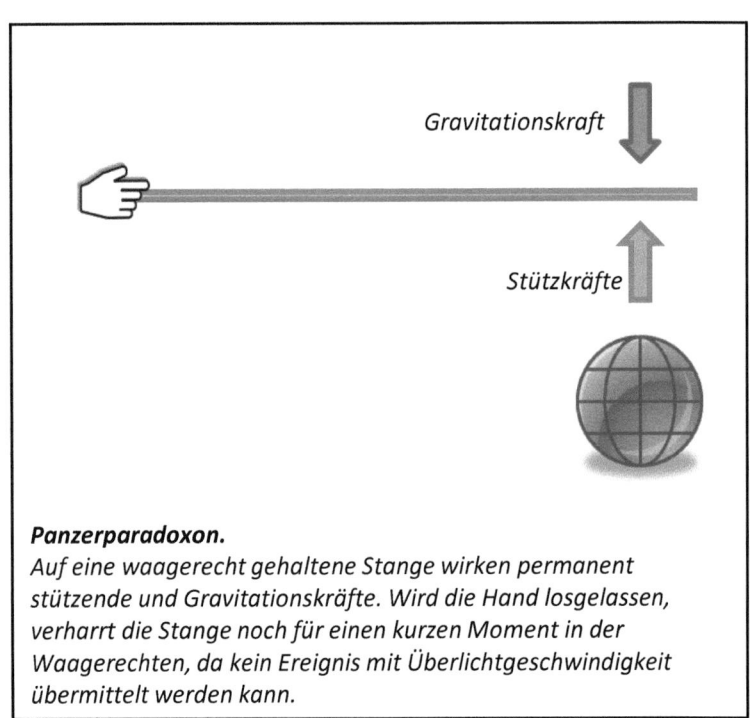

Panzerparadoxon.
Auf eine waagerecht gehaltene Stange wirken permanent stützende und Gravitationskräfte. Wird die Hand losgelassen, verharrt die Stange noch für einen kurzen Moment in der Waagerechten, da kein Ereignis mit Überlichtgeschwindigkeit übermittelt werden kann.

Der Panzer verhält sich ebenso. Durch den Panzer laufen beständig stützende Kräfte (Kopplungskräfte zwischen den Atomen im Metall), die ihn aussteifen und ihn waagerecht halten, auch wenn das Vorderteil schon über dem Graben ist. Erst wenn die Mitte des Panzers über dem Graben angekommen ist, reißen die stützenden Kräfte ab und dieses Abreißen bewegt sich in einer Welle mit endlicher Geschwindigkeit nach vorn. Bis das Abreißen vorn angekommen ist, verhält sich die Panzerfront noch so, als würde sie weiter gestützt.

Entscheidend ist nun, ob diese „Welle des Abreißens" vorn ankommt, während sich das Vorderteil noch frei über dem Graben befindet. Das ist nicht der Fall. Aus Sicht des Panzerfahrers wäre es ohnehin so, dass das Vorderteil schon wieder festen Boden unter sich hat, wenn die stützenden Kräfte abreißen. Aus Sicht des Soldaten ist es so, dass alle Vorgänge im Panzer, somit auch der Lauf der Welle des Abreißens, verlangsamt vonstattengehen (Zeitdilatation). Außerdem enteilt die Vorderfront fast mit Lichtgeschwindigkeit dem Grabenanfang. Folglich müsste auch der

Soldat zu der Annahme kommen, dass das Vorderteil des Panzers schon den Graben überwunden hat, wenn die „Nachricht" über das Abreißen der stützenden Kräfte vorn ankommt.

An einem Zahlenbeispiel: Wir nehmen an, dass Graben und Panzer im Ruhezustand jeweils 10 Meter lang sind. Bewegt sich der Panzer mit 0,9c über den Graben, so scheint er aus Sicht des Soldaten nur 4,36 Meter lang zu sein. Der Panzer verliert also aus Sicht des Soldaten bereits den Halt, wenn das Vorderteil des verkürzten Panzers 2,18 Meter über den Rand des Grabens gefahren ist. Ab diesem Zeitpunkt kann das Gewicht des Hecks den Panzer nicht mehr waagerecht halten. Läuft diese „Nachricht" über das Abreißen der stützenden Kräfte mit angenommener Lichtgeschwindigkeit (aus Sicht des Soldaten) nach vorn, so braucht sie dafür:

$$t = \frac{l}{c-v} = \frac{2{,}18m}{300.000.000\frac{m}{s} - 270.000.000\frac{m}{s}} \approx 72ns$$

72 Nanosekunden später beginnt also die Vorderfront abzukippen. In diesen 72 Nanosekunden hat das Vorderteil des Panzers aus Sicht des Soldaten jedoch bereits folgenden Weg zurückgelegt:

$$s = t \times v \approx 72ns \times 270.000.000\frac{m}{s} \approx 19{,}6m$$

Das Vorderteil des Panzers hat somit den Graben längst überwunden, bevor es sich – auch aus Sicht des Soldaten – überhaupt beginnen könnte abzusenken. Damit kommen beide Bezugssysteme zu der Schlussfolgerung, dass der Panzer den Graben überwindet, das Paradoxon löst sich auf. Mit dem Ausheben des 10 Meter breiten Grabens kann sich der Soldat somit nicht schützen.

Lichtschrankenparadoxon

Leiter- und Panzerparadoxon kamen zu – scheinbar – entgegengesetzten Ergebnissen: Beim Leiterparadoxon setzte sich letztlich die Sichtweise des Systems Schuppen durch, also die Verkürzung des bewegten Gegenstandes, und dies machte das Betätigen beider Tore möglich. Beim Panzerparadoxon setzte sich hingegen die Sichtweise des Systems Panzer durch und das anfängliche Kalkül des Soldaten, dass der verkürzte Panzer in den Graben stürzen würde, setzte sich nicht durch.

Doch ist dies nicht paradox. Es kam nämlich für die Auflösung der beiden Paradoxa jeweils darauf an, *wessen* Gleichzeitigkeitsmaßstäbe für den Ausgang des Experiments entscheidend sind: Beim Leiterparadoxon musste beide Tore aus Sicht des Systems Schuppens gleichzeitig betätigt werden, und deswegen setzte sich seine Sichtweise, wonach sich die bewegte Leiter verkürzt, durch. Beim Panzerparadoxon kam es darauf an, wie schnell im System Panzer die Nachricht über das Abreißen der stützenden Kräfte nach vorn läuft, und deswegen setzte sich die Sichtweise des Panzerfahrers, wonach sich die Grube verkürzt, im schlussendlichen Ergebnis durch.

Man kann Panzer- und Leiterparadoxon auch in einer anderen, etwas einfacheren Weise darstellen, die die in derartigen Fällen jeweils zu entwickelnde Lösung etwas plakativer macht. Für das Gedankenexperiment stelle man sich vor, entlang einer Zugstrecke befinden sich zwei Lichtschranken, die ein Experimentalphysiker aufgebaut hat. Die beiden Lichtschranken sind mit einer Pistole verbunden, die den Experimentator erschießt, wenn und sobald beide Lichtschranken *gleichzeitig* unterbrochen werden.

Nun denke man sich einen Zug, der in Ruhe eine Länge hat, die genau dem Abstand der beiden Lichtschranken entspricht. Und nun stelle man sich vor, der Zug fährt mit nahezu Lichtgeschwindigkeit die Strecke entlang.

Aus Sicht des Experimentators ist der Zug infolge der Längenkontraktion kürzer geworden. Der Zug kann damit nie gleichzeitig beide Lichtschranken unterbrechen und der Experimentator muss nicht um sein Leben fürchten.

Aus Sicht des Lokführers ist jedoch der Abstand zwischen den beiden Lichtschranken infolge der Längenkontraktion geringer geworden. Es gibt daher aus Sicht des Lokführers einen Moment, in dem beide Lichtschranken gleichzeitig unterbrochen sind und folglich könnte der Experimentator möglicherweise erschossen werden.

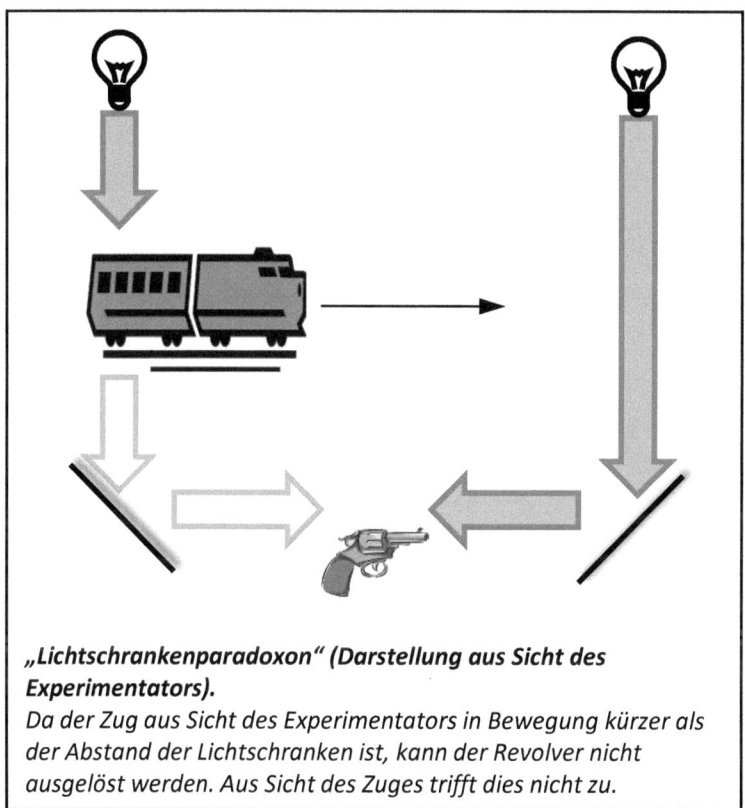

„Lichtschrankenparadoxon" (Darstellung aus Sicht des Experimentators).
Da der Zug aus Sicht des Experimentators in Bewegung kürzer als der Abstand der Lichtschranken ist, kann der Revolver nicht ausgelöst werden. Aus Sicht des Zuges trifft dies nicht zu.

Was gilt nun?

Auch hier liegt die Lösung in der Relativität der Gleichzeitigkeit. Aus Sicht des Experimentators ist die Behauptung des Lokführers, er habe beide Lichtschranken *gleichzeitig* unterbrochen, falsch. Denn dieses „gleichzeitig" kann ja nur mit synchronisierten Uhren festgestellt werden und aus Sicht des Experimentators sind die Uhren im Zug nicht synchron. Die vordere Uhr geht nach. Zu der Zeit, zu der die Spitze des Zuges die vordere Lichtschranke erreicht, hat das Zugende bereits die hintere Lichtschranke verlassen. Der Zugführer bemerkt diesen Irrtum nur nicht, weil er sich auf die Aussagekraft seiner Uhren verlässt. Jedenfalls ist dies die Sichtweise des Experimentators, von der sein Leben abhängt.

Fraglich ist aber, was *wirklich* passieren würde. In der Relativitätstheorie ist ja alles relativ: Der Lokführer hat ebenso recht wie der Experimentator. Kann also wie bei Schrödingers Katze der Experimentator zugleich erschossen werden und am Leben bleiben?

Zum Glück nicht, denn dem Experimentator kommt zugute, dass sich die Versuchsanordnung in *seinem* Inertialsystem befindet und daher seine Sichtweise bestätigt. Für die korrekte Auflösung eines derartigen Paradoxons ist immer entscheidend, in welchem Inertialsystem die Nachrichtenübermittlung in der Realität erfolgen würde. Die Sichtweise des Lokführers greift ja nur, wenn angenommen wird, dass sich der Zug in Ruhe befindet und die Lichtschranken in Bewegung sind. Bei einer solchen Annahme muss jedoch berücksichtigt werden, dass sich das Lichtsignal dann unterschiedlich schnell von der Lichtschranke bis zum Revolver ausbreiten würde. Bei einer Bewegung der Versuchsanordnung von rechts nach links würde das Signal der linken Lichtschranke eher am Revolver ankommen als das Signal der rechten Lichtschranke. Folglich gibt es zwar aus Sicht des Lokführers einen Moment, in dem er gleichzeitig beide Lichtschranken unterbricht, aber die Signale von diesem Ereignis kommen nicht gleichzeitig bei dem Revolver an. Es gibt damit auch aus Sicht des Lokführers keinen Moment, in dem beim Revolver eine gleichzeitige Nachricht über das Unterbrechen der Lichtschranken vorliegt. Folglich muss auch der Lokführer zu dem Ergebnis kommen, dass der Experimentator nicht erschossen wird. Damit löst sich das Paradoxon auf.

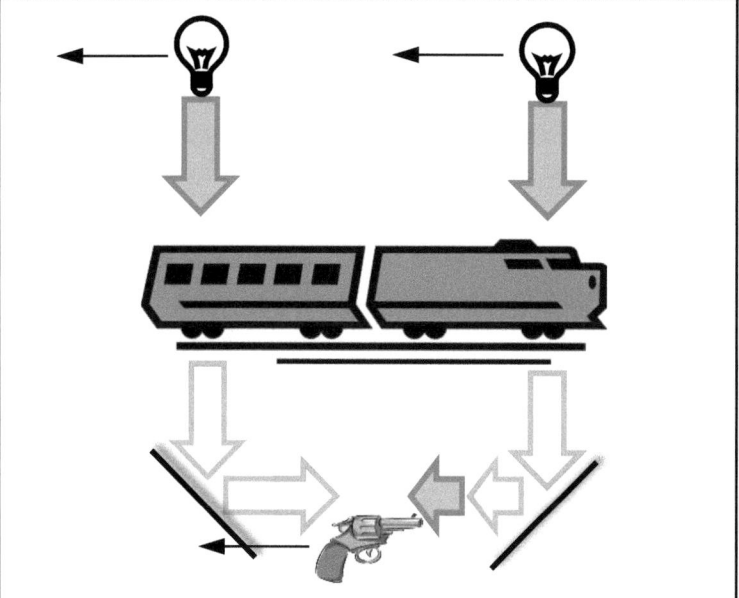

Auflösung des „Lichtschrankenparadoxons" (Darstellung aus Sicht des Zugführers).
Da sich das Inertialsystem der Versuchsanordnung nach links bewegt, braucht das Lichtsignal über die Unterbrechung der rechten Lichtschranke länger zum Revolver als das Lichtsignal über die Unterbrechung der linken Lichtschranke. Daher geschieht zwar aus Sicht des Zugführers die Unterbrechung gleichzeitig, aber das Signal hierüber kommt nicht gleichzeitig beim Revolver an und der Schuss wird nicht ausgelöst.

Dieser Befund soll anhand eines Zahlenbeispiels quantitativ untersetzt werden. Stellen wir uns einen Zug mit 1000 km Ruhelänge vor, der Abstand der beiden Lichtschranken (in Ruhe) möge ebenfalls 1000 km betragen. Nun möge der Zug mit 0,6c (180.000 km/s) die Strecke entlang fahren. Aus Sicht des Zuges beträgt der Abstand der beiden Lichtschranken nunmehr nur noch 800 km (Lorentzfaktor 1,25). Der kritische Zeitraum der Überdeckung beider Lichtschranken beträgt damit:

$$t = \frac{s}{v} = \frac{(1000km - 800km)}{180.000\frac{km}{s}} \approx 1,1 ms$$

Die Zeitspanne der Überdeckung beträgt damit rund 1,1 Millisekunden. Würde die Nachricht über diese Überdeckung gleichzeitig beim Revolver ankommen, so wäre der Experimentator verloren. Aber dies ist nicht der Fall: Setzen wir diesem Wert nun die Zeitdifferenz der Lichtlaufzeiten entgegen. Der Weg bis zum Revolver beträgt aus Sicht des Zuges von beiden Lichtschranken je 400 km. Die Relativgeschwindigkeit (Licht zu Versuchsanordnung) von der rechten Lichtschranke zum Revolver beträgt c − v, die Relativgeschwindigkeit von der linken Lichtschranke zum Revolver beträgt c + v. Es ergibt sich damit folgender Zeitversatz:

$$\Delta t = \frac{400km}{c-v} - \frac{400km}{c+v}$$

$$\Delta t = \frac{400km}{120.000\frac{km}{s}} - \frac{400km}{480.000\frac{km}{s}} = 2,5 ms$$

Der übermittlungsbedingte Zeitversatz von 2,5 Millisekunden ist damit größer als der kritische Zeitraum der Überdeckung beider Lichtschranken. Erst 1,4 Millisekunden, nachdem das Signal über die Unterbrechung der linken Lichtschranke beim Revolver geendet hat, trifft erstmals das Signal über den Beginn der Unterbrechung der rechten Lichtschranke beim Revolver ein. Der Lokführer teilt somit auch von seinem Standpunkt die Auffassung des Experimentators, dass keine Lebensgefahr besteht. Dessen Sichtweise setzt sich also letztlich durch, weil seine Auffassung der Gleichzeitigkeit für den *tatsächlichen* Ausgang des Experiments maßgeblich ist.

Garagenparadoxon

Ein ähnliches Problem wie beim Panzerparadoxon stellt sich auch beim sogenannten Garagenparadoxon. Für dieses Paradoxon stelle man sich vor, dass ein Pkw, der im Ruhezustand etwas länger als eine Garage sei, mit hoher Geschwindigkeit in die geöffnete Garage fahren möge.

Aus Sicht der Garage ist der superschnelle Pkw infolge der Längenkontraktion kürzer als die Garage, sodass es einen winzigen Augenblick gibt, in dem sich der Pkw vollständig in der Garage befindet. In diesem Augenblick könnte das Garagentor geschlossen werden. Dann würde der Pkw zur Ruhe kommen, würde länger werden und das Garagentor von innen aufbrechen.

Aus Sicht des Pkw ist die Garage jedoch zu jeder Zeit kürzer als der Pkw. Der Pkw gelangt daher gar nicht erst mit dem Heck in die Garage und das Tor kann gar nicht geschlossen werden.

Die Frage lautet also: Kann das Tor auf seiner Innenseite eine Beschädigung aufweisen oder ist dies unmöglich?

Darstellung aus Sicht der Garage:

Darstellung aus Sicht des Pkw:

Garagenparadoxon.
Aus Sicht der Garage stößt der Pkw erst dann gegen die Garagenwand, wenn er sich bereits vollständig in der Garage befindet. Das Garagentor kann daher geschlossen werden. Aus Sicht des Pkw ist die Garage kürzer als der Pkw. Der Pkw stößt bereits dann gegen die Garagenwand, wenn sich das Heck des Pkw noch außerhalb der Garage befindet. Das Garagentor kann daher nicht geschlossen werden.

Der Pkw, der in der Garage abrupt zum Stehen kommt, stellt kein Inertialsystem dar. Das Paradoxon kann daher nicht ohne Weiteres mit den in diesem Buch entwickelten Formeln erklärt werden. In der Literatur zum Garagenparadoxon wird darauf verwiesen, dass sich auch der Vorgang des Abbremsens nur mit einer bestimmten endlichen Geschwindigkeit durch den Pkw ausbreiten kann. Dies würde also bedeuten: Während die Vorderfront des Pkw bereits abrupt zum Stehen kommt, weil sie gegen die Wand der Garage gestoßen ist, würde der hintere Teil des

Pkw hiervon für einen Augenblick noch nichts bemerken und würde sich weiter in die Garage bewegen, sodass der Pkw für einen Augenblick gestaucht würde, bis er sich nach dem vollständigen Stillstand wieder auf seine Originalgröße ausgedehnt hätte. Dieser Moment der Stauchung ermöglicht es in jedem Fall, dass das Tor geschlossen wird. Folglich soll es von beiden Inertialsystemen aus betrachtet möglich sein, dass das Garagentor auf der Innenseite beschädigt ist.

Das ist eine eher praxisgerechte Erklärung für dieses Paradoxon, die der theoretischen Fragestellung nicht so ganz gerecht wird. Eine sinnvolle Beschreibung des Garagenparadoxons muss unter zwei Bedingungen stehen: Die erste Bedingung muss lauten, dass es möglich sein soll, dass der Pkw blitzartig von nahezu Lichtgeschwindigkeit auf null abgebremst werden könnte, dass der Pkw also von sich aus 1 Zentimeter vor der Wand abrupt stoppt. Die zweite Bedingung muss lauten, dass man sich vorstellen muss, dass dieses abrupte Abbremsen des Pkw mit *allen* seinen Teilen *gleichzeitig* geschieht. Der Bremsimpuls darf weder von vorn nach hinten noch von hinten nach vorn übertragen werden, da jede dieser Übertragungsform viel zu langsam ablaufen würde. Vielmehr muss man sich vorstellen, dass die Vorder- und Hinterräder des Pkw gleichzeitig massiv abbremsen, und zwar genau dann, wenn nach Vorausberechnung des Fahrwegs sich der Pkw unmittelbar vor der Garagenwand befindet.

Hat man diese zwei Bedingungen akzeptiert, so hat man damit schon fast die Lösung des Garagenparadoxons gefunden: Die unterschiedlichen Erwartungen an das Ergebnis beruhen nämlich darauf, dass sich das Inertialsystem Garage und das bewegte System Pkw nicht darauf einigen können, was ein *gleichzeitiges* Abstoppen aller Pkw-Bestandteile ist. Geschieht dieses Abstoppen aus Sicht der Garage gleichzeitig, so geschieht es erst dann, wenn das Heck des Pkw bereits in der Garage ist. Das Garagentor lässt sich somit schließen. Aus Sicht des Systems Pkw bedeutet diese Annahme aber, dass das Heck später abstoppt und der Pkw während des Bremsens *gestaucht* wird. Geschieht das Abstoppen aus Sicht des Pkw gleichzeitig, so greift seine Sichtweise, wonach der Pkw länger als die Garage ist. Das Heck wird also abgestoppt, während es sich noch außerhalb der Garage befindet und das Garagentor lässt sich nicht schließen. Vom Standpunkt des Systems Garage wird dann das Heck des Pkw auch gestoppt, während es sich außerhalb der Garage befindet, aber nicht, weil der Pkw von Natur aus länger als die Garage ist, sondern weil das Heck eher als die Front stoppt und der Pkw durch den Bremsvorgang somit *gezerrt* wird.

Auch hier entscheidet also wieder die Relativität der Gleichzeitigkeit über den Ausgang des Experiments.

Da das Abbremsen aller vier Räder in der Praxis durch den Pkw-Fahrer ausgelöst würde, breitet sich der Bremsimpuls durch das Fahrzeug nach den Gleichzeitigkeitsmaßstäben des Pkw-Fahrers aus. Aus seiner Sicht greifen alle vier Bremsen gleichzeitig zu. Es gilt damit, dass „in der Praxis" das Heck des Fahrzeugs bereits dann abbremst, wenn es noch außerhalb der Garage ist. Das Garagentor kann somit nicht geschlossen werden. Damit löst sich das Paradoxon dergestalt auf, dass beide Systeme übereinstimmend zu der Schlussfolgerung gelangen, dass bei einem Praxistest das Tor nicht geschlossen werden könnte.

Nach dem Abbremsvorgang ist der Pkw Teil des Inertialsystems Garage geworden und teilt nun dessen Ansichten über Raum und Zeit. Der Pkw-Fahrer würde dann auch der Aussage zustimmen, dass das Heck des Pkw zu früh abgestoppt hat und dass sich die Länge des Pkw gegenüber dem bewegten Zustand vergrößert hat. Der Pkw-Fahrer würde also – für sein eigenes System Pkw – von einer beschleunigungsinduzierten Längenänderung (Zerrung durch negative Beschleunigung) ausgehen. Dieser neue paradox erscheinende Gedanke leitet über zum nun folgenden Paradoxon.

Bellsches Raumschiffparadoxon

Ein weiteres interessantes Paradoxon ist das sogenannte Bellsche Raumschiffparadoxon, das erstmals 1959 von E. Dewan und M. Beran formuliert wurde, jedoch größere Bekanntheit durch John Stewart Bell (1928 bis 1990) erlangte. Es hat folgende Situation zum Inhalt:

Man stelle sich vor, auf zwei Startrampen, die sich in großer Entfernung zueinander befinden (z.B. auf zwei Planeten auf der gleichen Umlaufbahn um ihr Zentralgestirn) und die keine Relativbewegung zueinander aufweisen (gemeinsames Inertialsystem), mögen sich zwei absolut baugleiche Raketen befinden. Beide Raketen mögen den exakt gleichen Treibstoffvorrat an Bord haben. Zur exakt gleichen Zeit werden beide Raketen gestartet und fliegen hintereinander in die gleiche Richtung ins All. Dabei erreichen sie eine Geschwindigkeit von 0,6c. Zwischen den beiden Raketen möge eine lange Schnur gespannt sein, die reißen würde, wenn die Entfernung zwischen den beiden Raketen zu irgendeinem Zeitpunkt ansteigen oder das Seil aus sonstigen Gründen unter Spannung gesetzt würde.

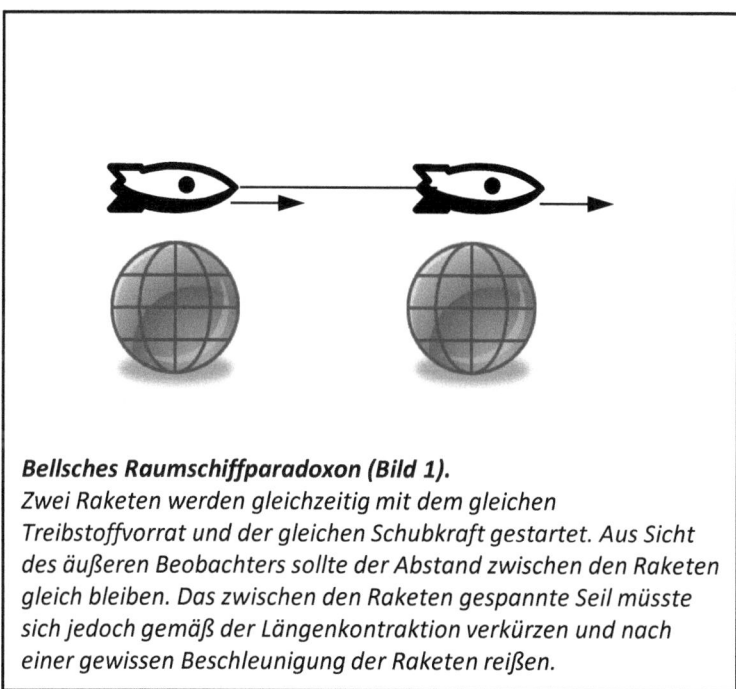

Bellsches Raumschiffparadoxon (Bild 1).
Zwei Raketen werden gleichzeitig mit dem gleichen Treibstoffvorrat und der gleichen Schubkraft gestartet. Aus Sicht des äußeren Beobachters sollte der Abstand zwischen den Raketen gleich bleiben. Das zwischen den Raketen gespannte Seil müsste sich jedoch gemäß der Längenkontraktion verkürzen und nach einer gewissen Beschleunigung der Raketen reißen.

Aus Sicht des Inertialsystems der Startrampen ist es nun so, dass man erwarten würde, dass die Entfernung zwischen den beiden Raketen zu jedem Zeitpunkt gleich bleibt. Infolge der Beschleunigung beider Raketen auf 0,6c wäre es jedoch so, dass das Seil zwischen den Raketen der Längenkontraktion unterworfen wäre. Bei einer Geschwindigkeit der Raketen von 0,6c würde das Seil auf eine Länge von 0,8 der ursprünglichen Länge schrumpfen, würde folglich unter Spannung gesetzt und daher reißen.

Aus Sicht des gemeinsamen Inertialsystems der beiden Raumschiffe würde jedoch die Länge der Schnur nicht schrumpfen, folglich wäre aus Sicht der beiden Raumschiffe fraglich, warum das Seil reißen sollte.

Es stellt sich also die Frage, ob das Seil reißt oder ob es nicht reißt.

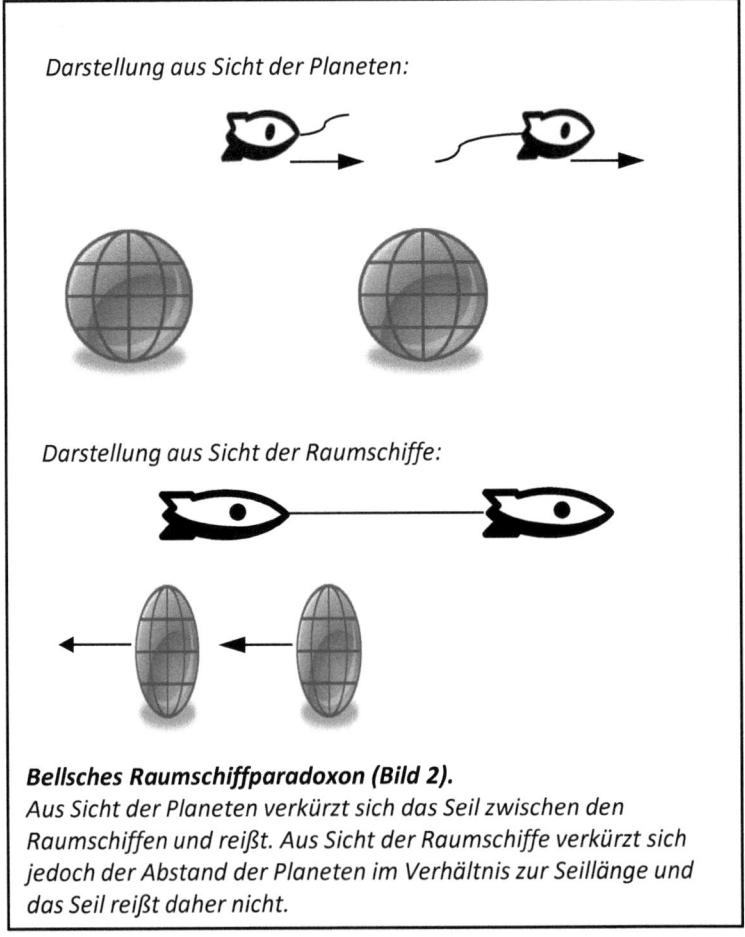

Bellsches Raumschiffparadoxon (Bild 2).
Aus Sicht der Planeten verkürzt sich das Seil zwischen den Raumschiffen und reißt. Aus Sicht der Raumschiffe verkürzt sich jedoch der Abstand der Planeten im Verhältnis zur Seillänge und das Seil reißt daher nicht.

Nach der Erzählung John Bells ergab seinerzeit eine spontane Umfrage unter Physikern in der Kantine des CERN eine klare Mehrheit für die Auffassung, dass das Seil nicht reißen würde; aber er konnte viele letztlich davon überzeugen, dass das Seil wohl doch reißen würde. Warum hatte er damit Recht?

Betrachten wir die Situation zunächst aus Sicht des ruhenden Inertialsystems der Startrampen. Wenn zwei baugleiche Raketen zur gleichen Zeit gestartet werden, haben sie die gleiche Beschleunigung und zu jeder Zeit die gleiche Geschwindigkeit. Damit sollte auch zu jeder Zeit der Abstand zwischen den beiden Raketen gleich sein.

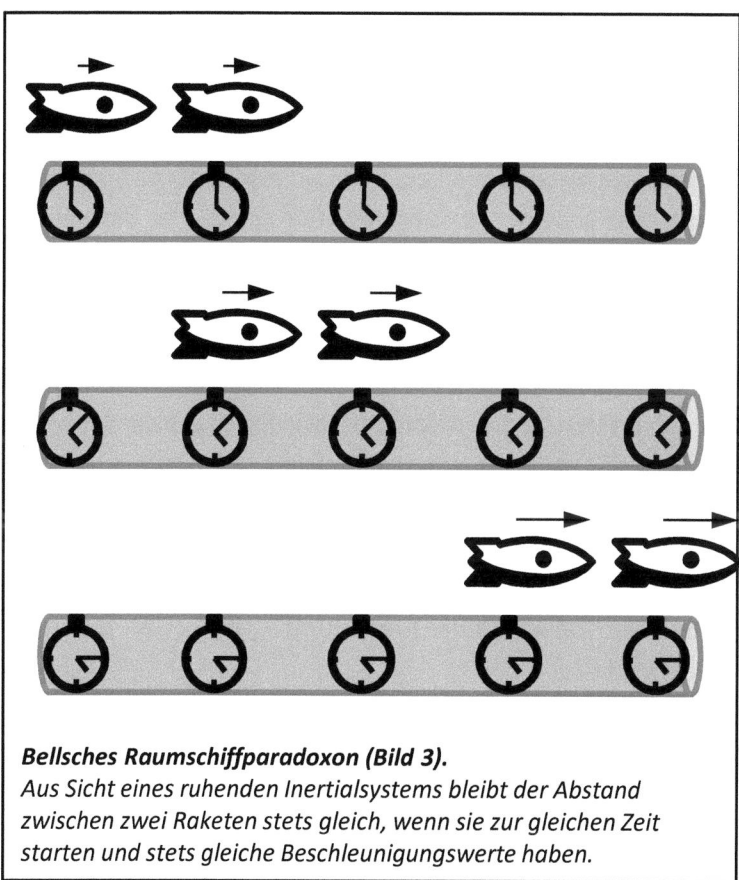

Bellsches Raumschiffparadoxon (Bild 3).
Aus Sicht eines ruhenden Inertialsystems bleibt der Abstand zwischen zwei Raketen stets gleich, wenn sie zur gleichen Zeit starten und stets gleiche Beschleunigungswerte haben.

Da die Raketen den exakt gleichen Treibstoffvorrat an Bord haben, erreichen sie auch beide die exakt gleiche Endgeschwindigkeit. Folglich bleibt auch nach Erreichen der Endgeschwindigkeit der Abstand der beiden Raketen gleich. Das bedeutet, dass die Raketen nach der Beschleunigung den gleichen Abstand haben, den sie auch bereits auf den Startrampen hatten. Da aber das Seil infolge der Längenkontraktion geschrumpft ist, reißt es. Das System der Startrampen hat keinen Grund, an seiner Annahme zu zweifeln.

Betrachten wir nun die Situation aus der Sicht der Raketen. Beide Raketenbesatzungen gehen jeweils davon aus, dass die jeweils andere Rakete zur gleichen Zeit gestartet wurde wie die eigene Rakete.

Während der Beschleunigung sind die Raketen keine Inertialsysteme; eine Aussage über die Raketen lässt sich daher aus den in diesem Buch entwickelten Formeln nicht so leicht treffen. Man würde jedoch wohl annehmen, dass beide Raketen auch aus Sicht der Besatzungen die gleiche Endgeschwindigkeit erreichen. Denn unterschiedliche Endgeschwindigkeiten würde bedeuten, dass die Situation denkbar ist, dass die hintere Rakete die vordere Rakete ein- und schließlich überholt. Wie sollte dies möglich sein, wenn doch beide den gleichen Treibstoffvorrat an Bord haben? Beide Raketen messen nach der Beschleunigung die gleiche Relativgeschwindigkeit zum gemeinsamen Inertialsystem der Startrampen, folglich messen sie eine Relativgeschwindigkeit zueinander von null.

Bedeutet dies, dass die Raketenbesatzungen davon ausgehen müssen, dass der Abstand zwischen den beiden Raketen die ganze Zeit gleich blieb, sie also davon ausgehen können, dass die Schnur nicht reißt (weil ja ein Inertialsystem die Längenkontraktion nicht bei sich selbst beobachten kann)? Nein, und der Grund für die Antwort auf die Frage ist etwas überraschend:

Zu berücksichtigen ist die Relativität der Gleichzeitigkeit, die sich durch die Beschleunigung im System der Raketen ändert. Aus der Sicht der Startrampen starten beide Raketen zur gleichen Zeit und erreichen beide zur gleichen Zeit ihre Endgeschwindigkeit. Aus der Sicht der Raketen starten zwar beide Raketen zur gleichen Zeit, erreichen aber *nicht* zur gleichen Zeit ihre Endgeschwindigkeit! Wie kann dies sein?

Stellen wir uns vor, dass die beiden Raketen eine Lichtuhr zwischen sich installiert haben. Während der Beschleunigung braucht das Licht immer etwas länger, bis es von der hinteren die vordere Rakete erreicht hat und immer etwas kürzer für den Weg von der vorderen zur hinteren Rakete. Die beiden Raketen müssten somit fortlaufend ihre Uhren neu synchronisieren. Tun sie dies nicht, so stellt die hintere Rakete am Ende des Beschleunigungsvorgangs fest, dass die vordere Rakete eher ihre Beschleunigung beendet hat als die hintere Rakete. Wenn aber die vordere Rakete in kürzerer Zeit ihren Treibstoffvorrat verbrannt hat, so bedeutet dies, dass sie stärker beschleunigt haben muss, damit sie in kürzerer Zeit ihre Endgeschwindigkeit erreichen konnte. Wenn aber die vordere Rakete stärker beschleunigt als die hintere Rakete, so bedeutet dies, dass sich der Abstand zwischen den Raketen während der Beschleunigungsphase vergrößert. Folglich würde die Raketenbesatzung der hinteren Rakete erwarten, dass das Seil reißt.

Umgekehrt stellt die Besatzung der vorderen Rakete fest, dass die hintere Rakete länger braucht, um auf die Endgeschwindigkeit zu kommen. Folglich schlussfolgert die vordere Raketenbesatzung, dass die hintere Rakete weniger stark beschleunigt, während der Beschleunigungsphase hinter der vorderen Rakete zurückbleibt, sodass sich der Abstand zwischen den Raketen vergrößert. Somit würde auch die Besatzung der vorderen Rakete davon ausgehen, dass das Seil reißt.

Beide Raumschiffbesatzungen gehen daher davon aus, dass das Seil reißt, aber nicht, weil es kontrahiert, sondern weil sich der Abstand zwischen beiden Raumschiffen vergrößert hat.

Das Maß der scheinbaren Verlängerung des Raumschiffabstandes entspricht dem Lorentzfaktor, wie leicht gezeigt werden kann. Sind zwei Raumschiffe in Ruhe, so ist die Lichtlaufzeit zwischen ihnen (Hin- und Rückweg zusammen):

$$t_{Ruhe} = \frac{2l}{c}$$

Bewegen sich diese Raumschiffe mit dem gleichen Abstand l mit der Geschwindigkeit v, so gilt für die Lichtlaufzeit zwischen ihnen (wiederum Hin- und Rückweg zusammen):

$$t_{Bewegung} = \frac{l}{c-v} + \frac{l}{c+v}$$

Stellen wir diese Gleichung um. Zunächst auf einen Nenner ziehen:

$$t_{Bewegung} = \frac{l(c+v) + l(c-v)}{(c-v) \times (c+v)}$$

Umformen ergibt:

$$t_{Bewegung} = \frac{l(c+v+c-v)}{c^2+cv-cv-v^2} = \frac{2cl}{c^2-v^2} = 2l \times \frac{c}{c^2-v^2}$$

Wir erweitern mit c, und zwar im linken Bruch im Nenner, hingegen im rechten Bruch im Zähler:

$$t_{Bewegung} = \frac{2l}{c} \times \frac{c^2}{c^2-v^2}$$

Weiteres Umformen ergibt schließlich:

$$t_{Bewegung} = \frac{2l}{c} \times \frac{1}{\frac{c^2-v^2}{c^2}} = \frac{2l}{c} \times \frac{1}{\left(1-\frac{v^2}{c^2}\right)} = t_{Ruhe} \times \gamma^2$$

Gegenüber der Lichtlaufzeit im Ruhezustand verlängert sich die Lichtlaufzeit also um den Lorentzfaktor zum Quadrat. Davon bemerken die Raumschiffinsassen im Rahmen der Verlängerung der Lichtlaufzeit um den einfachen Lorentzfaktor nichts, weil ihre Uhren um diesen Faktor ja langsamer gehen (Zeitdilatation). Übrig bleibt eine weitere Verlängerung der Lichtlaufzeit um den einfachen Lorentzfaktor, die die Raumschiffinsassen als Verlängerung ihres Abstandes um den Lorentzfaktor interpretieren.

Damit kann festgestellt werden, dass alle Beteiligten davon ausgehen, dass das Seil reißt, und folglich führt die Anwendung der SRT beim Bellschen Raumschiffparadoxon nicht zu einer unterschiedlichen Beurteilung der Sachlage.

Die eben gemachten Schlussfolgerungen bedeuten aber lediglich, dass das Bellsche Raumschiffparadoxon nach den Prinzipien der SRT nicht paradox ist. Der SRT kann also nicht vorgeworfen werden, dass sie widersprüchlich sei. Die SRT kann widerspruchsfrei nicht nur auf Inertialsysteme, sondern auch auf beschleunigte Systeme angewendet werden. Allerdings muss in letzteren Fällen eine zusätzliche Betrachtung nach der ART erfolgen, was aber nicht mehr Gegenstand dieses Buches ist.

Natürlich bleibt bei diesem Gedankenexperiment die Frage unbeantwortet im Raum, wieso die beiden Raumschiffbesatzungen schlussfolgern sollten, dass das jeweils andere Raumschiff stärker oder schwächer beschleunigt als das eigene Raumschiff, wenn doch beide Raumschiffbesatzungen wissen, dass beide Raketentriebwerke baugleich sind. Aber dies folgt aus dem Effekt der gravitativen Rotverschiebung, dessen Betrachtung bereits aus dem Themengebiet der SRT herausführt und in die ART überleitet. Aus der Sicht des vorderen Raumschiffs gibt es beim hinteren Raumschiff eine Rotverschiebung: Dort gehen die Uhren scheinbar langsamer und es beschleunigt schwächer, so dass es gegenüber dem vorderen Raumschiff in Rückstand gerät und das Seil folglich reißt.

Scheinbare Raumsprünge in der SRT

Die Tatsache, dass eine Beschleunigung statt zu einer Längenkontraktion auch zu einer Längendehnung führen kann, kann zu scheinbaren Sprüngen im Raum führen, was auf den ersten Blick paradox wirken mag. Stellen wir uns folgende Situation vor:

Ein Beobachter auf der Erde möge sich in einem startbereiten Raumschiff A befinden. Vor ihm ist bereits ein anderes Raumschiff B gestartet und entfernt sich mit 0,6c von der Erde. Außerdem möge sich ein drittes Raumschiff C mit 0,6c im Landeanflug zur Erde befinden. In dem Moment, in dem Raumschiff C noch sechs Lichtjahre von der Erde entfernt ist und Raumschiff B fünf Lichtjahre, startet Raumschiff A und fliegt mit 0,6c Raumschiff B hinterher.

Zum Zeitpunkt des Starts von A befand sich also Raumschiff C weiter entfernt von der Erde als Raumschiff B. Wie sieht dies nun nach dem Start von A aus dessen Sicht aus? Raumschiff A und Raumschiff C werden sich treffen, wenn Raumschiff A drei Lichtjahre von der Erde entfernt ist, also fünf Jahre nach dem Start von A. Wegen der Zeitdilatation empfindet A dies jedoch als den Zeitpunkt vier Jahre nach seinem Start. A und C messen dabei eine Relativgeschwindigkeit von rund 0,88c zueinander (0,6c + 0,6c = 15/17c). Folglich geht A davon aus, dass C im Zeitpunkt seines Starts folgende Entfernung von der Erde hatte:

$$4\ Lichtjahre \times 15/17c \approx 3{,}53\ Lichtjahre$$

Der scheinbare Abstand zu C hat sich also durch den Start verkürzt, wie dies nach der SRT auch zu erwarten war. Bezüglich B, dem A hinterherfliegt, misst A nun kontinuierlich einen Abstand von 5 × 1,25 = 6,25 Lichtjahren (siehe Bellsches Raumschiffparadoxon). Da beide keine Relativgeschwindigkeit zueinander messen, geht A davon aus, dass dies auch die Entfernung im Startzeitpunkt war. Der scheinbare Abstand zu B hat sich also durch A's Start *vergrößert*.

Das Beispiel zeigt, dass man nicht pauschal sagen kann, dass eine Beschleunigung auf eine relativistische Geschwindigkeit zu einer Kontraktion des gesamten Raumes führt. Es können sich nur die Abstände zu konkreten Objekten im Raum verändern. Dabei hängt die Abstandsveränderung von der Veränderung der Relativgeschwindigkeit ab. Zwischen A und C hat sich durch A's Start die Relativgeschwindigkeit vergrößert, folglich hat sich der Abstand zwischen ihnen verringert. Zwischen A und B hat sich hingegen durch A's Start die Relativgeschwindigkeit verringert, folglich *vergrößert* sich der Abstand zu B durch A's Start. Der leere Raum zwischen A, B, und C bleibt davon unbeeindruckt. Er kontrahiert nicht, wird aber auch nicht größer.

B und C scheinen aus Sicht von A irgendwie aneinander vorbei gesprungen zu sein. Unmittelbar vor seinem Start ging A davon aus, dass C weiter entfernt ist als B und die Begegnung zwischen B und C im Orbit *nach* A's Start stattfinden wird. Unmittelbar nach seinem Start geht A dann davon aus, dass B weiter entfernt ist als C und die Begegnung zwischen B und C folglich schon *vor* A's Start stattgefunden haben muss. Dieses scheinbare Aneinander-Vorbei-Springen von B und C ist die notwendige Folge dessen, dass sich durch A's Beschleunigung sein Empfinden dafür ändert, zu welchem Zeitpunkt ein Ereignis in großer Entfernung stattfindet bzw. stattgefunden hat.

Zwillingsparadoxon

Nun soll der Bogen geschlossen und aus dem ersten besprochenen Paradoxon, dem Drei-Brüder-Ansatz, das bekannteste Paradoxon zur SRT, nämlich das Zwillingsparadoxon, entwickelt werden. Beim Drei-Brüder-Ansatz hatten wir uns vorgestellt, dass ein Bruder auf der Erde verbleibt, der zweite Bruder den Hinweg absolviert und der dritte Bruder den Rückweg. Für das Zwillingsparadoxon stellt man sich etwas Ähnliches mit zwei Brüdern (oder Schwestern, jedenfalls Zwillingen) vor. Ein Zwilling bleibt mit einer Uhr auf der Erde, der andere Zwilling unternimmt mit einer Uhr eine interstellare Reise mit nahezu Lichtgeschwindigkeit.

Anders als beim Drei-Brüder-Ansatz ist es nunmehr der fliegende Zwilling selbst, der sowohl die Zeit für den Hinflug als auch die Zeit für den Rückflug misst. Er absolviert also den Hinweg, bremst das Raumschiff an einem vorher vereinbarten Punkt im All ab, beschleunigt es wieder auf nahezu Lichtgeschwindigkeit Richtung Erde und absolviert den Rückflug.

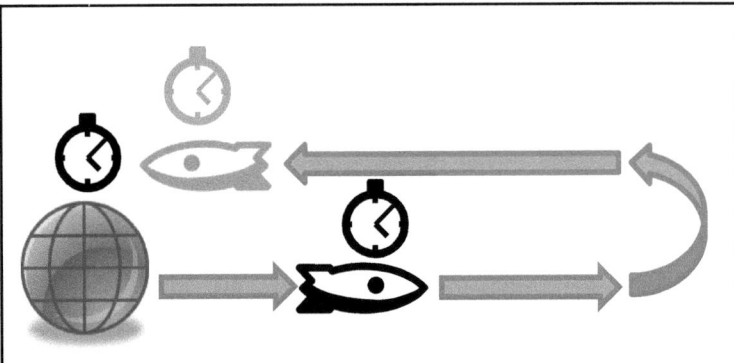

Zwillingsparadoxon.
Ein Zwilling bleibt auf der Erde, der andere Zwilling unternimmt eine interstellare Reise mit nahezu Lichtgeschwindigkeit und kehrt nach einigen Jahren wieder zur Erde zurück. Bei der Rückkehr stellt er fest, dass für seinen Zwillingsbruder auf der Erde mehr Zeit vergangen ist als für ihn selbst.

Beim Zwillingsparadoxon machen also der fliegende Zwilling und seine Uhr mehrere erhebliche Geschwindigkeits- und Richtungsänderungen durch. Der fliegende Zwilling kann nicht mehr ohne Weiteres als Inertialsystem betrachtet werden. Dafür ist es nunmehr der fliegende Zwilling selbst, der aus eigener Anschauung Auskunft über die Zeit für den Hin- und Rückflug geben kann. Anders als beim Drei-Brüder-Ansatz würde es also nicht mehr zum Streit zwischen zweitem und drittem Bruder kommen, ob eine zusätzliche Zeit auf dem Hin- oder Rückflug verstrichen ist.

Ändert sich durch diese Änderung der Versuchsanordnung die Beurteilung der Lage? Das wollen wir zunächst aus der Sicht des auf der Erde verbliebenen Zwillings betrachten. Wie bei dem zum Drei-Brüder-Ansatz gebildeten Beispiel wollen wir annehmen, dass der Raumschiff-Zwilling seine Reise mit 0,6c bis zu einem drei Lichtjahre entfernten Wendepunkt im All unternehmen möge. Aus Sicht des Erden-Zwillings dauern somit jeweils Hin- und Rückreise fünf Jahre. Insgesamt würde der Erden-Zwilling also erwarten, dass der Raumschiff-Zwilling nach zehn Jahren wieder auf die Erde zurückgekehrt ist. Dabei erwartet der Erden-Zwilling auch, dass für den Raumschiff-Zwilling die Zeit um den Lorentzfaktor verlangsamt verstreicht, und zwar sowohl auf der Hin- als auch auf der Rückreise. Bei 0,6c beträgt der Lorentzfaktor 1,25. Der Erden-Zwilling würde also erwarten, dass der Raumschiff-Zwilling für den Hin- und Rückflug eine Eigenzeit von jeweils vier Jahren misst. Insgesamt würde der Erden-Zwilling also erwarten, dass aus Sicht des Raumschiff-Zwillings die gesamte Reise nur acht Jahre dauert.

Dies tritt auch in der Praxis ein!

Das ist das wesentliche Ergebnis des Zwillingsparadoxons: Die interstellare Reise führt dazu, dass die Zwillinge, die vor der Reise gleich alt waren, nunmehr unterschiedlich alt sind. Der Raumschiff-Zwilling ist um zwei Jahre weniger gealtert, was nicht nur ein bloßes Messergebnis ist, sondern konkret bedeutet: Der Raumschiff-Zwilling hat zwei Jahre weniger erlebt, er ist auch biologisch zwei Jahre jünger und bei gleicher gesundheitlicher Veranlagung würde er nunmehr auch zwei Jahre später sterben als sein auf der Erde verbliebener Zwillingsbruder. Beide Zwillinge werden aufgrund der Reise nunmehr für den Rest ihres Lebens älterer und jüngerer Bruder sein.

Man kann also durch eine interstellare Reise seine Lebensspanne nach hinten verlagern – aber man kann nicht mehr erlebte Lebenszeit damit erlangen. Man lebt nicht länger im eigentlichen Sinn. Aber es wäre z.B. theoretisch denkbar, dass jemand, der unter einer langsam voranschreitenden unheilbaren Krankheit leidet, ein interstellares Raumschiff besteigt, damit seine Lebenszeit im Vergleich zur Erdenzeit nach hinten verschiebt und erst dann wieder auf die Erde zurückkehrt, wenn für seine Krankheit inzwischen ein Heilmittel gefunden wurde (siehe das Kapitel: Beschleunigung und Zeitdilatation).

Albert Einstein selbst schrieb in seiner Schrift: „Die Relativitäts-Theorie" über diese unterschiedliche Alterung:

„Wenn wir z.B. einen lebenden Organismus in eine Schachtel hineinbrächten und ihn dieselbe Hin- und Herbewegung ausführen ließen wie vorher die Uhr, so könnte man es erreichen, dass dieser Organismus nach einem beliebig langen Fluge beliebig wenig geändert wieder an seinen ursprünglichen Ort zurückkehrt, während ganz entsprechend beschaffene Organismen, welche an den ursprünglichen Orten ruhend geblieben sind, bereits längst neuen Generationen Platz gemacht haben. Für den bewegten Organismus war die lange Zeit der Reise nur ein Augenblick, falls die Bewegung annähernd mit Lichtgeschwindigkeit erfolgte! Dies ist eine unabweisbare Konsequenz der von uns zugrunde gelegten Prinzipien, die die Erfahrung uns aufdrängt."

Wie weiter vorn in diesem Buch bereits erläutert wurde, bedarf es für diese Effekte zunächst einer mehrjährigen konstanten Beschleunigung, da die Beschleunigung im Raumschiff nicht deutlich über die irdische Fallbeschleunigung (9,81 m/s^2) hinausgehen sollte und in diesem Fall erst nach etwa einem Jahr die relativistischen Effekte beginnen zu wirken. Von einer Reise, die nur einen „Augenblick" dauert, kann man daher nicht wirklich sprechen. Dargestellt in einem Minkowski-Diagramm sieht das Zwillingsparadoxon für das oben gebildete Beispiel wie folgt aus:

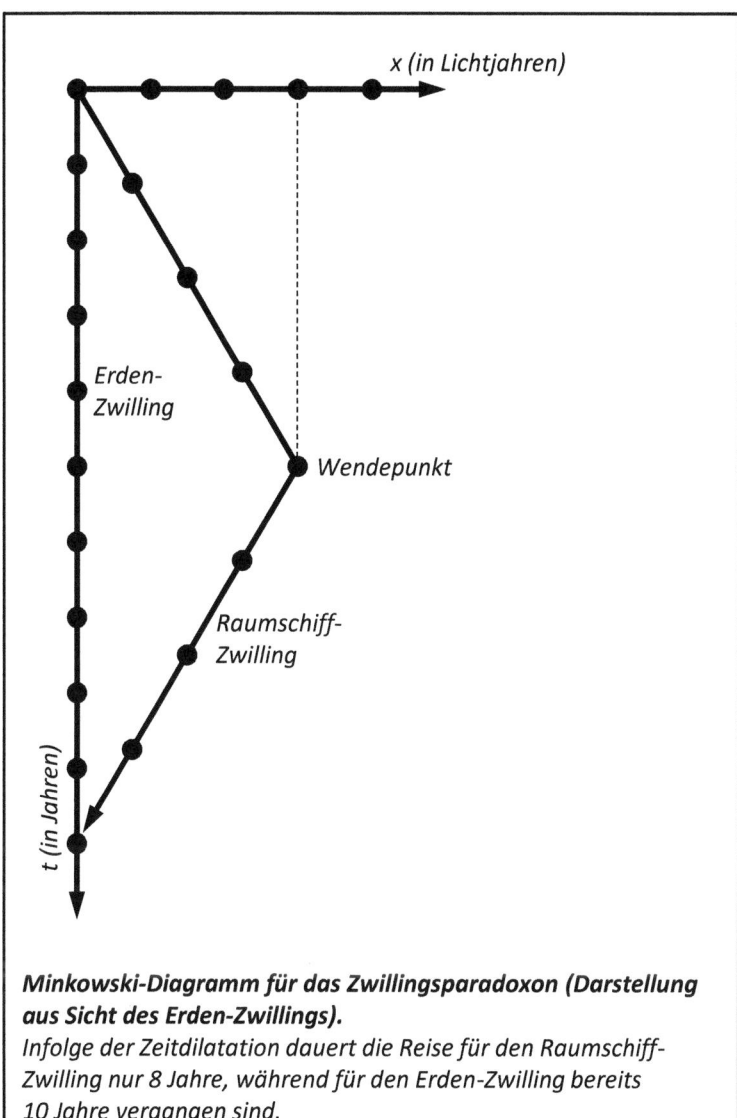

Minkowski-Diagramm für das Zwillingsparadoxon (Darstellung aus Sicht des Erden-Zwillings).
Infolge der Zeitdilatation dauert die Reise für den Raumschiff-Zwilling nur 8 Jahre, während für den Erden-Zwilling bereits 10 Jahre vergangen sind.

Nun kommen wir zum eigentlichen Paradoxon: Die Zeitdilatation ist ja relativ, d.h. aus Sicht des Raumschiff-Zwillings vergeht die Zeit auf der Erde langsamer als auf seinem Raumschiff. Bei einer Relativgeschwindigkeit von 0,6c (Lorentzfaktor 1,25) und einer gemessenen Eigen-Flugzeit von acht Jahren müsste der Raumschiff-Zwilling also erwarten, dass für den Erden-Zwilling nur 6,4 Jahre vergangen sind, wenn er zur Erde zurückgekehrt ist.

Tatsächlich ist es aber so, dass der Raumschiff-Zwilling wirklich objektiv weniger altert. Das Zwillingsexperiment hat in der eben beschriebenen Form natürlich noch nie stattgefunden, doch die GPS-Uhren beweisen uns in der Realität tagtäglich diese Annahme. Dieser Befund ist nicht relativ. Aber warum ist dies so?

Betrachtet man den Vorgang in einem Minkowski-Diagramm mit eingezeichneten Licht- oder Funksignalen, so sieht man sofort, dass es einen wesentlichen Unterschied zwischen beiden Zwillingen gibt: Nach dem Start empfangen beide Zwillinge zunächst jährlich ausgesendete Funksignale des anderen Zwillings jeweils nach 2 Jahren. Sobald der Raumschiffzwilling jedoch wendet, tritt ein Unterschied ein: Der Erdenzwilling erhält noch eine Weile lang alle zwei Jahre ein Funksignal. Der Raumschiffzwilling erhält jedoch ab sofort alle halbe Jahre Funksignale. Damit wird klar, dass beide Zwillinge während einer bestimmten Phase des Experiments keine gleichberechtigten Inertialsysteme sind und wir ohne Verletzung des Relativitäts- bzw. Gleichberechtigungs-Postulats von einer unterschiedlichen Alterung ausgehen dürfen.

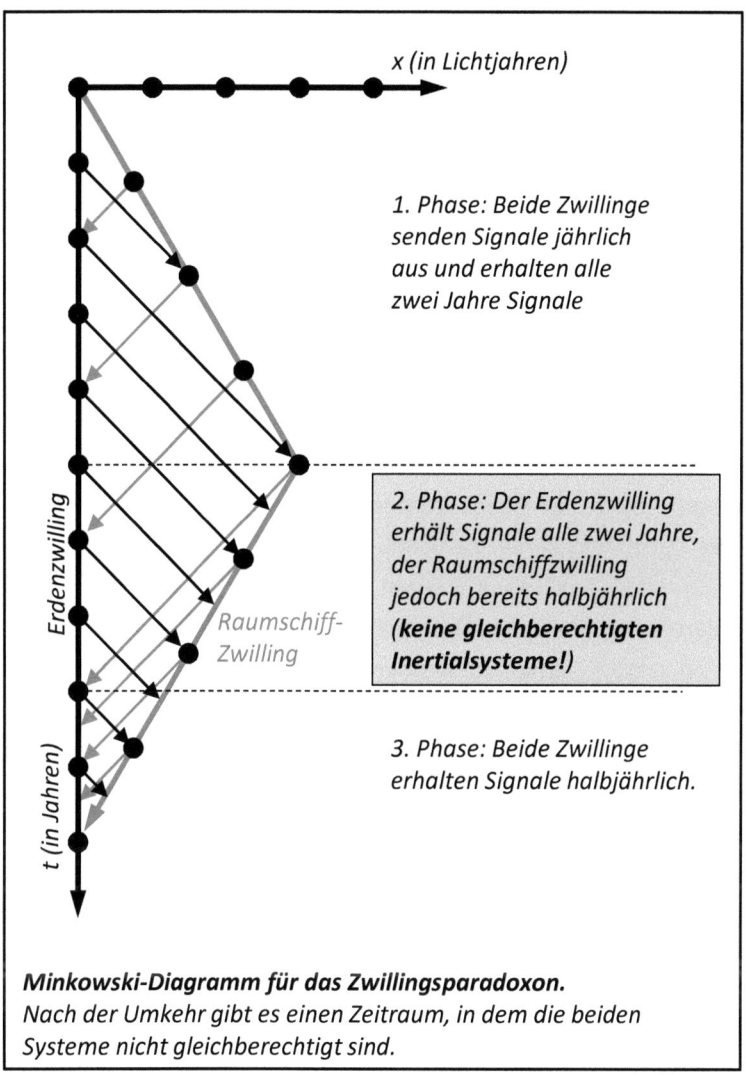

Minkowski-Diagramm für das Zwillingsparadoxon.
Nach der Umkehr gibt es einen Zeitraum, in dem die beiden Systeme nicht gleichberechtigt sind.

In der Literatur wird diesbezüglich zur Rechtfertigung der unterschiedlichen Alterung beschrieben, dass der Wendevorgang aus Sicht des Raumschiff-Zwillings zu einem „Zeitsprung" führt, der eine „Nachalterung" des Erden-Zwillings bewirke. Allerdings soll der Erden-Zwilling diesen Zeitsprung nicht bemerken können. Aber was soll ein Zeitsprung sein, den man nicht bemerkt? Würden wir eines Tages morgens das Radio einschalten und folgende Nachricht hören:

„Wie gestern die NASA mitgeteilt hat, hat die interstellare Mission zur Überprüfung der Zeitdilatation das Wendemanöver erfolgreich absolviert. Dies hat auf der Erde zu einem Zeitsprung geführt. Aus diesem Grund ist heute nicht der 18. August 2052, sondern der 29. Juli 2056. Alle Personen, die in der Zwischenzeit gestorben sind, werden gebeten, ihr Bestattungsinstitut aufzusuchen."

Dies wäre doch eher kurios. Die Begriffe „Zeitsprung" und „Nachalterung" passen kaum zu den durch die Umkehr bewirkten Effekten und verwirren eher. In der SRT gibt es keine *echten* Zeitsprünge, weder vor noch zurück. Sowohl für den Raumschiff-Zwilling als auch für den Erden-Zwilling verfließt die eigene Zeit absolut gleichmäßig. Es geht lediglich um die Korrektur eigener Ansichten über weit entfernte Ereignisse, die der Raumschiff-Zwilling vornehmen muss.

Solange sich der Raumschiff-Zwilling von der Erde entfernt, erhält er alle zwei Jahre Funksignale von der Erde. Er darf daraus schlussfolgern, dass die Zeit auf der Erde langsamer vergeht als in seinem Raumschiff. Da sich der Erden-Zwilling mit 0,6c von ihm entfernt, kann der Raumschiff-Zwilling annehmen, dass das zeitliche Verhältnis zwischen dem Hinweg (Erdbewegung) und Rückweg (Funkweg) 10 zu 6 beträgt. Das Funksignal, das er nach vier Jahren empfängt, hatte demnach aus seiner Sicht eine Funklaufzeit von 1,5 Jahren (6/16 mal 4 Jahre) und wurde folglich nach 2,5 Jahren vom Erden-Zwilling abgesetzt (10/16 mal 4 Jahre). Und da dieses Signal die Nachricht enthält, dass aus Sicht des Erden-Zwillings gerade zwei Jahre seit dem Start vergangen sind, kann der Raumschiff-Zwilling schlussfolgern, dass die Zeit auf der Erde um den Lorentzfaktor verlangsamt vergeht. Während des Hinwegs ist die Zeitdilatation relativ.

Der Raumschiff-Zwilling kann also unmittelbar vor dem Wendemanöver annehmen, dass just in diesem Moment die Erdenuhr eine Zeit von 3,2 Jahren nach dem Start anzeigt. Durch das Wendemanöver ändern sich jedoch die Vorstellungen des Raumschiff-Zwillings über die Gleichzeitigkeit. Die Erde, die zunächst hinter ihm war, ist nun vor ihm. Die

Erdenuhr wird aus Sicht des Raumschiff-Zwillings gleichsam in den Bereich der Vergangenheit transportiert. Es handelt sich aber nicht wirklich um einen Zeitsprung, sondern der Raumschiff-Zwilling korrigiert lediglich seine Auffassungen darüber, was nach seinen *Berechnungen* „gleichzeitig" an einem weit entfernten Ort stattfindet, ohne dass er diese Berechnungen überprüfen kann, weil ja die Endlichkeit der Lichtgeschwindigkeit ihm nicht gestattet, seine Berechnung durch eine Beobachtung zu überprüfen.

Unmittelbar nach dem Wendemanöver geht der Raumschiff-Zwilling somit davon aus, dass der Erden-Zeitpunkt „3,2 Jahre nach dem Start" nicht jetzt ist, sondern schon vor 4,5 Jahren war. In der Zwischenzeit sind nach der Erdenuhr 3,6 Jahre verstrichen. Während der Rückreise kommen dann weitere 3,2 Erdenjahre hinzu. Dies ergibt 3,2 + 3,6 + 3,2 = 10 Erdenjahre seit dem Start.

Der Raumschiff-Zwilling geht somit während der ganzen Zeit davon aus, dass die Erdenuhr aus seiner Sicht langsamer läuft als die Raumschiffuhr, aber durch das Wendemanöver wurde aus seiner Sicht die Erde in die Vergangenheit geschoben, was bewirkt, dass der Erden-Zwilling letztlich doch mehr erlebte Zeit hat als der Raumschiff-Zwilling.

Das Ergebnis beim Zwillingsexperiment mag zwar merkwürdig erscheinen, aber es nicht paradox in dem Sinn, dass ein unauflösbarer Widerspruch verbleiben würde. Beide Beteiligte gehen übereinstimmend davon aus, dass der Raumschiff-Zwilling weniger gealtert ist.

Satelliten in der Erdumlaufbahn

Ähnlich paradox wie das Zwillingsparadoxon erscheint auf den ersten Blick die Tatsache, dass die Uhren der GPS-Satelliten (bei Herausrechnung des Einflusses der ART) objektiv langsamer gehen würden als Uhren auf der Erde. Bewegt sich ein Satellit auf einer kreisförmigen Bahn um die Erde, so hat er trotz gleichen Abstands zur Erdoberfläche beständig eine Relativgeschwindigkeit gegenüber der Erde. Die Messungen auf der Erde ergeben somit fortlaufend, dass die Uhren im Satellit langsamer gehen als die Uhren auf der Erde. Der Satellit müsste nun spiegelbildlich fortlaufend eigentlich messen, dass die Uhren auf der Erde langsamer gehen als die Satellitenuhren (Relativität der Zeitdilatation). Anders als beim Zwillingsparadoxon stehen Erde und Satellit beständig in Kontakt und können ihre Uhren jederzeit miteinander vergleichen. Der Satellit misst dabei – was wirklich paradox erscheint – dass die Uhren auf der Erde durch die Zeitdilatation verlangsamt gehen, aber letztlich trotzdem schneller ticken als die Uhren des Satelliten! Wie kann das sein?

Der Satellit auf seiner Umlaufbahn wechselt beständig die Bewegungsrichtung, er wechselt also quasi ständig das Bezugssystem. Nach einer vollen Erdumrundung hat der Satellit wieder den ursprünglichen Punkt erreicht und misst in Übereinstimmung mit der Erde, dass im Satellit die Uhren während der vergangenen Erdumrundung langsamer gelaufen sind als die Uhren auf der Erde. Dabei versagt weder die SRT wegen der Kreisbewegung noch muss man die ART bemühen, um das Phänomen zu erklären (die ART spielt natürlich auch eine Rolle – infolge des höheren Gravitationspotenzials gehen die Uhren im Satelliten schneller).

Entscheidend ist, dass der Satellit durch die Kreisbewegung kontinuierlich sein Raum-Zeit-Gefüge neu ausrichtet. Betrachten wir einen kurzen Moment auf der Umlaufbahn: Alles was sich auf gleicher Höhe senkrecht zur Bewegungsrichtung befindet, hat in diesem Moment die gleichen Maßstäbe wie der Satellit, was „gleichzeitig" ist. Da sich die Erde immer senkrecht zur momentanen Bewegungsrichtung des Satelliten befindet, gilt das auch für die Erde. Dreht sich dann der Satellit auf seiner Kreisbahn um einen bestimmten Winkel ein, dann dreht sich auch die „Achse der Gleichzeitigkeit". Die Erde wird nun gleichsam aus dieser Achse herausgeschoben. Aus Sicht des Satelliten ist es sozusagen so, dass die Uhren auf der Erde zwar beständig langsamer gehen als die Satellitenuhren, aber die Vergleichsuhren quasi ständig gegen neue Uhren ausgetauscht werden, die immer ein Stückchen weiter vorgestellt sind als die vorhergehende Uhr. Aus diesem Grund zeigt die eigentlich langsamer gehende Uhr letztlich doch mehr verstrichene Zeit an als die Uhr des Satelliten bzw. aus Sicht des Satelliten stellt es keine Verletzung des Relativitätsprinzips dar, dass die Erdenuhr letztlich schneller geht als die Satellitenuhr.

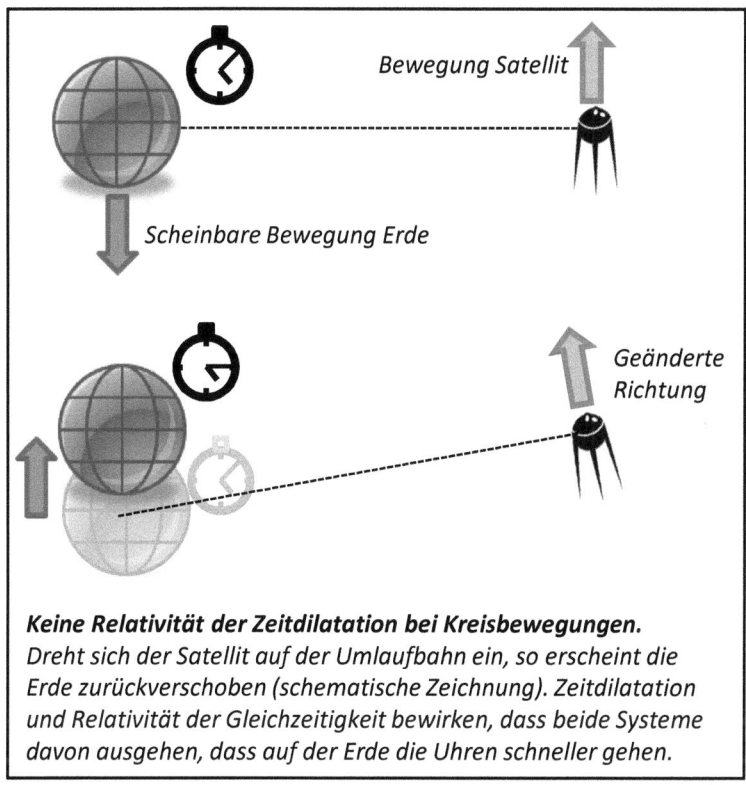

Keine Relativität der Zeitdilatation bei Kreisbewegungen.
Dreht sich der Satellit auf der Umlaufbahn ein, so erscheint die Erde zurückverschoben (schematische Zeichnung). Zeitdilatation und Relativität der Gleichzeitigkeit bewirken, dass beide Systeme davon ausgehen, dass auf der Erde die Uhren schneller gehen.

Da dies so kompliziert erscheint, hier ein gerundetes Zahlenbeispiel: Nehmen wir an, ein Satellit befinde sich auf einer kreisförmigen Umlaufbahn und möge die Erde jeweils in sechs Minuten umrunden, pro Sekunde sich also um ein Grad drehen. Nun nehmen wir weiter an, dass der Satellit eine Geschwindigkeit von 0,6c habe. Dies ergibt eine Umlaufbahn von knapp 65 Millionen Kilometern Umfang und einen Abstand vom Erdmittelpunkt von 10,3 Millionen Kilometern (bei diesem Abstand und dieser Geschwindigkeit könnte sich kein Satellit auf einer Erdumlaufbahn halten, aber um das Beispiel plastisch zu machen, sind diese unrealistischen Annahmen hilfreich.)

Entsprechend der Formel über die Zeitdilatation misst der Satellit, dass während einer Sekunde Satellitenzeit nur 0,8 Sekunden Erdenzeit vergehen. Zugleich misst jedoch der Satellit, dass die Erde infolge der Eindrehung des Satelliten auf der Kreisbahn um ein Grad um folgende Strecke „nach hinten verschoben" erscheint:

$$\sin 1° \times 10.300.000 \ km \approx 180.000 \ km$$

Aus Sicht des Satelliten greift zudem die Längenkontraktion. Die 180.000 km stellen aus Sicht des Bezugssystems Satellit für die Erde dar:

$$180.000 \ km \times 1,25 = 225.000 \ km$$

Bei dieser Relativgeschwindigkeit und dieser scheinbaren „Rückverschiebung" der Erde beträgt der Zeitversatz pro Sekunde:

$$\Delta t' = \Delta x' \times \frac{v}{c^2}$$

$$\Delta t' = 225.000 \ km \times \frac{180.000 \ km/s}{(300.000 \ km/s)^2} = 0,45 \ s$$

Aus Sicht des Systems Satellit ist es somit so, dass auf der Erde während dieser einen Sekunde nur 0,8 Sekunden vergehen, dass dann aber quasi die Erdenuhr durch eine neue Uhr ersetzt wird, die um 0,45 Sekunden vorgestellt ist. Der Satellit erhält daher das Signal, dass auf der Erde insgesamt 1,25 Sekunden vergangen sind. So geht dies kontinuierlich auf der Bahnbewegung so, Sekunde um Sekunde, Jahr um Jahr. Immer scheint die Erdenuhr langsamer zu gehen, geht im Ergebnis aber doch schneller.

Aber warum misst die Erde nicht auch den gegenteiligen Effekt? Da sich die Erde nicht bewegt, ändert sie ihr Bezugssystem nicht (zumindest nicht relativ zum Satelliten gesehen; gegenüber der Sonne schon.) Nur aus Sicht des Satelliten ist es so, dass die Erde – wegen der Kreisbahn des Satelliten – *kontinuierlich* nach hinten, in Richtung der Zukunft zu fliegen scheint.

Damit ist es aus Sicht beider Systeme so, dass auf der Erde die Uhren schneller gehen und es liegt kein Paradoxon vor. Man kann die Tatsache, dass die Satellitenuhren langsamer gehen als die Erdenuhren, erklären, ohne die ART bemühen zu müssen. Zeitdilatation, Längenkontraktion und Relativität der Gleichzeitigkeit greifen harmonisch ineinander und führen zu einem widerspruchsfreien Ergebnis. Die SRT gilt auch in Systemen, die keine Inertialsysteme sind.

In der Realität befinden sich die GPS-Satelliten in einer Höhe von rund 20.200 km (Höhe über der Erdoberfläche, entspricht einem Bahnradius von rund 26.600 km) und haben eine Bahngeschwindigkeit von rund 3,87 km/s. Bei dieser Geschwindigkeit beträgt der Kehrwert des Lorentzfaktors für die Verlangsamung der GPS-Satellitenuhren:

$$\frac{1}{\gamma} = \sqrt{1 - \frac{3{,}87^2}{300.000^2}} \approx 0{,}99999999992$$

Pro Jahr beträgt die relativistische Verlangsamung der Satellitenzeit:

$$\left(1 - \frac{1}{\gamma}\right) \times 3600 \times 24 \times 365 \approx 2{,}6 \, ms$$

Pro Jahr beträgt die Abweichung somit – real messbare – 2,6 Millisekunden, pro Tag rund 7 Mikrosekunden.

Gleichwohl müssen die Uhren der GPS-Satelliten so geeicht werden, dass sie auf der Erde langsamer gehen würden als Erdenuhren. Die Höhe des Satelliten in der Umlaufbahn führt nämlich nach der ART zu einem schnelleren Gehen der Uhren im All, d.h. alle Erdenuhren laufen wegen der hier herrschenden Gravitation (des geringeren Gravitationspotenzials) eigentlich zu langsam. Für diesen Effekt kommt es nicht darauf an, ob und welche Schwerkraft der Körper „spürt", sondern wie viel potenzielle Energie der Körper durch das Eintauchen in das Gravitationsfeld verloren hat. Der gravitativen Zeitdilatation unterliegen daher auch die Satelliten in der Umlaufbahn, auch wenn in ihnen vollkommene Schwerelosigkeit herrscht. Den Effekt der gravitativen Zeitdilatation kann man mit folgender Formel berechnen:

$$t = t' \times \sqrt{\frac{1 - \frac{2 \times G \times M}{c^2 \times R_S}}{1 - \frac{2 \times G \times M}{c^2 \times R_E}}}$$

Dabei ist G die Gravitationskonstante, M ist die Masse der Erde, R_S der Radius der Flugbahn des Satelliten und R_E der Erdradius, also die Entfernung der auf der Erdoberfläche tickenden Uhren vom Erdmittelpunkt. Eingesetzt ergibt sich:

$$t = t' \times \sqrt{\frac{1 - \frac{2 \times 6{,}674 \times 10^{-11} \frac{m^3}{kg \times s^2} \times 5{,}974 \times 10^{24} kg}{\left(300 \times 10^6 \frac{m}{s}\right)^2 \times 26{,}6 \times 10^6 m}}{1 - \frac{2 \times 6{,}674 \times 10^{-11} \frac{m^3}{kg \times s^2} \times 5{,}974 \times 10^{24} kg}{\left(300 \times 10^6 \frac{m}{s}\right)^2 \times 6{,}371 \times 10^6 m}}}$$

$$t \approx t' \times 1{,}000000000528$$

Um diesen Faktor geht also eine Uhr im Satelliten nach der ART schneller. Umgerechnet auf einen Tag sind dies:

$$t = t' \times (1{,}000000000528 - 1) \times 3600 \times 24 \approx 0{,}045 \, ms$$

Durch das höhere Gravitationspotenzial ergibt sich für den GPS-Satelliten eine schnellere Zeit von täglich rund 45 Mikrosekunden; der Einfluss der ART überwiegt also in dieser Konstellation deutlich. Per Saldo müssen die Satellitenuhren demnach so geeicht werden, dass sie auf der Erde um 38 Mikrosekunden pro Tag zu langsam gehen würden. Sie werden also vorsätzlich so „falsch" eingestellt, dass sie – wenn die Satelliten auf der Erde blieben – alle 72 Jahre eine Sekunde weniger verstreichen lassen würden. Dies scheint vernachlässigbar gering zu sein, und doch: Wenn man weiß, dass Funksignale in 38 Mikrosekunden einen Weg von 11,4 Kilometern zurücklegen, dann wird einem klar, dass das GPS ohne die voreingestellte Uhrenkorrektur den Nutzer schon nach wenigen Stunden meilenweit in die Irre führen würde, jeden Tag um über 10 Kilometer mehr!

Um Missverständnissen vorzubeugen sei aber angemerkt, dass die GPS-Satelliten nicht lediglich auf der Erde programmiert und dann nach dem Start ihrem Schicksal überlassen werden. Die Uhren der GPS-Satelliten müssen ständig nachkorrigiert werden, weil es weitere zu berücksichtigende Effekte gibt und auch die Erde auf ihrer Umlaufbahn um die Sonne ein wenig taumelt. Wenn man aber bedenkt, dass eine Erdumrundung eines GPS-Satelliten einen halben Tag benötigt, dann wird klar, dass schon vor Vollendung eines einzigen Erdumlaufs eine Fehlnavigation von mehreren Kilometern auftreten würde, bevor die Hauptkontrollstation in Colorado Springs (USA) die Satellitenuhr wieder korrigieren könnte.

Die Erde hat auf ihrer Bahn um die Sonne eine Geschwindigkeit von knapp 30 km/s. Dies ergibt nach der SRT eine jährliche Zeitdilatation von rund 155 Millisekunden. Wegen des geringeren Gravitationspotenzials auf der Erdoberfläche kommt es (gegenüber einem gravitationslosen Ort im Weltall) zu einer weiteren Zeitdilatation von rund 22 Millisekunden pro Jahr. Wir können daher konstatieren, dass die Uhren auf der Erde gegenüber der „wirklich" in unserem Sonnensystem geltenden Zeit pro Jahr um fast zwei Zehntelsekunden zu langsam gehen. Ein Erdenbewohner altert also in einem 80-jährigen Leben infolge der Relativität der Zeit insgesamt etwa 14 Sekunden langsamer als eine Person altern würde, die ruhend im Orbit in unserem Sonnensystem schwebte.

Allgemein ist es bei Kreis- und ähnlichen Bewegungen so, dass die Zeitdilatation nicht relativ ist, sondern objektiv bei dem System stärker zum Tragen kommt, das

a) die stärkere Richtungsänderung erfahren hat und/oder

b) eine stärkere Geschwindigkeitsänderung erfahren hat.

Schlussendlich gilt, dass dasjenige System die längste Eigenzeit misst, das einen Strecke AB in Raum und Zeit mit der geringsten Richtungs- oder Geschwindigkeitsänderung bewältigt hat. Je ökonomischer die Strecke bewältigt wird, desto länger die Zeit! Wird die Strecke durch Umwege länger, wird die gemessene Eigenzeit kürzer. In der Physik gilt wie in der Medizin: Bewegung hält jung, Trägheit macht alt!

An dieser Stelle ist dieses Buch an seinem Ende angekommen. Ich hoffe, dass die Ausführungen verständlich, nachvollziehbar und trotz teilweise längerer rein mathematischer Passagen auch interessant waren, also die Lesezeit nicht „relativ" lang erschien. Die Relativitätstheorie hat sich in ihren inzwischen über hundert Jahren Existenz von einer reinen Hypothese zu einem wichtigen praktischen Arbeitsmittel gewandelt. In der Zukunft wird ihre Bedeutung sicherlich noch stark zunehmen, da ist es durchaus hilfreich, wenn man ein bisschen mitreden kann. Ich würde mich freuen, wenn es mir gelungen ist, das dafür nötige Basiswissen anschaulich zu vermitteln.

Im Anhang sind noch die wichtigsten Formeln und einige leichte Übungsaufgaben zur SRT zusammengestellt, deren Bearbeitung helfen kann, das Gelernte zu vertiefen.

Eine wichtige Frage hat dieses Buch nicht zufriedenstellend klären können: Warum nur hat die Natur die Welt so merkwürdig und kompliziert eingerichtet? Die Antwort auf diese Frage steht noch aus. Wahrscheinlich gilt insoweit das anthroposophische Prinzip: Wäre die Welt anders als sie ist, so könnte es uns Menschen nicht geben, und wir könnten uns nicht darüber wundern, warum die Welt so ist, wie sie nun einmal ist. Die Natur ist also sehr freundlich zu uns gewesen. Ich finde, es lohnt sich, darüber weiter nachzudenken.

Überblick über die wichtigsten Formeln zur SRT

Verwendete Formelzeichen

a	Beschleunigung aus Sicht des äußeren Beobachters
a'	Beschleunigung aus der Eigensicht des beobachteten Systems
c	Lichtgeschwindigkeit im Vakuum (gerundet 300.000 km/s, eigentlich 299.792.458 m/s)
Δλ	vom Empfänger beobachtete Verschiebung der Wellenlänge
Δm	relativistische Massenzunahme
Δt	Zeitversatz aus Sicht des Beobachters, um die eine vordere Uhr bei der Uhrensynchronisation vom beobachteten System S' später gestartet wird
Δt'	angezeigte Zeitdifferenz, um die eine vordere Uhr im beobachteten System S' gegenüber einer hinteren Uhr beständig nachgeht (aus Sicht des Beobachters)
E	Gesamtenergie (Einheit: 1 Joule = 1 kg × m² / s²)
E_{kin}	kinetische Energie (klassisch und relativistisch)
E_0	Ruheenergie
$f_{Empfänger}$	vom Empfänger empfangene Frequenz
f_{Sender}	vom Sender abgestrahlte Frequenz
γ	Lorentzfaktor (auch Gamma-Faktor genannt)
l	Länge (in Bewegungsrichtung) in einem Inertialsystem aus Sicht eines äußeren Beobachters

l'	entsprechende Länge aus Sicht des beobachteten Inertialsystems (Eigenlänge)
λ_{Sender}	vom Sender gemessene Wellenlänge
m	Gesamtmasse (relativistische Masse)
m_0	Ruhemasse
p	Impuls, klassisch und relativistisch (Einheit: 1 kg × m / s)
s	zurückgelegter Weg aus Sicht des äußeren Beobachters
t	Zeit für einen Vorgang in einem Inertialsystem aus Sicht eines äußeren Beobachters
	auch: Zeitkoordinate im Inertialsystem S (Lorentz-Transformation)
t'	Zeit für den Vorgang aus Sicht des beobachteten Inertialsystems (Eigenzeit)
	auch: Zeitkoordinate im Inertialsystem S' (Lorentz-Transformation)
θ	Rapidität (areatangens-hyperbolischer Wert der Geschwindigkeit v/c)
u, v, w	Relativgeschwindigkeiten zwischen Inertialsystemen
x	Abstand (in Bewegungsrichtung) zwischen zwei Uhren in einem Inertialsystem aus Sicht eines äußeren Beobachters
	auch: Längenkoordinate im Inertialsystem S (Lorentz-Transformation)
x'	Abstand (in Bewegungsrichtung) zwischen den Uhren aus der Eigensicht des beobachteten Inertialsystems
	auch: Längenkoordinate im Inertialsystem S' (Lorentz-Transformation)
y, y'	y-Koordinate (Breitenkoordinate) in den Inertialsystemen S und S' (Lorentz-Transformation)
z, z'	z-Koordinate (Höhenkoordinate) in den Inertialsystemen S und S' (Lorentz-Transformation)
	auch: Relativgeschwindigkeit in z-Richtung

Mathematische Operatoren bzw. Funktionen

cosh	Kosinus Hyperbolicus (im MS-Excel: coshyp)
$\cosh^{-1}$	Areakosinus Hyperbolicus (im MS-Excel: arccoshyp)
sinh	Sinus Hyperbolicus (im MS-Excel: sinhyp)
$\sinh^{-1}$	Areasinus Hyperbolicus (im MS-Excel: arcsinhyp)
tanh	Tangens Hyperbolicus (im MS-Excel: tanhyp)
$\tanh^{-1}$	Areatangens Hyperbolicus (im MS-Excel: arctanhyp)
$\perp$	steht orthogonal (senkrecht) zu

Lorentzfaktor

$$\gamma = \frac{1}{\sqrt{1 - \frac{v^2}{c^2}}}$$

Lorentz-Transformation

$$x = \frac{x' + v \times t'}{\sqrt{1 - \frac{v^2}{c^2}}}$$

$$y = y'$$

$$z = z'$$

$$t = \frac{t' + x' \times \frac{v}{c^2}}{\sqrt{1 - \frac{v^2}{c^2}}}$$

Zeitdilatation

$$t = t' \times \gamma = \frac{t'}{\sqrt{1 - \frac{v^2}{c^2}}}$$

Längenkontraktion

$$l = \frac{l'}{\gamma} = l' \times \sqrt{1 - \frac{v^2}{c^2}}$$

Zeitversatz bei der Uhrensynchronisation

$$\Delta t = \Delta x \times \frac{v}{c^2 - v^2}$$

Relativität der Gleichzeitigkeit

$$\Delta t' = \Delta x' \times \frac{v}{c^2}$$

Relativistische Addition und Subtraktion von Geschwindigkeiten

$$w = v \overset{r}{+} u = \frac{v + u}{1 + \frac{v \times u}{c^2}}$$

$$w = v \overset{r}{-} u = \frac{v - u}{1 - \frac{v \times u}{c^2}}$$

Addition von Rapiditäten (areatangens-hyperbolische Addition von Geschwindigkeiten)

$$\tanh^{-1}\frac{v}{c} + \tanh^{-1}\frac{u}{c} = \tanh^{-1}\frac{w}{c}$$

Darstellung der Rapidität θ als Taylorreihe, Rückrechnung zu v als Kettenbruchdarstellung

$$\theta = \tanh^{-1}\frac{v}{c} = \frac{v}{c} + \frac{1}{3}\times\left(\frac{v}{c}\right)^3 + \frac{1}{5}\times\left(\frac{v}{c}\right)^5 + \frac{1}{7}\times\left(\frac{v}{c}\right)^7 \ldots$$

$$v = \tanh\theta \times c = \cfrac{\theta}{1 + \cfrac{\theta^2}{3 + \cfrac{\theta^2}{5 + \cdots}}} \times c$$

Kombination senkrechter Geschwindigkeiten (relativistischer Satz des Pythagoras)

$$w = v \stackrel{r}{\perp} u = \sqrt{v^2 + u^2 - \frac{v^2 \times u^2}{c^2}}$$

$$w = v \stackrel{r}{\perp} u \stackrel{r}{\perp} z = \sqrt{v^2 + u^2 + z^2 - \frac{v^2 u^2 + v^2 z^2 + u^2 z^2}{c^2} + \frac{z^2 v^2 u^2}{c^4}}$$

Geschwindigkeit bei gleichmäßiger Beschleunigung

(Anfangsbedingungen für die Beschleunigungsgleichungen sind jeweils: $v_0=0$; $t_0=t'_0=0$; $s_0=0$; $a'=$konstant.)

$$v = \tanh\left(\frac{a' \times t'}{c}\right) \times c$$

$$v = \frac{a' \times t}{\sqrt{1 + \frac{a'^2 \times t^2}{c^2}}}$$

Zeitbeziehungen bei gleichmäßiger Beschleunigung

$$t' = \frac{c}{a'} \times \sinh^{-1}\left(\frac{a' \times t}{c}\right)$$

$$t = \frac{c}{a'} \times \sinh\left(\frac{a' \times t'}{c}\right)$$

Weg-Zeit-Beziehung bei gleichmäßiger Beschleunigung (Weg und Zeit aus Sicht des Startorts)

$$s = \frac{c}{a'} \times \left(\sqrt{a'^2 \times t^2 + c^2} - c\right)$$

$$t = \sqrt{\frac{s^2}{c^2} + \frac{2s}{a'}}$$

Weg-Zeit-Beziehung bei gleichmäßiger Beschleunigung (Weg aus Sicht des Startorts, Bordzeit)

$$s = \frac{c^2}{a'} \times \left(\cosh\left(\frac{a' \times t'}{c}\right) - 1\right)$$

$$t' = \frac{c}{a} \times \cosh^{-1}\left(\frac{s \times a'}{c^2} + 1\right)$$

Relativistischer Impuls

$$p = m \times v = m_0 \times \gamma \times v = \frac{m_0 \times v}{\sqrt{1 - \frac{v^2}{c^2}}}$$

$$v = \frac{c}{\sqrt{1 + \frac{m_0^2 \times c^2}{p^2}}}$$

Relativistische Massenzunahme

$$m = m_0 \times \gamma = \frac{m_0}{\sqrt{1 - \frac{v^2}{c^2}}}$$

Relativistische kinetische Energie

$$E_{kin} = \frac{m_0 \times c^2}{\sqrt{1 - \frac{v^2}{c^2}}} - m_0 \times c^2 = m_0 \times (\gamma - 1) \times c^2 = \Delta m \times c^2$$

Relativistische kinetische Energie als Taylorreihe

$$E_{kin} = \frac{1}{2} m_0 v^2 + \frac{3}{8} m_0 \frac{v^4}{c^2} + \frac{5}{16} m_0 \frac{v^6}{c^4} + \frac{35}{128} m_0 \frac{v^8}{c^6} \dots$$

Formelverzeichnis

Energie-Masse Äquivalenz

$$E = E_0 + E_{kin}$$

$$E_0 = m_0 \times c^2$$

$$E = (m_0 + \Delta m) \times c^2 = m \times c^2$$

Energie-Impuls-Beziehung

$$p^2 \times c^2 = E^2 - E_0^2$$

$$E_0^2 = E^2 - (p \times c)^2 = invariant$$

$$p \times c = E \qquad für\ Licht\ (m_0 = 0)$$

Optischer (relativistischer) Doppler-Effekt

$$f_{Empfänger} = f_{Sender} \times \frac{\sqrt{1 - \frac{v}{c}}}{\sqrt{1 + \frac{v}{c}}}$$

Fluchtgeschwindigkeit-Wellenlänge-Beziehung

$$v = \frac{\left(\frac{\Delta\lambda}{\lambda_{Sender}} + 1\right)^2 - 1}{\left(\frac{\Delta\lambda}{\lambda_{Sender}} + 1\right)^2 + 1} \times c$$

Übungsaufgaben

Aufgabe 1. Zeitdilatation

Ein Raumschiff möge mit einer konstanten Geschwindigkeit von 0,8c (c=300.000 km/s) an der Erde vorbeifliegen und von der Erde beobachtet werden.
  a) Um welchen Faktor wird von einem Beobachter auf der Erde gemessen, dass die Zeit im Raumschiff schneller/langsamer vergeht?
  b) Wenn auf der Erde eine Stunde vergeht, welche Zeit vergeht dann (aus Sicht des Beobachters auf der Erde) im Raumschiff?

Aufgabe 2. Längenkontraktion

Ein Raumschiff möge mit einer konstanten Geschwindigkeit von 0,5c an der Erde vorbeifliegen. Die Raumschiffbesatzung möge für ihr eigenes Raumschiff eine Länge von 250m messen. Welche Länge des Raumschiffs ermittelt ein Beobachter auf der Erde?

Aufgabe 3. Reisezeit zu einem fernen Planeten (konstante Geschwindigkeit)

Ein Raumschiff wird von der Erde aus zu einem 40 Lichtjahre entfernten Planeten gesandt. Das Raumschiff möge die Reise mit einer konstanten

Geschwindigkeit von 0,95c zurücklegen. Angenommen wird zudem, dass Zeit und Weg für die Beschleunigung des Raumschiffs auf die Reisegeschwindigkeit und das Abbremsen jeweils vernachlässigbar kurz sei.

    a) Wie weit ist der Planet aus Sicht der Raumschiffbesatzung unmittelbar nach dem Start und Erreichen der Reisegeschwindigkeit entfernt?

    b) Welche Eigenzeit benötigt das Raumschiff, um den Planeten zu erreichen (Zeit aus Sicht der Raumschiffbesatzung)?

    c) Nach wie viel Jahren wird das Raumschiff aus Sicht der Erde den Planeten erreichen?

Aufgabe 4. Synchronisation bewegter Uhren

Ein Raumschiff möge mit einer konstanten Geschwindigkeit von 0,7c an der Erde vorbeifliegen. Aus Sicht der Raumschiffbesatzung ist das Raumschiff 500m lang. Die Raumschiffbesatzung möge am Bug und am Heck des Raumschiffs je eine Uhr angebracht haben. Die Raumschiffbesatzung habe die Uhren so synchronisiert, dass sie aus Sicht der Raumschiffbesatzung gleich gehen. Im Moment der größten Annäherung des Raumschiffs an die Erde wird das Raumschiff von der Erde aus beobachtet.

    a) Wie nimmt ein Beobachter auf der Erde in diesem Augenblick die Uhren wahr? Gehen sie schneller, gleich schnell oder langsamer als die Uhren auf der Erde?

    b) Geht aus Sicht des Beobachters auf der Erde die vordere Uhr des Raumschiffs vor oder nach (im Vergleich zur Uhr im Heck)?

    c) Wie viel geht die vordere Uhr im Vergleich zur hinteren Uhr aus Sicht des Beobachters auf der Erde vor bzw. nach?

Aufgabe 5. Relativistische Addition von Geschwindigkeiten

Ein Raumschiff möge mit einer Relativgeschwindigkeit (relativ zur Erde) von 0,75c geradlinig auf die Erde zufliegen. Nun möge das Raumschiff eine Sonde mit einer zusätzlichen Geschwindigkeit von 0,1c in Richtung Erde aussenden. Welche Relativgeschwindigkeit (relativ zur Erde) ermittelt ein Beobachter auf der Erde für die Sonde?

Aufgabe 6. Relativistischer Impuls

Betrachtet wird ein bewegter Körper mit einer Ruhemasse von 5kg.
   a) Welchen Impuls hat dieser Körper bei einer Relativgeschwindigkeit zum Beobachter von 0,85c?
   b) Welche Geschwindigkeit hat der Körper bei einer Verzehnfachung des unter a) ermittelten Impulses?

Aufgabe 7. Kinetische Energie bewegter Körper

Ein kosmisches Partikel mit einer Ruhemasse von 100 Gramm möge mit einer Geschwindigkeit von 0,9c auf die Erde treffen.
   a) Mit welcher kinetischen Energie trifft das Partikel auf die Erde?
   b) Welcher Sprengkraft (in Kilotonnen TNT, eine Kilotonne TNT hat 4.184 Gigajoule Sprengkraft) entspricht diese Aufprallenergie?

Aufgabe 8. Rotverschiebung und Fluchtgeschwindigkeit

Beim Licht einer Galaxie, die sich geradlinig (longitudinal) von der Erde entfernt, möge eine Verschiebung der Spektrallinien auf 0,6 $\Delta\lambda/\lambda_{Sender}$ gemessen werden. Welche Fluchtgeschwindigkeit hat die Galaxie?

Aufgabe 9. Unterschiedliche Alterung

Ein Raumschiff möge eine interstellare Reise zu einem 10 Lichtjahre entfernten Planeten unternehmen. Das Raumschiff möge Hin- und Rückweg mit einer konstanten Geschwindigkeit von 0,6c zurücklegen (Beschleunigungs- und Abbremsphasen seien zu vernachlässigen). Auf dem Planeten verbleibt die Raumschiffbesatzung für genau 1 Jahr, dann kehrt man zur Erde zurück. Zur Raumschiffbesatzung möge ein Mann gehören, der einen Zwillingsbruder hat, der auf der Erde verbleibt.
- a) Nach wieviel Jahren ist das Raumschiff wieder zur Erde zurückgekehrt (vergangene Zeit aus Sicht der Erde)?
- b) Wer ist mehr gealtert, der zur Besatzung gehörende Mann oder sein auf der Erde verbliebener Zwilling?
- c) Um wieviel Jahre ist der Raumschiff-Zwilling durch die Reise mehr bzw. weniger gealtert als der Erden-Zwilling?

Aufgabe 10. Energie-Masse-Äquivalenz

a) Aus einer Förderstätte in der Nordsee werden bei 5 Grad Celsius 1.000 Tonnen Erdöl (spezifische Wärmekapazität: rund 2 kJ pro kg und Kelvin) gefördert und zu einem Erdöllager in Rotterdam gebracht, wo sich das Erdöl auf 25 Grad Celsius erwärmt. Wie viel wiegt das Erdöl nun?

b) Ein Forscher hat eine neuartige Kernumwandlung beobachtet, bei der die Umwandlungsprodukte 98 Prozent der Ausgangsstoffe wiegen. Wie viel Energie wird bei dieser Kernumwandlung pro Kilogramm Ausgangsmasse frei?

c) Wie viel Brennstoff des Stoffes aus Frage b) würde ein 1-Gigawatt-Kraftwerk pro Jahr benötigen bei einem elektrischen Wirkungsgrad des Kraftwerks von 60 Prozent?

Lösungen der Übungsaufgaben

Lösung Aufgabe 1

a) Auf der Erde wird gemessen, dass die Zeit im bewegten Inertialsystem um den Lorentzfaktor verlangsamt vergeht. Es gilt somit:

$$\gamma = \frac{1}{\sqrt{1-\frac{v^2}{c^2}}} = \frac{1}{\sqrt{1-\frac{0{,}8^2}{1^2}}} = \frac{1}{\sqrt{1-\frac{0{,}64}{1}}} = \frac{1}{\sqrt{0{,}36}} = \frac{1}{0{,}6} \approx 1{,}667$$

b) Anzuwenden ist die Formel über die Zeitdilatation:

$$t = t' \times \frac{1}{\sqrt{1-\frac{v^2}{c^2}}}$$

$$t' = t \times \sqrt{1-\frac{v^2}{c^2}}$$

$$t' = 1\,h \times \sqrt{1-\frac{0{,}8^2}{1^2}} = 1h \times \sqrt{0{,}36} = 0{,}6h = 0{:}36\,h$$

Es wird beobachtet, dass im bewegten Inertialsystem 36 Minuten vergangen sind.

Lösung Aufgabe 2

Anzuwenden ist die Formel über die Längenkontraktion:

$$l = l' \times \sqrt{1 - \frac{v^2}{c^2}}$$

$$l = 250m \times \sqrt{1 - \frac{0{,}5^2}{1^2}} \approx 250m \times 0{,}866 \approx 217m$$

Aus Sicht der Erde beträgt die Länge des Raumschiffs rund 217m.

Lösung Aufgabe 3

a) Anzuwenden ist die Formel über die Längenkontraktion. Es gilt somit:

$$l = l' \times \sqrt{1 - \frac{v^2}{c^2}} = 40Lj \times \sqrt{1 - \frac{0{,}95^2}{1^2}} \approx 40Lj \times 0{,}312 \approx 12{,}49Lj$$

Aus Sicht der Raumschiffbesatzung ist das Ziel der Reise rund 12,49 Lichtjahre entfernt.

b) Anzuwenden ist die allgemeine Weg-Zeit-Beziehung:

$$s = v \times t \quad bzw. \quad s' = v' \times t' \quad mit \quad v = v'$$

Umgestellt und eingesetzt ergibt sich:

$$t' = \frac{s'}{v} \approx \frac{12{,}49\,Lj}{0{,}95c} \approx 13{,}147\,Jahre \approx 13\,Jahre + 54\,Tage$$

Das Raumschiff erreicht das Ziel der Reise nach einer Eigenzeit von 13 Jahren und 54 Tagen.

c) Anzuwenden ist die einfache Formel über die Weg-Zeit-Beziehung bei konstanter Geschwindigkeit:

$$t = \frac{s}{v}$$

$$t = \frac{40 \, Lichtjahre}{0{,}95c} \approx 42{,}105 \, Jahre \approx 42 \, Jahre + 38 \, Tage$$

Aus Sicht der Erde erreicht das Raumschiff nach 42 Jahren und 38 Tagen das Ziel.

Lösung Aufgabe 4

a) Infolge der Zeitdilatation nimmt ein Beobachter auf der Erde wahr, dass die Uhren des Raumschiffs langsamer gehen.

b) Aus Sicht des Beobachters auf der Erde geht die vordere Uhr nach.

c) Anzuwenden ist die Formel über die Relativität der Gleichzeitigkeit:

$$\Delta t' = \Delta x' \times \frac{v}{c^2}$$

$$\Delta t' = 500m \times \frac{210.000.000 \frac{m}{s}}{\left(300.000.000 \frac{m}{s}\right)^2} \approx 0{,}000001 s$$

Der Beobachter auf der Erde nimmt wahr, dass die vordere Uhr um 1 Mikrosekunde nachgeht.

Lösung Aufgabe 5

Anzuwenden ist die Formel über die relativistische Addition von Geschwindigkeiten:

$$w = \frac{u+v}{1+\frac{uv}{c^2}}$$

Eingesetzt ergibt sich:

$$w = \frac{0{,}75c + 0{,}1c}{1+\frac{0{,}75c \times 0{,}1c}{c^2}} = \frac{0{,}85c}{1+\frac{0{,}075c^2}{c^2}} = \frac{0{,}85c}{1{,}075} \approx 0{,}79c$$

Die Sonde hat eine Relativgeschwindigkeit von rund 0,79c zur Erde.

Lösung Aufgabe 6

a) Anzuwenden ist die Formel über den relativistischen Impuls:

$$p = \frac{m_0 \times v}{\sqrt{1-\frac{v^2}{c^2}}}$$

$$p = \frac{5kg \times 255.000.000\frac{m}{s}}{\sqrt{1-\frac{0{,}85^2}{1^2}}} \approx 2{,}42 \times 10^9 \frac{kg \times m}{s}$$

Der Impuls beträgt rund $2{,}42 \times 10^9$ kg×m/s.

b) Die Formel über den relativistischen Impuls ist nach v umzustellen:

$$v = \frac{c}{\sqrt{1 + \frac{m_0^2 \times c^2}{p^2}}}$$

Bei einer Verzehnfachung des Impulses aus Aufgabe a) ergibt sich:

$$v = \frac{300.000.000 \frac{m}{s}}{\sqrt{1 + \frac{(5kg)^2 \times \left(300.000.000 \frac{m}{s}\right)^2}{\left(10 \times 2{,}42 \times 10^9 \frac{kg \times m}{s}\right)^2}}}$$

$$v \approx 299.000.000 \frac{m}{s} \approx 0{,}997c$$

Der Körper hat nun eine Geschwindigkeit von rund 99,7 Prozent der Lichtgeschwindigkeit.

Lösung Aufgabe 7

a) Es gilt die Formel über die relativistische kinetische Energie:

$$E_{kin} = \frac{m_0 \times c^2}{\sqrt{1 - \frac{v^2}{c^2}}} - m_0 \times c^2$$

$$E_{kin} = \frac{0{,}1 kg \times (300.000.000 m/s)^2}{\sqrt{1 - \frac{0{,}9^2}{1^2}}} - 0{,}1 kg \times (300.000.000 m/s)^2$$

$$E_{kin} \approx 11{,}65 \times 10^{15} \, Joule$$

Die kinetische Aufprallenergie beträgt rund 11,65 Petajoule.

b) 1 Kilotonne TNT hat eine Sprengkraft von 4.184 Gigajoule. Eine kinetische Aufprallenergie von 11,65 Petajoule entspricht somit einer Sprengkraft von rund 2.784 Kilotonnen TNT.

Lösung Aufgabe 8

Anzuwenden ist die Formel über die Fluchtgeschwindigkeit-Wellenlänge-Beziehung:

$$v = \frac{\left(\frac{\Delta\lambda}{\lambda_{Sender}} + 1\right)^2 - 1}{\left(\frac{\Delta\lambda}{\lambda_{Sender}} + 1\right)^2 + 1} \times c$$

Bei $\Delta\lambda/\lambda_{Sender}$ von 0,6 ergibt sich:

$$v = \frac{(0,6 + 1)^2 - 1}{(0,6 + 1)^2 + 1} \times c = \frac{2,56 - 1}{2,56 + 1} \times c \approx 0,44c$$

Die Fluchtgeschwindigkeit beträgt rund 0,44c.

Lösung Aufgabe 9

a) Die Zeit aus Sicht der Erde bestimmt sich aus der Zeit für den Hinweg, der Verweildauer auf dem Planeten und der Zeit für den Rückweg. Es gilt somit:

$$t = \frac{10 Lj}{0,6c} + 1 + \frac{10 Lj}{0,6c} \approx 2 \times 16,67 \, Jahre + 1 \, Jahr \approx 34,34 \, Jahre$$

Die Raumschiffbesatzung ist nach 34 Jahren und 124 Tagen wieder auf die Erde zurückgekehrt.

b) Da der Erdenzwilling im Ruhesystem Erde verblieben ist, ist er mehr gealtert als sein Bruder, der zur Raumschiffbesatzung gehörte.

c) Infolge der Zeitdilatation vergeht aus Sicht der Erde die Zeit im Raumschiff auf dem Hin- und Rückweg jeweils verlangsamt. Es gilt die Formel über die Zeitdilatation:

$$t = \frac{t'}{\sqrt{1 - \frac{v^2}{c^2}}}$$

Aus Sicht der Raumschiffbesatzung vergehen für Hin- und Rückweg jeweils:

$$t' \approx 16{,}67 \, Jahre \times \sqrt{1 - \frac{0{,}6^2}{1^2}} \approx 13{,}34 \, Jahre$$

Die geringere Alterung beträgt somit:

$$\Delta t = 2 \times (t - t') \approx 2 \times (16{,}67 - 13{,}34) \approx 6{,}66 \, Jahre$$

Aus Sicht des Erdenzwillings ist der Raumschiffzwilling um 6 Jahre und 241 Tage weniger gealtert.

Lösung Aufgabe 10

a) Zunächst ist die Wärmeenergie zu berechnen, die das Erdöl aufnimmt:

$$Q = m \times c \times \Delta T$$

(c ist hier die spezifische Wärmekapazität.)

$$Q = 1.000.000 \times 2\frac{kJ}{kg \times K} \times 20K = 40 \times 10^9 J$$

Nun ist hieraus die Massenzunahme zu berechnen, mit folgender Formel:

$$E = m \times c^2$$

$$\Delta m = \frac{\Delta E}{c^2}$$

(c ist hier die Lichtgeschwindigkeit.)

$$\Delta m = \frac{40 \times 10^9 kg \times m^2/s^2}{\left(300.000.000\frac{m}{s}\right)^2} = 0,0004 g$$

Die Masse nimmt um insgesamt 0,4 Milligramm zu und das Erdöl wiegt jetzt 1.000.000,0000004 kg.

b) 2 Prozent von 1 Kilogramm sind 20 Gramm. Es ist nun zu berechnen, welche Energiemenge dieser Masse entspricht:

$$E = m \times c^2$$

$$E = 0,02 kg \times \left(300.000.000\frac{m}{s}\right)^2$$

$$E = 1,8 \times 10^{15} J = 1,8 \, Petajoule$$

Es ergibt sich eine Energieausbeute von 1,8 Petajoule pro Kilogramm.

c) Ein 1-Gigawatt-Kraftwerk produziert pro Jahr bei kontinuierlicher Stromproduktion:

$$E = P \times t$$

(P ist die elektrische Leistung.)

$$E = 1 \times 10^9 W \times 3600s \times 24 \times 365 = 31,5 \, Petajoule$$

Der jährliche Brennstoffbedarf wäre:

$$Bedarf = \frac{31,5 \, Petajoule}{1,8 \frac{Petajoule}{kg}} \times \frac{1}{0,6} \approx 29,2 kg$$

Das Kraftwerk würde rund 29,2 kg Kernbrennstoff pro Jahr benötigen.

Zum Schluss

Der Autor nimmt gern Hinweise und Anregungen entgegen. Was hat Ihnen gut gefallen, was weniger gut? Was sollte verbessert oder erweitert werden? An welcher Stelle empfanden Sie die Ausführungen als schwer verständlich; wo haben sich Fehler eingeschlichen?

Rückmeldungen können an die folgende E-Mail-Adresse gerichtet werden:

A_Weingaertner@gmx.de

Die Angaben, Darstellungen und Formeln in diesem Buch wurden sorgfältig erwogen; eine Haftung für die Richtigkeit des Inhalts kann jedoch nicht übernommen werden. Irrtümer bleiben vorbehalten. Der Autor behält sich vor, das Werk jederzeit in einer Neuauflage zu überarbeiten. Inhalt dieses Buches ist nur hinlänglich bekanntes Wissen aus den allgemein verfügbaren Quellen; es wurde daher auf Quellenangaben verzichtet.

Die Verwendung der Übungsaufgaben zu Schul- und Ausbildungszwecken ist gestattet. Diesbezüglich ist auch das Fotokopieren der Übungsaufgaben und Lösungen im notwendigen Umfang gestattet (§ 52a Urheberrechtsgesetz). Das öffentliche Zugänglichmachen über diesen Umfang hinaus ist nur mit Einwilligung des Berechtigten/Urhebers gestattet.

Stichwortverzeichnis

Angegeben sind jeweils die Seiten mit der bedeutendsten Erwähnung.

Aberration des Lichts 105	Descartes, René 27
Additionstheorem, relativistisches 124	DESY 253
	Desynchronisation 76
Allgemeine Relativitäts-Theorie (ART) 237	Deuterium 248
	Dewan, E. 288
α-Strahlung 243	Dichte, relativistische 90
Andromeda-Galaxie 187	Doppler, Christian 26
Anthroposophisches Prinzip 312	Doppler-Effekt
Äquator, Uhren am 84	- akustischer 25
Äquivalenzprinzip 239	- optischer 26
Areakosinus Hyperbolicus 193	Drei-Brüder-Ansatz 256, 260
Areasinus Hyperbolicus 185	Eddington, Arthur 240
Areatangens Hyperbolicus 176	Energie, kinetische 211
Arkuskosinus 157	Energie-Impuls-Beziehung 232
Äthertheorie 35	Energie-Impuls-Dreieck 234
Ätherwind 35	Energie-Masse-Äquivalenz 224
Atomausstieg 246	Eigenlänge 66
Atomuhr 100	Einstein, Albert 17
Aufprallenergie, kinetische 218	Einstein-Kreuz 240
Becquerel, Henri 243	Einstein-Ring 240
Bell, John 288	Einsteinturm 20
Beran, M. 288	Euklid 132
Blauverschiebung des Lichts 26	Euler, Leonhard 175
Breitenkontraktion 87	Eulersche Zahl 175
Buys Ballot, Christoph 26	Fe-Weiße Zwerge 230
Curie, Marie und Pierre 243	Feynman, Richard 11

FitzGerald, George Francis	19
Fizeau, Armand Hippolyte	28
Fluchtgeschwindigkeit	201, 248
Galilei, Galileo	27
Galilei-Transformation	93
Gamma(-Faktor)	50
Garagenparadoxon	284
Gauß, Carl Friedrich	164
Gesamtenergie	228
Geschwindigkeiten	
- relativistische Addition	112
- relat. Subtraktion	128
Gleichzeitigkeit, Relativität	70
Gliese 667 Cc	200
Global Positioning System	250
GPS-Satelliten	309
Grossmann, Marcel	238
Hafele, Joseph	249
Hafele-Keating-Experiment	249
Hahn, Otto	244
Heizwert (von Benzin)	229
Higgs, Peter	254
Higgs-Boson	254
Hilbert, David	238
Hubble, Edwin Powell	248
Huygens, Christiaan	27
IEEE 754	219
Impuls	
- klassischer	204
- relativistischer	206
- spezifischer	201
Impulserhaltungssatz	204
Inertialsystem	32
Interferometer	36
Joule (Einheit)	227
ITER	247
k-Faktor	50
Keating, Richard	249
Kepler, Johannes	27
Kernforschung	244
Kernfusion	247
Kernkraftwerk	245
Kernspaltung	244
Kettenreaktion	244
Kommutativgesetz	153
Kosinus Hyperbolicus	192
kritische Masse	244
Längenkontraktion	60
Large Hadron Collider	252
Laue, Max von	273
Laues Zylinder	273
Leiterparadoxon	266
Lichtablenkung, gravitative	240
Lichtäther	35
Lichtgeschwindigkeit	28
Lichtjahr	30
Lichtschrankenparadoxon	280
Lichtuhr	42
- vierschenklige	42
Logarithmus, natürlicher	175
longitudinale Bewegung	59
Lorentz, Hendrik Antoon	19
Lorentzfaktor	50
Lorentz-Transformation	92
Los Alamos	245
Manhattan-Projekt	244
Maryland-Experiment	241
Masse-Energie-Erhaltungssatz	228
Massenzunahme, relativistische	225
Maßstabsparadoxon	262
Maxwell, James Clerk	17
Meitner, Lise	244
Meter (Definition)	101
Michelson, Albert Abraham	17
Michelson-Morley-Experiment	36
Minkowski, Hermann	18
Minkowski-Diagramm	54

Morley, Edward Williams	17	Ruheenergie	228
Myonen, Lebensdauer	250	Ruhemasse	207
Newton, Isaac	100	Schallgeschwindigkeit	24
Nova-Ausbruch	96	Schallmauer	33
Oppenheimer, Robert J.	245	Schrödingers Katze	282
p-q-Formel	138	Sekunde (Definition)	100
Panzerparadoxon	271	Sinus Hyperbolicus	186
Paradoxa der SRT	255	Sonnenfinsternis (1919)	240
Parallelogrammeffekt	105	Strahlungsdruck	235
Photonen	234	Strassmann, Fritz	244
Photonentriebwerk	235	Szilárd, Leó	21
Physikalisch-Technische Bundesanstalt	100	Tangens Hyperbolicus	176
		Taylor, Brook	224
Poincaré, Henri	18	Taylorreihe	224
Postulate der SRT	38	Teilchenbeschleuniger	252
Pound-Rebka-Experiment	241	Teller, Edward	21
Prinzip der Konstanz der Lichtgeschwindigkeit	40	transversale Bewegung	59
		Tritium	248
Protium	248	Überschallgeschwindigkeit	32
Pythagoras, Satz des	48	Überschallknall	33
- dreidimensionaler	148	Uhrensynchronisation	71
- relativistischer	145, 150	Uran	244
Radioaktivität	243	Voigt, Woldemar	19
Radium	243	Volumen, relativistisches	89
Raketengrundgleichung	200	Wasserstoff	248
Rapidität	178	Wigner, Eugene	21
Raumkontraktion	68	Zahnradmethode	28
Raumschiffparadoxon	288	Zeitdilatation	45
Relativgeschwindigkeit	91	- gravitative	240, 310
Relativität		Zeitsprung	303
- der Gleichzeitigkeit	84	Zeitversatz bei der Uhrensynchronisation	80
- der Längenkontraktion	68		
- der Zeitdilatation	56	Ziolkowski, Konstantin	200
Relativitätsprinzip	39	Zwillingsparadoxon	297
Riemann, Bernhard	238		
Rindler, Wolfgang	271		
Robb, Alfred	178		
Rømer, Ole	27		
Rotverschiebung des Lichts	26		
- gravitative	241		